U0901465

碳纳米光电材料与器件

李福山　著

科 学 出 版 社

北　京

内 容 简 介

本书主要讲述碳纳米功能材料的设计、制备、结构分析、性能表征，以及在发光、光伏等光电器件中的应用，总结该领域的概况，探讨未来发展趋势，为相关研究人员提供有价值的参考。

本书可供从事碳纳米材料、光电材料与器件领域研究的科研工作者使用，也可作为光电专业本科生的教学参考书。

图书在版编目(CIP)数据

碳纳米光电材料与器件/李福山著. —北京：科学出版社，2016.3
ISBN 978-7-03-047378-3

Ⅰ.①碳… Ⅱ.①李… Ⅲ.①碳-纳米材料-光电材料-元器件 Ⅳ.①TB4

中国版本图书馆 CIP 数据核字(2016)第 031959 号

责任编辑：张 析 / 责任校对：何艳萍
责任印制：肖 兴 / 封面设计：东方人华

科学出版社 出版
北京东黄城根北街 16 号
邮政编码：100717
http://www.sciencep.com
北京凌奇印刷有限责任公司 印刷
科学出版社发行 各地新华书店经销
*
2016 年 3 月第 一 版 开本：720×1000 1/16
2016 年 3 月第一次印刷 印张：14
字数：280 000

POD定价： 80.00元
(如有印装质量问题，我社负责调换)

前 言

近年来，随着材料科学的发展，不同种类的碳纳米功能材料不断涌现，吸引了大量研究人员对其进行深入探索，产生了一系列重要成果并得到了广泛重视。从零维的足球烯，到一维的碳纳米管，再到二维的石墨烯，这些发现打开了一扇又一扇材料宝藏的大门，不断拓宽人们对碳材料的认知。尤其是二维石墨烯的发现，颠覆了人们对于二维原子晶体的传统理解，因此在短时间内即获得了诺贝尔奖的认可。

新材料的应用往往会推动其他相关领域的快速发展，因此碳纳米功能材料在力学、磁学、光学、电学等领域的应用得到了极大关注，也取得了很大的进展。光电器件是在微电子技术的基础上发展起来的一种实现光与电之间互相转换的器件，这一类电子器件在广泛的社会生产实践中发挥出越来越大的作用。例如，在光伏发电、发光与照明、信息传输等领域都可以见到光电器件的身影。将碳纳米功能材料与光电器件相结合，有望突破目前光电器件的技术瓶颈，并为光电产业的发展带来强劲的驱动力。

福州大学长期以来从事碳纳米功能材料的设计、制备、结构分析以及光电器件应用方面的研究，并在基于碳纳米功能材料的发光、光伏等领域取得了一系列进展。为了更好地促进碳纳米功能材料、光电器件等领域的发展与交流，作者在前期工作的基础上，针对目前该领域的发展概况进行总结，并探讨其未来的发展趋势，希望能对从事该领域研究工作的相关人员提供有价值的参考。

本书的若干章节由博士生吴朝兴、陈伟、曾群英、杨开宇、陈知新等协助完成，并得到平板显示技术国家地方联合工程实验室主任郭太良教授的大力支持，由于他们的帮助使本书得以顺利出版，在此一并致谢。

李福山

2015 年 10 月于福州

目　　录

第 1 章　绪　　论

1.1　碳材料的发展简史

碳是自然界中的一种常见元素，以多种形式广泛存在于大气、地壳和生物中。碳不但以单质形式存在，在化学上与其他元素结合可以形成大量化合物，其是生命的根本，大多数生物体内都含有碳元素。

碳元素的原子序数为 6，位于元素周期表中的第 14 族，属于非金属元素。在自然界中，碳以同素异形体的形式存在，主要包括石墨、金刚石和无定形碳三种。这些同素异形体之间的物理性质，包括外观、硬度、电导率等，都具有极大的差异。

石墨中的每个碳原子周边连接着另外三个碳原子（排列方式呈蜂巢式的多个六边形），以 sp^2 杂化轨道形成共价键（图 1-1），伸展成网状片层结构。这里 C—C 的键长为 142 pm，属于原子晶体的键长范围，因此对于同一层而言，石墨是原子晶体。这种网状平面结构能够层叠起来，层间相隔 335 pm，距离较大，以弱范德华力结合，因此其又属于分子晶体。鉴于石墨的特殊成键方式，不能单一地认为其是单晶体或多晶体，可以认为是一种混合晶体。层内每个碳原子可以释放一个电子，这些电子可以自由移动，共同形成遍布整个平面的 π 电子云，因此石墨属于导电体，可以用作导电材料，在电气工业上用于制造电极、电刷、碳棒等。由于石墨的片层堆叠结构，石墨质软，可以用作润滑材料，其润滑性能取决于石墨鳞片的大小，鳞片越大，摩擦系数越小，润滑性能越好。由于石墨同一平面层上的碳原子间的结合力很强，极难破坏，因此石墨的熔点高（约为 3850 ℃），化学性质稳定，可用作耐高温材料，在冶金工业中主要用于制造石墨坩埚，在炼钢中常用作钢锭的保护剂、冶金炉的内衬等。在日常生活中，石墨还可以用作铅笔芯、颜料、抛光剂等。

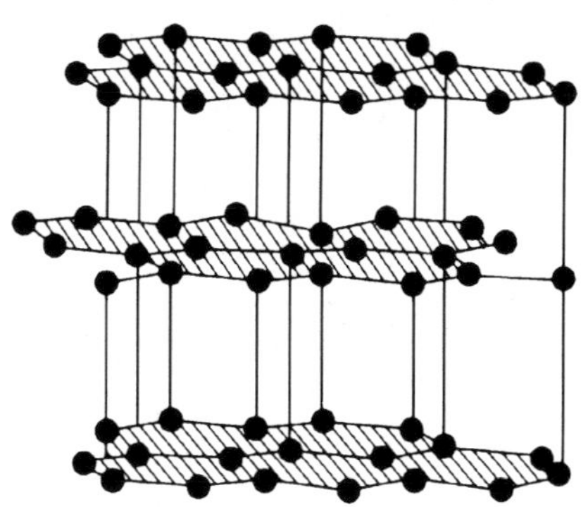

图 1-1　石墨的原子结构

金刚石是自然界中天然存在的最坚硬物质。在金刚石晶体中，碳原子按四面体成键方式互相连接，组成无限的三维骨架，C—C 的键长为 155 pm，因此，金刚石是典型的原子晶体。每个碳原子都以 sp^3 杂化轨道与另外四个碳原子形成共价键，构成

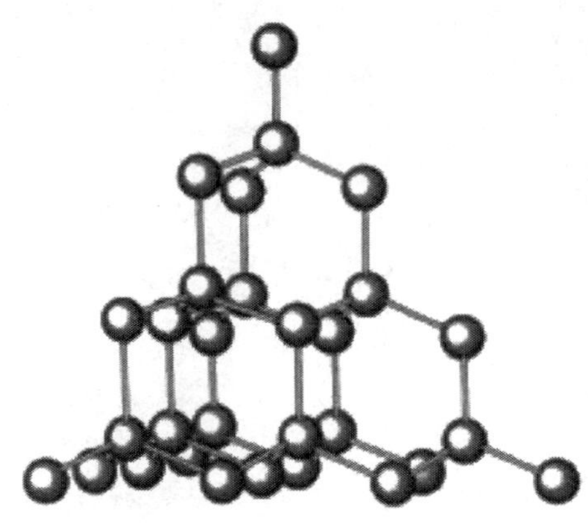
图 1-2　金刚石的原子结构

正四面体(图 1-2)。由于金刚石中 C—C 的结合力强,所有的价电子都参与了共价键的形成,没有自由电子,所以金刚石硬度大、熔点高,而且不导电。由于金刚石的坚硬特性,在工业上,金刚石主要用于制造钻探用的探头和磨削工具。此外,金刚石由于折射率高,在灯光下显得熠熠生辉,成为装饰用的宝石,巨型的金刚石价值连城。

无定形碳是碳原子以非晶体形式不规则排列时形成的玻璃态物质。大部分无定形碳是由石墨层型结构的分子碎片大致相互平行地、无规则地堆积在一起,可简称为乱层结构。无定形碳呈粉末状,是煤炭、炭黑以及活性炭的主要成分。无定形碳中石墨层的大小,因制造不同工业用途的品种和工艺而异。例如,用作橡胶填充剂的炭黑以及用作吸附剂的活性炭等,它们的主体是石墨乱层结构的颗粒,粒径为几个纳米,层间距离接近石墨晶体中的数值,约为 0.34 nm。煤炭的结构很复杂,由于生成的条件不同,石墨化程度不同,氢、氧、氮等的含量差异很大,结构的差异也很大。

石墨乱层结构的代表是碳纤维。其石墨层呈卷曲状,各平行层面间的各个碳原子的排列不如石墨规整,层与层之间依靠范德华力连接在一起。碳纤维兼具碳材料强抗拉力和纤维柔软可加工性两大特征,是一种力学性能优异的材料。它的密度比铝小,不到钢的 1/4,强度是铁的 20 倍。碳纤维材料已经在军事及民用工业的各个领域取得广泛应用,包括航天航空、汽车、电子、机械、化工等民用工业以及运动器材和休闲用品等。例如,碳纤维复合材料可以用于大型飞机的结构件上,大幅减低结构质量,显著提高燃料效率;碳纤维可以用在运动休闲领域中,球杆、钓鱼竿、网球拍、自行车等运动用品都是碳纤维的主要用户;另外,手机、笔记本电脑等电子产品中也可以看到碳纤维的身影。

1.2　碳纳米功能材料的发展历程

1985 年,英国化学家 Kroto 和美国赖斯大学的 Curl,Smalley 等首次制备出由 60 个碳组成的碳原子簇结构分子 C_{60}(图 1-3)。受建筑学家巴克敏斯特 · 富勒(Buckminster Fuller)设计的加拿大蒙特利尔世界博览会球形圆顶薄壳建筑的启发,C_{60}的主要发现者们认为其可能具有类似球体的结构,因此将其命名为巴克敏斯特富勒烯(buckminsterfullerene),简称富勒烯(fullerene)。为此,Kroto,Curl 和

Smalley获得了1996年的诺贝尔化学奖。在富勒烯发现之前，碳的同素异形体只有石墨、金刚石和无定形碳，富勒烯的发现极大地拓展了碳的同素异形体的数目，同时富勒烯独特的化学和物理性质以及在技术方面潜在的应用引起了科学家们强烈的兴趣，也将碳材料的研究推向了一个崭新的阶段。

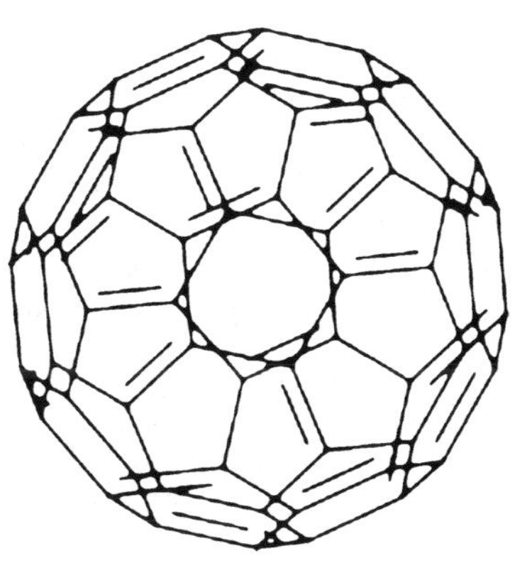

图1-3 富勒烯结构图

Kroto等发现富勒烯的过程充满了偶然性。他是一位波谱学家，在研究星际空间气暗云中富含碳的尘埃时，发现其中含有氰基聚炔分子，Kroto想研究该分子形成的机制，但缺乏相应的仪器设备。1984年，Kroto赴美参加在得克萨斯州奥斯汀举行的学术会议，并到赖斯大学参观，经该校化学系主任Curl教授的介绍，认识了研究原子簇化学的Smalley教授。Kroto观看了他们设计的激光超团簇发生器在氦气中用激光使碳化硅变成蒸气的实验，并对这台仪器非常感兴趣，于是三位科学家有意合作并安排在1985年8月到9月间进行合作研究。他们用高功率激光轰击石墨，使石墨中的碳原子气化，用氦气流将气态碳原子送入真空室，迅速冷却后形成碳原子簇。通过质谱检测后发现，实验产生了含不同碳原子数的原子簇，其中相当于60个碳原子，质量数落在720处的信号最强，其次是相当于70个碳原子，质量数为840处的信号，这说明C_{60}和C_{70}是相当稳定的原子簇分子。

C_{60}的结构研究表明，C_{60}是一个由12个五元环和20个六元环组成的球形32面体，其外形类似足球。六元环的每个碳原子均以双键与其他碳原子结合，形成类似苯环的结构，它的σ键不同于石墨中sp^2杂化轨道形成的σ键，也不同于金刚石中sp^3杂化轨道形成的σ键，而是以$sp^{2.28}$杂化轨道（s成分为30%，p成分为70%）形成的。C_{60}的π键垂直于球面，含有10%的s成分，90%的p成分，即为$s^{0.1}p^{0.9}$。C_{60}中两个σ键间的夹角为106°，σ键和π键的夹角为101.64°。

由于C_{60}的共轭π键是非平面的，因此环电流较小，芳香性也较差，显示出不饱和双键的性质，易于发生加成、氧化等反应，现已合成了大量的C_{60}衍生物。C_{60}及其衍生物具有许多优异的性能，具有超导性、半导体性能和强磁性等，在光、电、磁等领域有潜在的应用前景。例如，掺杂有碱金属的C_{60}-K_3C_{60}和C_{60}-Rb_3C_{60}具有超导性，有较高的超导临界温度，分别为18K和28K。最近，美国朗讯科技公司贝尔实验室将氯仿（$CHCl_3$）和溴仿（$CHBr_3$）掺入C_{60}中，使超导临界温度大大提高。将来如果能将C_{60}掺杂物的超导临界温度提高到室温，人类就得到了极理想的超导材料。另外，C_{60}的衍生物可以作为有机太阳能电池中的受电子材料，与聚合物材料 P3HT(3-己基噻吩)配合,已经得到了广泛的应用。

1991 年日本 NEC 公司的电镜专家饭岛博士在氩气直流电弧放电后的阴极碳棒上发现了管状结构的碳原子簇,直径为几纳米,长为几微米,称为碳纳米管(carbon nanotubes),又称巴基管(buckytubes),其结构如图 1-4 所示。碳纳米管也是典型的富勒烯,有单层管和多层管之分,多层管由几个或几十个单层管同轴套叠而成,相邻管距为 0.34 nm,与石墨层间距 0.335 nm 相近。饭岛发现,如果碳纳米管全由六边形碳环组成,该管是不封闭的,可以向两端伸长;如果在管子两端有五边形,则会将碳纳米管末端封闭。这是继 C_{60} 之后发现的又一种碳的同素异形体,是碳团簇领域的又一重大科研成果。

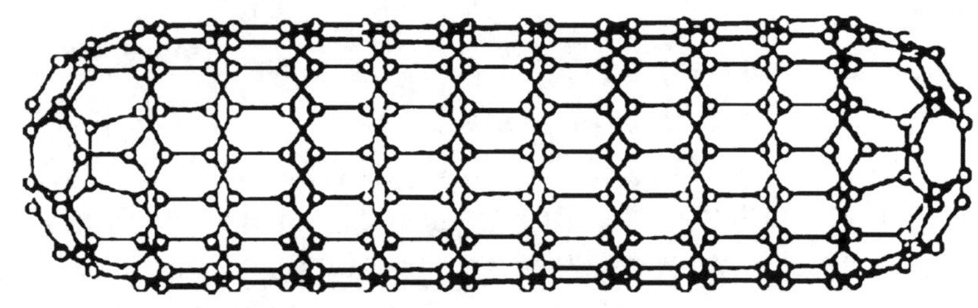

图 1-4　碳纳米管结构图

碳纳米管具有奇特的电学、力学和热学等性质。碳纳米管的导电性能与其结构紧密相关,由于它的结构与石墨的片层结构相同,因此具有很好的电学性能。理论预测其导电性能取决于其管径和管壁的螺旋角。除了奇特的导电性能之外,碳纳米管还有非凡的力学性质。理论计算表明,碳纳米管应具有极高的强度和极大的韧性。由于碳纳米管中碳原子间距短、单层碳纳米管的管径小,使得结构中的缺陷不易存在,因此单层碳纳米管的杨氏模量据估计可高达 5 TPa,其强度约为钢的 100 倍,而密度却只有钢的 1/6。碳纳米管的中空结构以及比石墨(0.335 nm)略大的层间距(0.343 nm),使其具有更加优良的储氢性能,也成为科学家们关注的焦点。1997 年,Dillon 对单壁碳纳米管(SWNTs)的储氢性能做了研究,SWNTs 在 0 ℃时,储氢量达到了 5%。Deluchi 指出,一辆燃料机车行驶500 km,消耗约31 kg 的氢气,以现有的油箱来推算,需要储氢量达到 65%,体积能量密度达到 62 kg/m^3。

由于碳纳米管的这些优异特性,它在各个领域的应用也引起了广泛关注。例如,利用碳纳米管可制备出尺寸更小、运行速度更快的场效应晶体管。碳纳米管可应用于场发射器件,其主要应用于场发射平板显示器(FED)、荧光灯、气体放电管和微波发生器,其中碳纳米管平板显示器是最具有应用潜力和商业价值的领域之一。此外,碳纳米管由于尺寸小、比表面积大、表面的键态和颗粒内部不同、表面原子配位不全等导致表面的活性位置增加,是理想的催化剂载体材料。有关碳纳米管的各种光电应用在后面章节还将做详细介绍。

2004年,英国曼彻斯特大学的Geim和Novoselov等在*Science*上发表论文,报道了他们分离出单层石墨烯的重要科学成果。Geim等采用机械法从高定向热解石墨(HOPG)上剥离出单层石墨烯(图1-5),在HOPG表面用氧等离子体刻蚀微槽,并用光刻胶将其转移到玻璃基底上,用透明胶带反复撕揭,而后将玻璃基底放入丙酮溶液中超声清洗,并在溶液中放入单晶硅片,单层石墨烯会在范德华力的作用下吸附到硅片表面。后来机械法简化为直接用胶带从HOPG上揭下一层石墨,然后在胶带之间反复粘贴,石墨片层会越来越薄(其中包含单层石墨烯),再将胶带贴在基底上,单层石墨烯就转移到基底上了。这一发现引起了轰动,结束了长久以来关于石墨烯是否真实存在的争论。早在1934年,Peierls就提出由于准二维晶体材料本身的热力学不稳定性,在室温环境下会迅速分解或拆解。1966年,Mermin和Wagner提出Mermin-Wagner理论,指出长的波长起伏也会使长程有序的二维晶体受到破坏,因此二维晶体石墨烯只是作为研究碳质材料的理论模型,一直未受到广泛关注。Geim和Novoselov的发现颠覆了长期以来对石墨烯二维原子晶体的认识,为此在仅仅6年之后,他们就获得了2010年的诺贝尔物理学奖。

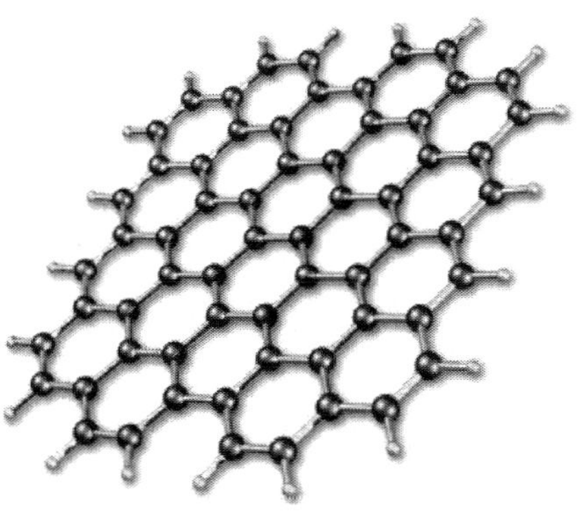

图1-5 石墨烯结构图

石墨烯的发现为物理学、材料学等多学科的研究提供了崭新的平台,同时石墨烯越来越多的特性被揭示出来。石墨烯的结构非常稳定,迄今为止,研究者仍未发现石墨烯中有碳原子缺失的情况。石墨烯中各碳原子之间的连接非常柔韧,当施加外部机械力时,碳原子面就弯曲变形,从而使碳原子不必重新排列来适应外力,也就保持了结构的稳定。这种稳定的晶格结构使碳原子具有优异的导电性。石墨烯中的电子在轨道中移动时不会因晶格缺陷或引入外来原子而发生散射。由于原子间的作用力十分强,在常温下,即使周围碳原子发生挤撞,石墨烯中的电子受到的干扰也非常小。石墨烯最大的特性是其中电子的运动速度达到了光速的1/300,远远超过了电子在一般导体中的运动速度。

石墨烯对近红外、可见光及紫外光均具有优异的透过性,单层石墨烯的透光性达97.7%;石墨烯的热导率可达5000 W/(m·K),是室温下纯金刚石的3倍;石墨烯是人类已知强度最高的物质,比金刚石还坚硬,强度比世界上最好的钢铁还要高100倍。哥伦比亚大学的物理学家对石墨烯的机械特性进行了全面研究。在实验过程中,他们选取了一些直径为10～20μm的石墨烯微粒作为研究对象。研究人员先是将这些石墨烯样品放在一个表面钻有小孔的晶体薄板上，这些孔的直径为1～1.5μm。之后，他们用金刚石制成的探针对这些放置在小孔上的石墨烯施加压力，以测试它们的承受能力。研究人员发现，在石墨烯样品微粒开始碎裂前，它们每100nm距离上可承受的最大压力居然达到了大约2.9μN。据科学家们测算，这一结果相当于要施加55N的压力才能使1μm长的石墨烯断裂。如果物理学家们能制取出厚度相当于普通食品塑料包装袋的(厚度约100nm)石墨烯，需要施加差不多20 000N的压力才能将其扯断。换句话说，如果用石墨烯制成包装袋，那么它将能承受大约两吨重的物品。

石墨烯的这些特殊性质激起了研究人员的极大兴趣，大量的工作聚焦在石墨烯的各种应用上，其中在光电领域的应用尤其令人关注。例如，利用石墨烯的高导电性可将其制成柔性透明导电薄膜，应用在发光、光伏等各种光电器件上。又如，利用石墨烯的高载流子迁移率可以将其制成石墨烯场效应晶体管等。这些工作很大程度上推动了石墨烯的实用化进程。

1.3　光电器件的应用和需求

自光电效应发现以来，光与电之间的转换就成为了可能。光电器件是在微电子技术的基础上发展起来的一种实现光与电之间互相转换的器件，这一类电子器件在广泛的社会生产实践中发挥出越来越大的作用。

光照射到某些物质上引起物质的电性质发生变化，这类现象被统称为光电效应。光电效应在1887年由德国物理学家赫兹发现，正确的理论解释则由爱因斯坦提出，他因此而获得了1921年诺贝尔物理学奖。光电效应分为内光电效应和外光电效应，它们都在许多领域发挥了巨大作用。例如，内光电效应中的光生伏特效应是太阳能电池技术的理论基础。

光电器件已经在许多领域都得到了应用。在信息存储领域，采用蓝光激光器可以使光盘的信息存储容量相比DVD增大10倍。由于激光具有相干性，可以实现全息存储，在一个不到1 cm^2 的芯片上可以存储北京首都图书馆所有图书的内容。如果基于纳米技术发展新型信息存储器件，未来更有可能发展极小体积海量存储技术，以满足信息时代大数据处理的需求。

在发光器件领域，近年来可见光半导体激光二极管和半导体发光二极管技术得到了迅猛发展。蓝绿光可见光半导体激光二极管和蓝绿光半导体发光二极管、黄橙红光可见光半导体激光二极管和半导体发光二极管，以及白光半导体发光二极管等都已经商品化。今后的发展需要继续解决提高发光效率、降低价格和提高使用寿命等问题。

显然，未来的光电技术要求更高的效率和集成度、更长的工作寿命和更低的制造成本，这对于材料提出了更高的要求。碳纳米功能材料由于其自身的特殊结构和特性，已经证明其光电性能具有传统材料所无法比拟的优势，因此将碳纳米功能材料与光电器件相结合，有望突破目前光电器件的技术瓶颈，并为光电产业的发展带来强劲的驱动力。因此，本书聚焦基于碳纳米功能材料的光电器件，总结目前该领域的研究进展，探讨其未来发展趋势，希望能为从事碳纳米功能材料以及光电器件应用的相关人员提供参考。

第 2 章　碳纳米功能材料的类型和结构

碳纳米功能材料的性能与其结构紧密相关,要想了解碳纳米功能材料的特性,必须全面掌握其结构特征。本章将详细阐述碳纳米功能材料的类型及其微观结构。按照碳纳米功能材料的空间维度,可以将其划分为零维、一维、二维和三维四种类型。

2.1　零维碳纳米功能材料

2.1.1　富勒烯

经过多年的研究,已经发现富勒烯拥有一个庞大的家族。最小的富勒烯是 C_{20},它具有正十二面体的结构。除了没有 C_{22},之后都存在 C_{2n} 的富勒烯,其中 $n=12,13,14,\cdots$。图 2-1 为一些富勒烯的结构图。所有富勒烯都是由五边形和六边形面组成的凸多面体,其中五边形的个数为 12 个,而六边形的个数为 $n-10$。

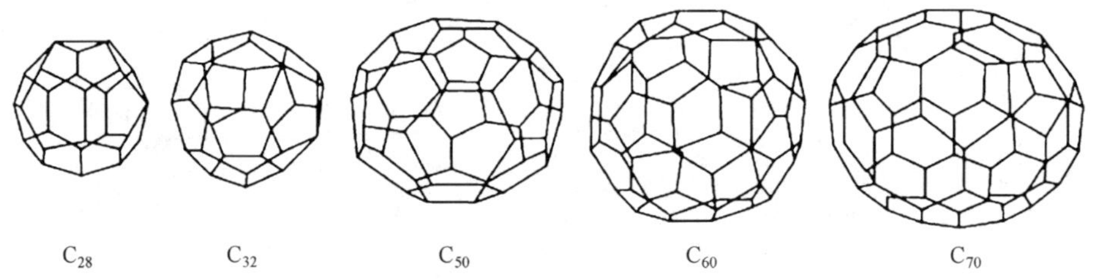

图 2-1　富勒烯的结构图

C_{60} 是富勒烯家族中相对最容易得到、最容易提纯的种类,因此 C_{60} 及其衍生物是目前被研究和应用得最多的富勒烯[1]。通过质谱分析、X 射线分析证明,C_{60} 的分子结构为球形 32 面体,由 60 个碳原子通过 20 个六元环和 12 个五元环连接而成。它是具有 30 个碳碳双键的足球状空心对称分子,因此富勒烯也被称为足球烯。处于顶点的碳原子与相邻顶点的碳原子用近似于 sp^2 杂化的轨道重叠形成 σ 键,每个碳原子的三个 σ 键分别为一个五元环的边和两个六元环的边。每个碳原子的三个 σ 键不是共平面的,键角约为 108°或 120°,因此整个分子为球状。每个碳原子用剩下的一个 p 轨道互相重叠形成一个含 60 个 π 电子的闭壳层电子结构,因此在近似球形的笼内和笼外都围绕着 π 电子云。C_{60} 虽然具有高度离域的大 π 共轭体系,但它不是超芳香体系,其核磁共振碳谱只有一条谱线。但是它的双键有两种，它有 30 个六元环与六元环交界的键，称为[6，6]键；还有 60 个五元环与六元环交界的键，称为[5，6]键。[5，6]键相对[6，6]键较长，C_{60} 的 X 射线单晶衍射数据表明，[6，6]键的键长是 135.5 pm，而[5，6]键的键长是 146.7 pm，因此[6，6]键含有更多双键的性质，也更容易被加成，加成产物也更加稳定，而且六元环经常被看做是苯环，五元环被看做是环戊二烯或五元轴烯。

2.1.2　碳量子点

2006 年，美国克莱蒙森大学的科学家研制出一种新型碳纳米功能材料——碳量子点(CQD)[2]。他们发现，当使用凝胶电泳法来处理单壁碳纳米管悬浮液时，其中含有 3 种纳米材料，有一种在电泳图上能产生高发光的快速移动带；研究还发现，这种含碳材料可以分出一部分具有尺寸相关荧光性质的成分，研究人员认为这类材料将成为很有价值的纳米材料。碳量子点是一种尺寸在 10 nm 以下，由碳元素组成的纳米材料。从被发现开始，由于碳量子点除了具有光学性能优良、尺寸小等传统半导体量子点所具备的的优点外，还具有细胞毒性低、生物相容性好、易于大规模合成及功能化修饰、制备成本低廉和反应条件温和等无可比拟的优势，引起了人们的广泛关注。

碳量子点最引人注目的是其独特的光学性质。首先，无论是从基础研究的角度，还是从实际应用的角度考虑，尺寸相关的发光性质都是碳量子点一个非常重要的性质。目前，关于碳量子点的发光机理还没有被彻底地研究清楚，辐射的激子重组被认为是一种可能的机理。不同的碳源和硝酸处理会得到不同尺寸和不同表面能量带隙的碳量子点，这可以解释碳量子点的多色光致发光，还可以解释碳量子点在不同波长光源激发下可以发出不同颜色的光。除了辐射的激子重组机理外，从碳纳米管中发现的从 N 到 C 的电荷转移机理也被认为是一种可能的机制。

碳量子点的另一个重要特点是荧光上转换性质。上转换发光是指在长波长激发光的激发下体系发出短波长光子的现象，即辐射光子能量大于所吸收的光子能量，属于反斯托克斯现象。下转换发光或斯托克斯现象是指传统的光致发光现象，指在短波长激发光的激发下，体系发射出较长波长光子的现象，所有的发光材料都遵从斯托克斯定律。研究人员已经合成出了具有上转换荧光性质的碳量子点，并认为碳量子点的上转换荧光性质可能是由于多光子过程，即同时吸收两个或多个光子，从而在比激发波长更短的波长处吸收光。

碳量子点的这些独特性质以及其环境友好特性，使得它在活体研究和环境领域得到广泛的应用；同时，由于碳量子点的优良光学特性，其在光伏发电、显示照明等领域同样具有潜在的应用价值。随着对碳量子点的制备技术、发光机理等方面的不断深入研究，它将会更广泛地应用于各个领域。

2.1.3 石墨烯量子点

石墨烯量子点与碳量子点一样，都是由碳元素组成。不同之处在于，石墨烯量子点是具有单原子层或者少原子层结构的量子点材料，层内的碳原子排列成蜂窝状结构，见图 2-2[3]。相比碳量子点，它表现出更为显著的量子限域和边缘效应。采用不同方法合成的石墨烯量子点能发射不同颜色的光，包括蓝光、绿光、黄光、红光等，并且表现出优异的抗光漂白特性，能够在激发光的辐照下长期稳定地发射光子。结合其低生物毒性、良好溶解性和生物相容性等，其很容易地在发光器件、生物领域得到广泛应用。除此之外，石墨烯量子点的一个独特之处在于其优异的导电性能，这可以大大加快体系中的电子转移速度，使体系的运行速度更快，同时更加高效。有研究人员构建了基于石墨烯量子点的生物传感器，发现石墨烯量子点的引入会提高器件的峰电流值，提升检测效率；我们的科研小组采用石墨烯量子点组建了三元体系有机太阳能电池，发现石墨烯量子点能够提高器件的短路电流，并大幅提升器件的能量转换效率[4]，该工作的具体细节将在后面章节中详细介绍。

图 2-2 石墨烯量子点

2.2 一维碳纳米功能材料

2.2.1 碳纳米管

碳纳米管是一种具有管状结构的特殊一维量子材料[5]。碳纳米管中的碳原子以 sp^2 杂化为主，同时六边形网格结构存在一定程度的弯曲，形成空间拓扑结构，

其中可形成一定的 sp^3 杂化键，即形成的化学键同时具有 sp^2 和 sp^3 杂化状态。直径较小的单壁碳纳米管的曲率较大，因此 sp^3 杂化的比例也大。随着碳纳米管直径的增加，sp^3 杂化的比例逐渐减少。碳纳米管发生形变时，同样也会改变 sp^2 和 sp^3 杂化的比例。这些 p 轨道彼此交叠在碳纳米管管壁外形成高度离域化的大 π 键，这是碳纳米管与一些具有共轭性能的大分子以非共价键结合的化学基础。

由于在六边形结构中混杂了五边形和七边形，碳纳米管并不总是笔直的，局部由于张力的作用会出现凹凸的现象。如果五边形正好出现在碳纳米管的顶端，则形成碳纳米管的封口。当出现七边形时，碳纳米管则存在凹陷。这些拓扑缺陷可以改变碳纳米管的螺旋结构，在出现缺陷附近的电子能带结构也会发生改变。此外，两根相邻的碳纳米管也不是直接粘在一起，而是保持一定的距离。

碳纳米管的表面都结合有一定的官能团，由于制备方法、后处理过程的不同，碳纳米管表面具有不同的结构。一般来说，具有单壁结构的碳纳米管具有较高的化学惰性，其表面较纯净，而具有多壁结构的碳纳米管表面较活泼，结合有大量的表面基团，如羟基、羧基等。随着碳纳米管管壁层数的增加，缺陷和化学反应性增强，表面结构趋向复杂化。内层原子的化学结构较单一，外层碳原子的化学组成较复杂，而且外层碳原子上往往沉积有大量的无定形碳。由于物理结构和化学结构的不均匀性，碳纳米管中大量的表面碳原子具有不同的表面微环境，因此具有能量的不均匀性。对于碳纳米管来说，这是缺陷，但在某些应用环境中却可以为我们所利用，如作为场发射的电子发射点。

1. 碳纳米管的分类

1) 按层数分类

根据碳纳米管中碳原子层数的不同，碳纳米管可以大致分为两类：单壁碳纳米管和多壁碳纳米管。单壁碳纳米管是由单层碳原子绕合而成的，结构具有较好的对称性和单一性。多壁碳纳米管是由多层碳原子绕合而成，形似同轴电缆。多壁碳纳米管在形成时，层与层之间易成为陷阱中心而捕获各种缺陷，因而多壁碳纳米管的管壁上通常布满类似小洞的缺陷，而单壁碳纳米管则不存在这类缺陷。除此之外，还有圆环状的碳纳米管以及内部相通的分支管等，它们都可以归结为单壁碳纳米管。在实际的研究和应用中，不仅单壁碳纳米管具有重要的地位，小直径或层数较少的多壁碳纳米管也有重要的应用价值。

2) 按形态分类

碳纳米管的端帽结构较复杂，已经发现的结构有多角形、锥形和开口形等。实际制备的碳纳米管也不完全是平直或均匀的，有时会出现各种结构，如 L 形、T 形或 Y 形等。所有这些结构的出现多是由碳纳米管的六边形网格中出现五边形和七边形所致。五边形和七边形会导致碳纳米管的凹凸形变，在碳纳米管的弯曲或者直径变化处，内外分别引入碳七边形和碳五边形才能使整个结构得到延续。根据 Osawa 等绘制的碳纳米管形态图可知，碳纳米管具有各种形态，如普通封口形、变径形、洋葱形、海胆形、竹节形、念珠形、纺锤形、螺旋形和其他异形等。

3) 按手性分类

单壁碳纳米管可以看成是石墨烯平面映射到圆柱体上，在映射过程中保持石墨烯片层中的六边形不变，因此在映射时石墨烯片层中的六边形网格和碳纳米管轴向之间可能会出现夹角，导致碳纳米管中的网格产生螺旋现象，而出现螺旋的碳纳米管具有手性。根据构成单壁碳纳米管的石墨烯片层的螺旋性，可以将碳纳米管分为非手性型(对称)和手性型(不对称)两类。非手性型碳纳米管是指单壁碳纳米管的镜像图像与其本身一致，而手性型碳纳米管则具有一定的螺旋性，它的镜像图像无法与其自身重合。

根据碳纳米管中碳六边形沿轴向的不同取向可以将其分成锯齿形、扶手椅形和螺旋形三种。通常采用手性指数 $\boldsymbol{C}_h$ 来表示碳纳米管的螺旋度，其与碳纳米管的电学性能直接相关，因此是一个表征碳纳米管的重要指数。手性指数可以用向量 $\boldsymbol{C}_h = n\boldsymbol{a}_1 + m\boldsymbol{a}_2$ 来表示，这里 n 和 m 为整数，$\boldsymbol{a}_1$ 和 $\boldsymbol{a}_2$ 为石墨烯单位向量(图 2-3)。任选一个格点作为原点，经过另一个格点可得到手性向量 $\boldsymbol{C}_h$，过原点做垂直于 $\boldsymbol{C}_h$ 的直线，该直线经过的第一个石墨烯格点与原点构成了平移向量 $\boldsymbol{T}$。向量$(n,0)$ 是与单位向量 $\boldsymbol{a}_1$ 平行的一条直线，沿着石墨烯六方晶格的锯齿轴。向量 $\boldsymbol{C}_h$ 和锯齿轴之间的夹角称为螺旋角。以向量 $\boldsymbol{C}_h$ 和向量 $\boldsymbol{T}$ 作为两个直角边作一个矩形，那么该

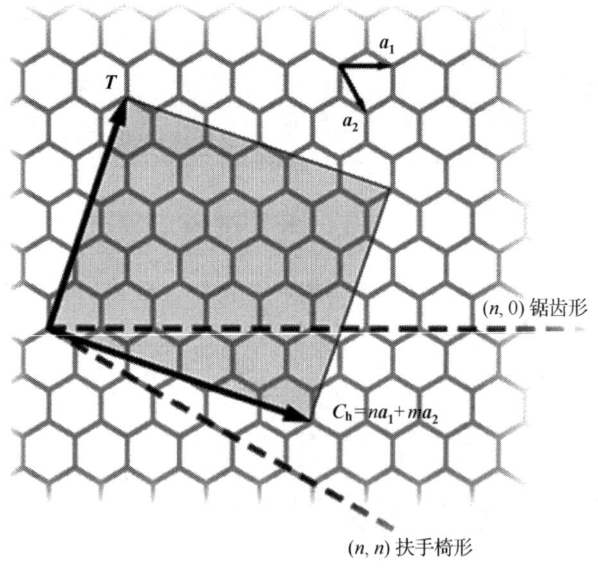

图 2-3 碳纳米管手性矢量示意图

矩形所包含的原子数就是一个单壁碳纳米管单胞所含的原子数。以向量 $\boldsymbol{T}$ 为轴，卷曲石墨烯片，则 $\boldsymbol{T}$ 就成了碳纳米管的管壁，而 $\boldsymbol{C}_h$ 就成了碳纳米管的圆周。因此，可以用螺旋向量 $\boldsymbol{C}_h(n,m)$ 来表示一个碳纳米管，一旦在石墨晶格中选定了 $\boldsymbol{C}_h$，碳纳米管的结构和所有参数就被确定了。

通常，碳纳米管的手性指数(n,m)与其螺旋度有直接关系。当 $n=m$ 时，碳纳米管称为扶手椅形碳纳米管，手性角为 30°；当 $n>m$，且 $m=0$ 时，碳纳米管称为锯齿形碳纳米管，手性角为 0°；当 $n>m$，且 $m\neq 0$ 时，碳纳米管称为手性型碳纳米管。同时，手性指数(n,m)与碳纳米管的导电性能密切相关。对于一个给定(n,m)的碳纳米管，如果有 $2n+m=3q$（q 为整数），则这个方向上表现出金属性，该碳纳米管则是良好的导体，否则就表现为半导体。若 $n=m$，碳纳米管表现出良好的导电性，电导率可达到铜的一万倍。

2. 碳纳米管的特性

1）力学性能

由于碳纳米管中碳原子采取 sp^2 杂化，相比 sp^3 杂化，sp^2 杂化中 s 轨道成分的比例较大，使碳纳米管具有高模量和高强度。碳纳米管具有良好的力学性能，抗拉强度达到 50～200 GPa，是钢的 100 倍，密度却只有钢的 1/6，至少比常规碳纤维高一个数量级；它的弹性模量可达 1 TPa，与金刚石的弹性模量相当，约为钢的 5 倍。对于具有理想结构的单壁碳纳米管，其抗拉强度约为 800 GPa。碳纳米管的结构虽然与高分子材料相似，但其结构却比高分子材料稳定得多。若以其他工程材料为基体，与碳纳米管制成复合材料，可使复合材料表现出良好的强度、弹性、抗疲劳性及各向同性，给复合材料的性能带来极大的改善。

碳纳米管的硬度与金刚石相当，却拥有良好的柔韧性，可以拉伸。在工业上常用的增强型纤维中，决定强度的一个关键因素是长径比，即长度和直径之比。材料工程师希望得到的长径比至少是 20∶1，而碳纳米管的长径比一般在 1000∶1 以上，是理想的高强度纤维材料。2000 年 10 月，美国宾州州立大学的研究人员称，碳纳米管的强度比同体积钢的强度高 100 倍，质量却只有后者的 1/7～1/6，碳纳米管因而被称为“超级纤维”。

莫斯科大学的研究人员曾将碳纳米管置于 1011 MPa 的水压下（相当于水下 10 000 m 深处的压强），由于巨大的压力，碳纳米管被压扁。撤去压力后，碳纳米管像弹簧一样立即恢复了原状，表现出良好的韧性。这启示人们可以利用碳纳米管制造轻薄的弹簧，用在汽车、火车上作为减震装置，能够大大减轻质量。

2）电学性能

碳纳米管中碳原子的 p 电子形成大范围的离域 π 键，由于共轭效应显著，碳纳米管具有一些特殊的电学性质。由于碳纳米管的结构与石墨的片层结构相同，因此具有很好的电学性能。理论预测其导电性能取决于其管径和管壁的螺旋角。当碳纳米管的管径大于 6 nm 时，导电性能下降；当管径小于 6 nm 时，碳纳米管可以被看成具有良好导电性能的一维量子导线。有报道称，通过计算认为直径为 0.7 nm 的碳纳米管具有超导性，尽管其超导转变温度只有 1.5×10^{-4} K，但是这预示着碳纳米管在超导领域的应用前景。

3）热学性能

碳纳米管具有良好的传热性能，其具有非常大的长径比，因而其沿着长度方向的热交换性能很高，相反，其垂直方向的热交换性能较低，通过合适的取向，可以合成高各向异性的热传导材料。另外，碳纳米管有较高的热导率，只要在复合材料中掺杂微量的碳纳米管，该复合材料的热导率将会得到很大改善。

2.2.2 石墨烯纳米带

石墨烯纳米带是在二维石墨烯材料的基础上，经过一定的微纳加工工艺或化学工艺，沿一定方向裁剪成的具有纳米尺度的带状结构，是一种新型一维碳纳米材料。制作石墨烯纳米带是由于石墨烯的导带和价带之间没有带隙，在做成晶体管器件时，很难实现开关特性。而且若要应用于现在普遍使用的逻辑电路，其金属性也是一个巨大难题。如何在石墨烯中引入能隙成为实现石墨烯晶体管器件的关键。利用量子效应和边缘效应来形成石墨烯纳米带结构是目前引入能隙的一个重要手段。

要实现石墨烯的特定电学性质，必须对石墨烯进行可控剪裁。目前，根据石墨烯纳米带的边缘形状，可以分为扶手椅形和锯齿形石墨烯纳米带（图 2-4）。根据密度泛函理论计算得到的结果显示出扶手椅形石墨烯纳米带具有半导体性质，其

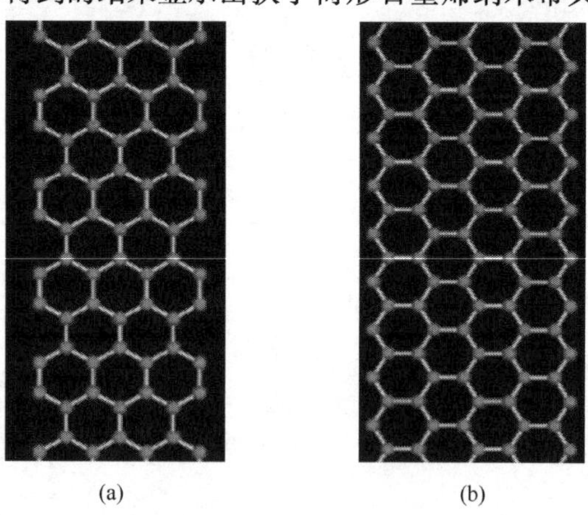

图 2-4 石墨烯纳米带类型

(a)扶手椅形；(b)锯齿形

能隙与纳米带带宽成反比。而采用紧束缚近似模型做出的计算，预测锯齿形具有金属键性质，又预测扶手椅形具有金属键性质或半导体性质；到底是何种性质，要依纳米带的宽度而定。实验结果显示，随着纳米带带宽减小，能隙会增大。

2.3　二维碳纳米功能材料

石墨烯是一种由碳原子按蜂巢结构周期排列形成的二维单原子层晶体。2004年，英国曼彻斯特大学物理学家 Geim 和 Novoselov 采用机械剥离方法成功地从石墨中分离出石墨烯，证实其可以单独稳定存在[6]，如图 2-5 所示。石墨烯具有丰富而新奇的物理现象，对科学理论研究与产业应用升级具有重要的价值，因此在科学界和工业界掀起了一股石墨烯的研究热潮。

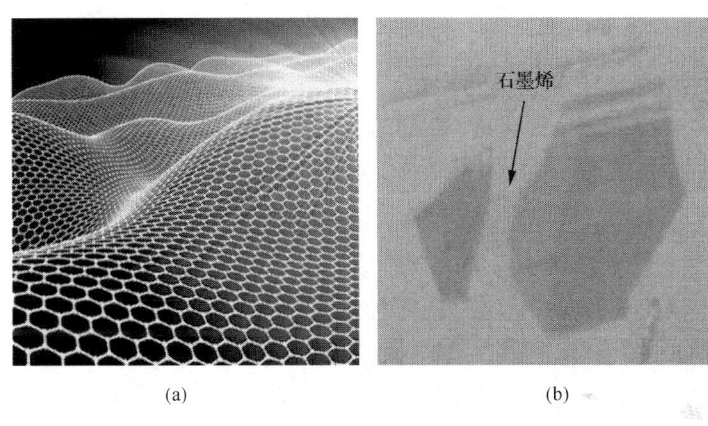

图 2-5　石墨烯图

(a) 石墨烯示意图；(b)石墨烯的光学显微镜照片

在石墨烯的众多特性中，最引人注目的是其独特的电学特性。研究表明，石墨烯是一种零带隙的二维半金属材料，其价带顶和导带底之间仅存在一个极微小的重叠部分，石墨烯晶格对载流子的输运近似为零散射；石墨烯中的载流子表现为一种无质量的相对论离子，即狄拉克费米子；石墨烯表现出极强的双极性电场效应，在栅压的作用下，其载流子浓度高达 $10^{13}\,cm^{-2}$；悬浮石墨烯的低温电子迁移率高达 200 000 $cm^2/(V\cdot s)$，载流子浓度小于 $5\times10^9\,cm^{-2}$，这是其他半导体材料所不具有的特性；在室温下可观测到悬浮石墨烯的半整数量子霍尔效应。

基于石墨烯的奇特电学特性，大尺寸单晶石墨烯的大规模生产将会极大地促进其在光电器件方面的研究与应用。2005 年，Geim 研究组与 Kim 研究组发现，石墨烯表现出室温亚微米尺度的弹道传输特性(300 K 下可达 0.3 m)，这是石墨烯作为纳米电子器件最突出的优势，使得在电子工程领域极具吸引力的室温弹道场效应管的制造成为可能[7]，可以实现纳米电子器件尺寸更小、能耗更低、电子传输速度更快的特点。超高频率的操作响应特性是石墨烯基电子器件的另一显著优势，石墨烯的高载流子迁移率特性尤其适合于高频电路，低接触电阻和较大的费米速度则有利于进一步减小器件的开关时间，这使得高频提升的发展前景变得无限广阔。即使尺寸减小到纳米尺度，甚至单个苯环，石墨烯仍然可以保持很好的电学性能和稳定性，这使探索单电子器件成为可能。此外，单层悬浮石墨烯在近红外和可见光波段的吸收率仅为 2.3%，且几乎不存在反射（反射率小于 0.1%），随着石墨烯层数从 1 增加到 5，其吸收率呈线性增加，这促使石墨烯在柔性透明电极领域有非常好的应用前景。

石墨烯特殊的结构形态使其成为目前世界上最硬、最薄的物质，同时也具有很强的导电性、韧性和导热性。立足于这些特性，石墨烯拥有无比巨大的发展空间，未来可以应用于电子、光学、储能、生物医药、航天、日常生活等众多领域。《“十二五”期间中国石墨烯行业深度市场调研与投资战略规划分析报告》称石墨烯集合世界上最优质的各种材料的品质于一身。因此有业内人士如此评价：如果说 20 世纪是硅的世纪，石墨烯则开创了 21 世纪的新材料纪元，将给世界带来实质性变化。

2.3.1 石墨烯纳米复合材料概述

借助于当前的石墨烯制备技术难以获得大尺寸、结构可控、单晶的石墨烯材料，这在一定程度上限制了其独特性能的研究和大规模应用的开发。凭借其优良的性质，基于碳纳米管等半导体纳米材料的复合体系已经在电子、储能、催化、高分子、生物医药等领域得到了广泛研究。与碳纳米管等半导体纳米材料相比，石墨烯同样具有纳米材料奇特的物理性质及更大的比表面积，因此利用石墨烯制备功能复合材料最有可能在实际应用中取得突破。在复合体系中除了作为支撑材料或增强体外，凭借其独特的物理和化学性质，石墨烯可以对复合电子材料的物理、化学、机械等性能进行调制，从而获得多种性能优异且可调的功能性的电、光、磁、热、生物、化学等材料。诺贝尔奖获得者 Geim 教授曾指出，石墨烯最直接的应用领域就是复合材料领域[8]。复合材料是由两种或两种以上物理和化学性质不同的物质组合而成的一种复合体系。纳米复合材料是指分散相材料至少在一维方向上是纳米尺度的复合材料，其中纳米分散相可以是无机物、有机物或二者兼有。纳米复合材料充分利用了纳米材料的纳米尺寸效应、高比表面积、强界面相互作用和独特的物理化学性能，使其比常规复合材料拥有更加优异的性能，可用于制备多种功能复合材料，如具有光吸收、热阻、磁性、生物活性、化学活性的复合材料等。石墨烯独特的单原子层二维纳米结构使其成为非常理想的制备复合材料的组分或基体材料。Ruoff 课题组报道了首个石墨烯纳米复合材料，从而在世界范围内掀起了石墨烯纳米复合材料的研究热潮。

石墨烯纳米复合材料的研究领域非常广泛，常见的石墨烯纳米复合材料的形式有石墨烯/金属纳米颗粒复合材料、石墨烯/聚合物纳米复合材料和石墨烯/无机非金属纳米复合材料等，如图 2-6 所示。

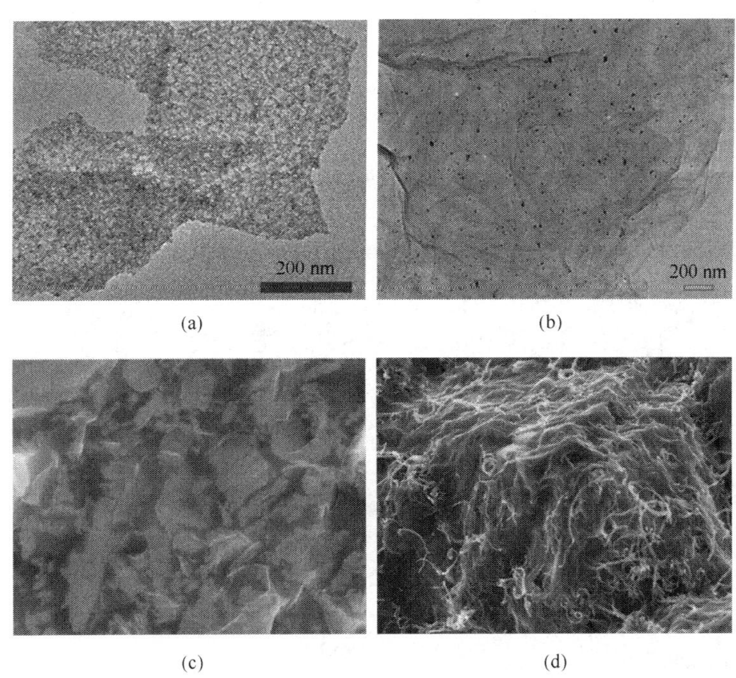

图 2-6　石墨烯纳米复合材料

(a)石墨烯/铂纳米颗粒复合材料；(b)石墨烯/CdSe 量子点复合材料；(c)石墨烯/环氧树脂复合材料；(d)石墨烯/碳纳米管复合材料

1. 石墨烯/无机非金属纳米复合材料

无机非金属纳米材料广泛应用于光电子、能量存储、催化及传感器等领域。石墨烯由于其独特的电学、力学和热学性质，可有效地提高无机非金属纳米材料的电、光、电化学等性能，这使得石墨烯/无机非金属纳米材料的复合成为一个热点研究课题。目前，与石墨烯形成纳米复合物的无机非金属纳米粒子包括 SnO_2、TiO_2、CuO、Cu_2O、Mn_3O_4、MnO_2、Fe_3O_4、Fe_2O_3、Al_2O_3、RuO_2、Bi_2O_3 以及 ZnS、CdSe、CdS 等。

2008 年，Williams 等[9]采用紫外光辅助还原法首次制备出石墨烯/TiO_2 纳米复合材料，这为获得具有光学活性的石墨烯/无机非金属纳米复合材料开辟了新的技术路径。Dai 课题组采用两步液相法将 Mn_3O_4 负载于石墨烯片上，获得了比容量几乎接近于理论值(达到 900 mA · h/g)且具有良好循环稳定性的材料，该材料有望应用于高容量、无毒的电池电极材料[10]。2009 年，Rajamathi 等[11]首次报道了基于石墨烯/CdS 量子点及石墨烯/ZnS 量子点的理想光电材料，在光电子领域有很好的借鉴意义和应用价值。

2. *石墨烯/金属纳米颗粒复合材料*

石墨烯/金属纳米颗粒复合材料是以石墨烯为支撑体，通过将金属纳米颗粒锚定在石墨烯表面形成的。该类纳米复合材料的研究主要集中在用 Au、Pt、Pd、Ag 等贵金属纳米粒子修饰石墨烯，在增强金属催化活性的同时，有效减少贵金属的消耗，具有很大的经济价值。

清华大学的 Shi 等[12]采用简便的自组装技术制备石墨烯/Au 纳米颗粒复合材料，该材料具有很高的电化学稳定性和电催化活性，有望应用于生物传感器。Gonealves 等[13]以还原氧化石墨烯为前驱体，采用柠檬酸钠还原 Au^{3+} 获得具有表面拉曼增强效应的石墨烯/Au 纳米颗粒复合材料。Si 和 Samulski 等[14]首次合成石墨烯/Pt 纳米颗粒复合材料，在该复合材料中 Pt 充当石墨烯的隔离物，有效地保持了石墨烯作为一种高比表面积材料的特性，他们认为该材料在燃料电池和超级电容器中具有潜在的应用价值。此外，石墨烯与多种金属纳米颗粒的复合材料也得到了关注。2009 年，El-Shall 等[15]采用微波法制备了石墨烯/PdCu 纳米复合材料。2010 年，中国科学院长春应用化学研究所的 Wang 等[16]采用湿化学法合成了三维 Pt-Pd 双金属纳米枝晶与石墨烯的复合材料，该复合材料显示出很高的电催化氧化甲醇的活性。

3. *石墨烯/聚合物纳米复合材料*

石墨烯因具有优异的电学和力学性能而被视为高性能纳米增强体，可以为聚合物复合材料带来多方面的性能提升。目前石墨烯/聚合物纳米复合材料的制备及性能研究已成为科研界的研究热点。

Yu 等[17]制备了石墨烯/环氧树脂纳米复合材料，以石墨烯为填料可以有效提高石墨烯/环氧树脂纳米复合材料的热传导性能，当添加量达到 25%时，热传导率为 6.44 W/(m · K)，提升达 3000%。Sangermano 等[18]采用光化学方法制备了石墨烯/聚乙烯醇丙烯酸酯的复合物，该复合物在电磁屏蔽和防静电方面有很好的应用前景。石墨烯的添加还可以增强复合物的电化学性能。Yang 等[19]采用原位聚合法制备了石墨烯/聚苯胺纳米复合物。电化学性能测试表明该纳米复合物的电化学性能得到很大提高，在 1mV/s 的扫描速率下，比容量达到 1046 F/g，在超级电容器领域具有潜在的应用价值。

4. *石墨烯/碳材料纳米复合材料*

石墨烯不仅能与无机物纳米颗粒以及聚合物形成复合物，还可以与其他碳材料，如富勒烯及其衍生物、碳纳米管等形成碳基纳米复合物，并呈现一些优越的性能。Honma 等[20]分别制备了石墨烯与碳纳米管、富勒烯的复合物，这种复合材料表现出优异的锂电池充放电性能，具有较高的储存电容量，且循环性也获得明显提高。Kanner 等[21]合成了碳纳米管和石墨烯的复合材料，发现其在聚合物太阳能电池中具有较高的光电转换效率。

2.3.2　基于石墨烯纳米复合材料的电子器件的研究现状

21 世纪的今天，一场电子器件的科技革命已经展开，在理论、实验、生产、应用各个环节都引起了无数科学家的关注。一系列新兴热点交叉学科，涉及物理、生物、信息、化学等领域，也随着纳米技术的不断发展，逐渐走入科学研究的前沿。自 2004 年石墨烯被成功制备以来，其以独特的性能受到了科学界和工业界的普遍关注，并在 2009 年被 *Science* 评为十大科学进展之一。基于石墨烯及其复合材料的新型电子器件已被多个国家和地区列为重点研发对象，美国、欧盟、日本等国家和地区都非常重视石墨烯的研究开发与应用，发布或资助了大量相关研究项目。美国国防部高级研究计划署在 2008 年 7 月发布了碳电子射频应用项目(总资 2 200 万美元)，主要开发进行超高速和超低能量应用的石墨烯基射频电路，即用石墨烯制造计算机芯片和晶体管。2002～2013 年，美国国家自然科学基金会关于石墨烯的资助项目有近 500 项。欧盟 FP7 框架计划在 2008 年 1 月发布了石墨烯基纳米电子器件项目，主要研究“超越 CMOS”领域的技术。欧洲科学基金会于 2008 年 12 月发布了扩大石墨烯研究在科学和创新方面的影响力的基金申请项目，即欧洲石墨烯项目，共有 19 个国家的 20 个基金资助机构参与该项目的资助。之后，欧盟在 2013 年将其列为“未来新兴技术旗舰项目”之一，将在 10 年时间内提供 10 亿欧元的资助。日本学术振兴会在 2007 年就开始了对石墨烯硅材料/器件的技术开发项目的资助。该项目主要是开发“石墨烯硅”材料/工艺技术，并在此基础上开发先进的辅助开关器件和等离子体共振赫兹器件。这项研究将能实现电荷传输无时间、超高速、大规模集成的器件技术。经过近年的努力，我国的石墨烯基础研究及产业发展已走在世界前沿水平，国家产业规划和扶持政策的出台将进一步加速产业化进程，有助于行业的快速发展。2012 年工业和信息化部印发的《新材料产业“十二五”规划》中提出“加强纳米技术研究，重点突破纳米材料及制品的制备与应用关键技术，积极开发纳米粉体、纳米碳管、富勒烯、石墨烯等材料。”2013 年根据国家《关于推动产业技术创新战略联盟构建的指导意见》，国内从事石墨烯技术研发的主流企业、大学、科研机构联合建立“石墨烯产业技术创新战略联盟”，意在推进低成本石墨烯及装备的技术进步和产业化，提升低成本石墨烯的整体竞争力，从而达到推动石墨烯相关产业发展的目的。

1. 太阳能电池

石墨烯的高电子迁移率、大比表面积、低可见光吸收率以及易加工特性使其在新型有机聚合物太阳能电池、染料敏化太阳能电池、量子点太阳能电池的研发过程中起着核心作用。石墨烯的合适逸出功使其在聚合物太阳能电池中具有电子受体的效果,其独特的二维纳米结构、高比表面积及高电子迁移率使得高效的电子收集、电子-空穴分离及输运成为可能。南开大学陈永胜课题组将可溶性石墨烯作为电子受体应用于体异质结聚合物有机太阳能电池,见图 2-7(a),尽管其最高效率仅为 1.4%,但石墨烯作为电子受体所表现出的电荷有效分离、输运及器件的易加工、低成本特性,促使基于石墨烯受体的聚合物有机太阳能电池具有广泛的前景。Yang 及 Tang 课题组成功地将石墨烯/纳米 TiO_2 复合材料应用于染料敏化太阳能电池的纳米晶电极[22,23],见图 2-7(b)、(c)。石墨烯片作为纳米晶支撑体的同时,可实现快速电子输运、低电子-空穴复合率及高可见光散射,从而有效增加光电转换效率。

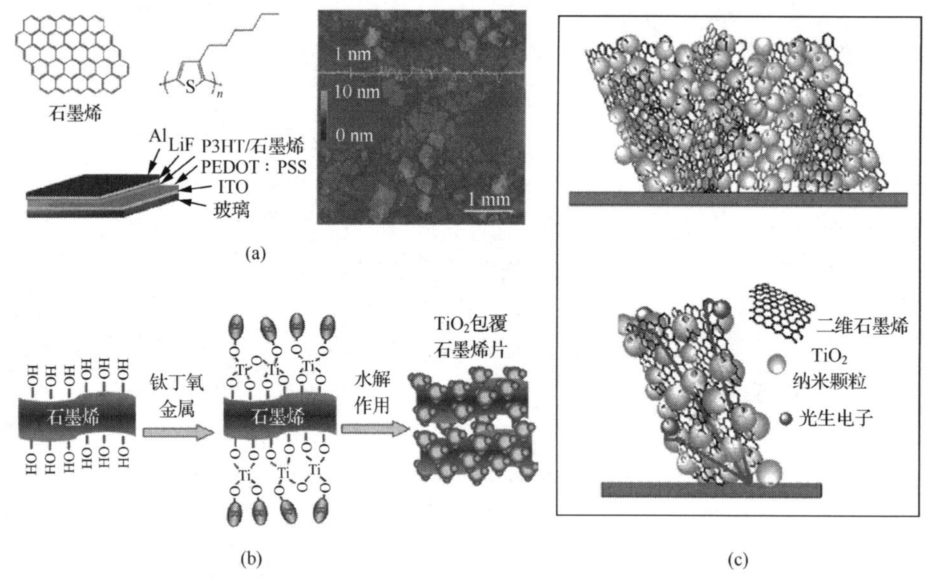

图 2-7 石墨烯纳米复合材料在太阳能电池领域的应用[22,23]

(a)基于石墨烯电子受体的体异质结聚合物有机太阳能电池结构示意图以及石墨烯的原子力显微镜照片;(b)石墨烯/TiO_2 纳米晶复合材料制备示意图;(c)应用于染料敏化太阳能电池的石墨烯/TiO_2 纳米晶复合电极示意图

PEDOT：PSS 表示聚乙撑二氧噻吩：聚苯乙烯磺酸钠复合材料;P3HT 表示聚 3-己基噻吩

2. 场效应晶体管

尽管完美石墨烯表现出的零带隙半金属特性限制了其在高开关比场效应晶体

管中的直接应用，但其所具有的高电子迁移率仍然使得石墨烯在高速逻辑器件研发上具有相当大的吸引力。实验研究表明，由于石墨烯的调制作用，石墨烯/聚合物、石墨烯/陶瓷复合材料同样可以表现出优异的半导体特性，这为推进石墨烯在场效应晶体管中的应用提供了新的研究路线。Eda 和 Chhowalla[24] 制备了异氰酸苯酯修饰的石墨烯/聚苯乙烯复合材料，并将其作为薄膜场效应晶体管的有源层。晶体管结构示意图、SEM 图及器件的转移特性见图 2-8(a)。该复合材料表现出 p 型半导体特性，其电学特性受控于石墨烯的尺寸，当增大石墨烯片的面积时，该复合材料表现出更高的电子迁移率[$0.2\ cm^2/(V\cdot s)$]。Bubeck 等[25] 采用静电组装和后续紫外光还原方法获得石墨烯/多金属氧酸盐复合薄膜。基于该复合薄膜的场效应晶体管表现出双极性特性，通过调节组装薄膜的层数可实现场效应晶体管开关比和电子迁移率的有效控制。复合薄膜的实物照片、晶体管结构示意图及器件的转移特性见图 2-8(b)。Hong 等[26] 采用静电自组装方法制备了以还原氧化石墨烯为有源层，金纳米颗粒为浮栅的浮栅型记忆场效应晶体管。

图 2-8　石墨烯纳米复合材料在场效应晶体管领域的应用[24]

(a) 基于石墨烯/聚苯乙烯有源层的场效应晶体管结构示意图、石墨烯/聚苯乙烯复合薄膜的 SEM 图及器件的转移特性；(b)石墨烯/多金属氧酸盐复合薄膜的实物照片、场效应晶体管结构示意图及器件的转移特性

I_{sd}. 源漏电流；V_g. 栅极电压

3. 阻变存储器件

石墨烯的高比表面积与合适的逸出功使得石墨烯在与某些特定绝缘聚合物的

复合体系中可作为载流子陷阱。通过对载流子的俘获-释放过程，调节复合体系中的载流子密度，从而实现对复合材料导电特性的高效调控，进而体现出阻变存储特性。石墨烯/聚合物阻变材料是利用外加电场产生场致电荷转移和陷阱填充空间电荷限制电流作用，实现高低电阻态之间的转换。其中石墨烯是实现电阻转变的关键。在石墨烯/聚合物薄膜内部，石墨烯可以起到连接聚合物大分子的作用，其具有非常大的比表面积，可以为石墨烯-聚合物提供更大的接触面积，形成良好的接触；在石墨烯/聚合物复合材料内部，石墨烯作为载流子陷阱，可以实现电激励时的载流子俘获与释放。因此基于石墨烯/聚合物复合体系的阻变存储特性与存储器件获得广泛的研究，并取得可喜的进展。Zhuang 等[27]通过在氧化石墨烯表面嫁接聚甲亚胺(TPAPAM)分子，形成均一稳定的氧化石墨烯/聚甲亚胺复合材料，基于该材料的阻变存储器件表现出非易失性、可擦写的存储特性。Lee 小组[28]采用化学气相沉积法制备了大面积的多层石墨烯，并制备了基于聚甲基丙烯酸甲酯/石墨烯/聚甲基丙烯酸甲酯的叠层结构，见图 2-9(a)。基于该叠层结构，研究人员研发了柔性阻变存储器件，该器件表现出优异的抗弯曲特性，弯曲前后器件的开关比均达到七个数量级，且具有良好的数据维持能力及擦写次数。Kang 等[29]采用官能团修饰的方法提高了氧化石墨烯在有机溶剂中的分散能力，并成功地制备了氧化石墨烯/聚 3-己基噻吩杂化复合薄膜，在电场的作用下该薄膜表现出良好的阻变存储特性，见图 2-9(b)。

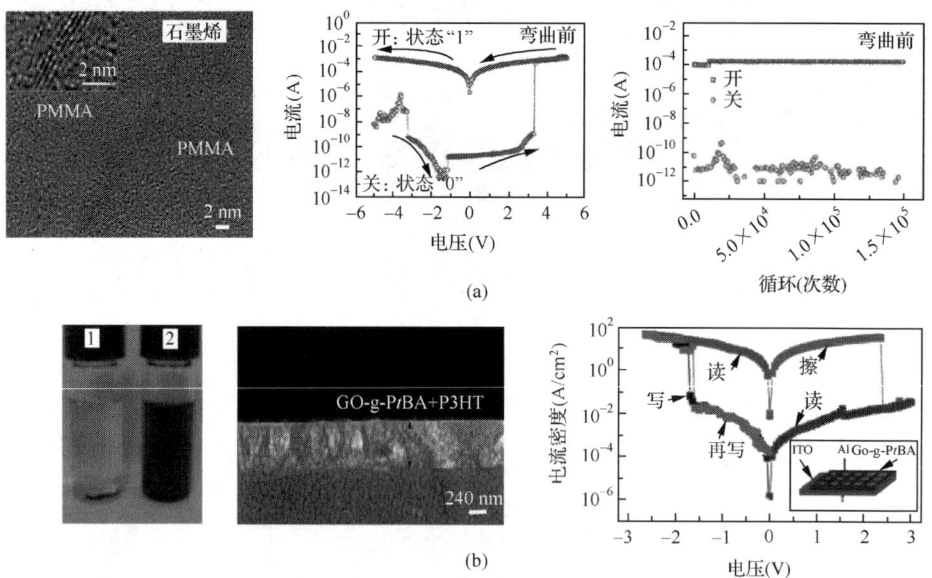

图 2-9　石墨烯纳米复合材料在阻变存储器件领域的应用[28]

(a)基于聚甲基丙烯酸甲酯/石墨烯/聚甲基丙烯酸甲酯叠层结构的阻变器件及其电学特性；(b)氧化石墨烯/聚 3-己基噻吩杂化复合材料，及基于该材料的阻变存储器件与其电学特性

4. 真空电子发射源

石墨烯具有优异的导电性、导热性和物理化学稳定性，并且存在丰富的单原子层边缘，这使得石墨烯具有优异的边缘场增强效应与场致电子发射性能。其中，石墨烯/半导体材料复合阴极可以在充分利用石墨烯优异场发射性能的同时，实现石墨烯的垂直排列及与底电极的有效电学接触，从而获得更为优异的场发射特性。Chhowalla 等[30]采用简便的溶液加工方法制备具有垂直排列取向的石墨烯/聚合物复合阴极。他们将石墨烯片与聚合物复合形成溶液，采用旋涂方式制备石墨烯/聚苯乙烯复合薄膜，通过控制旋涂工艺参数可以获得具有垂直排列取向的石墨烯阴极，其开启场强大于 4 V/μm，见图 2-10(a)。Chattopadhyay 等[31]通过原位聚合与还原法制备石墨烯/聚苯胺复合阴极，其开启场强为 3.91 V/μm。Zheng 等[32]采用等离子体增强化学气相沉积方法在氧化锌纳米线阵列的表面原位生长石墨烯，获得具有垂直排列取向的石墨烯纳米片结构。在该复合结构中氧化锌纳米尖端和石墨烯片同时作为电子发射点，可以有效提高材料的场发射电流密度，其开启场强仅为1.3 V/μm，见图 2-10(b)。

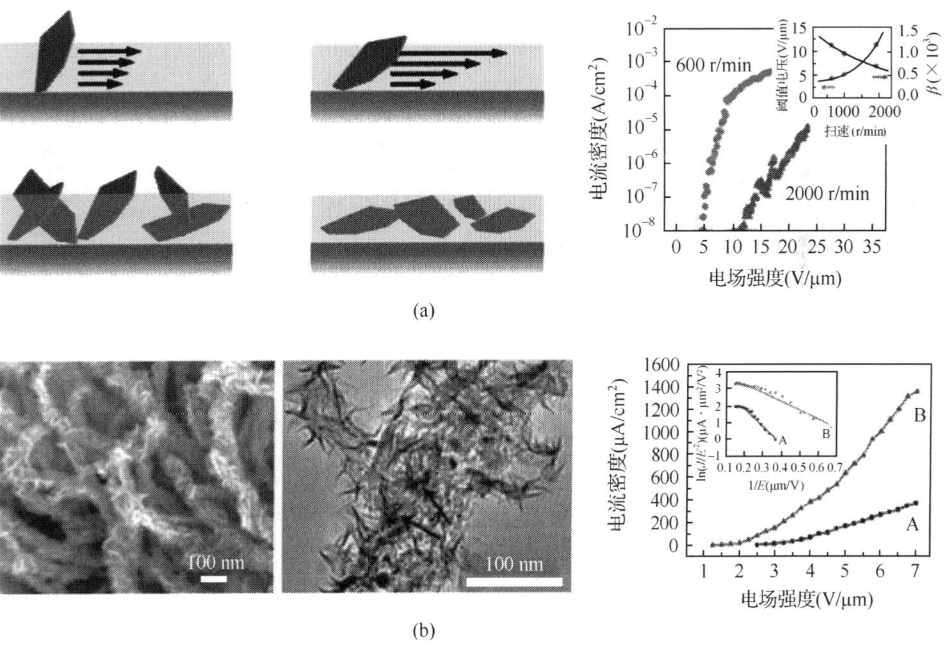

图 2-10　石墨烯纳米复合材料在场致电子发射阴极领域的应用[30,32]

(a)石墨烯/聚苯乙烯复合阴极的制备示意图及其场发射性能；(b)石墨烯/氧化锌复合阴极的 SEM 图、TEM 图及其场发射性能

β. 场增强因子；J. 电流密度；E. 电场强度

5. 柔性透明电极

石墨烯具有高电子迁移率、高柔韧性、高化学稳定性和可见光范围内的高透光性，因此是制备柔性透明导电膜的理想材料。由于大量缺陷及晶畴边界的存在，基于化学气相沉积法制备的石墨烯电极难以同时获得高可见光透光率和高导电性；由于还原氧化石墨烯自身的导电性不足，基于该材料的透明电极同样无法表现出令人满意的光电性能。因此石墨烯与一维导电纳米材料复合的柔性透明电极将更具有实用价值。Yang 等[21]制备了还原氧化石墨烯/碳纳米管叠层复合导电薄膜，其中碳纳米管作为桥梁作用，实现了石墨烯片之间的有效电学连接。该电极的透光率为 86%，方阻（方块电阻）为 240 Ω/□。Wu 等[33]利用化学气相沉积技术制备了石墨烯片，并与导电聚合物 PEDOT：PSS 形成复合导电薄膜，其方阻可以低至 8 Ω/□。Zheng 等[34]制备了表面功能化的氧化石墨烯与导电聚合物聚乙撑二氧噻吩（PEDOT）和聚苯乙烯磺酸（PSS）的混合液，通过原位还原技术与简单的旋涂工艺制备了柔性透明电极。经过优化后，该电极的透光率为 79%，方阻为 120 Ω/□，且具有良好的抗弯折特性，见图 2-11(a)。Ruoff 等[35]采用化学气相沉积方法制备了单层多晶石墨烯，并将其转移到沉积有银纳米线的柔性基板表面，获得了石墨

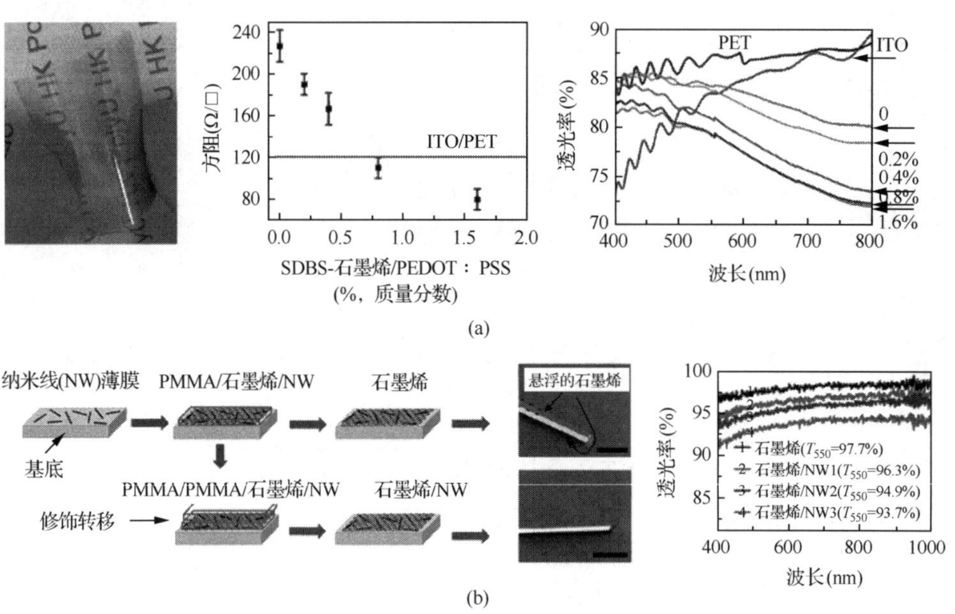

图 2-11 石墨烯纳米复合材料在柔性透明电极领域中的应用[34,35]

(a)石墨烯/聚乙撑二氧噻吩：聚苯乙烯磺酸柔性透明电极的照片及其光电性能；(b)石墨烯/银纳米线复合柔性透明电极的制备及其光透过性能

烯/银纳米线复合电极。银纳米线的引入有效地克服了多晶石墨烯晶畴边界所带来的导电性下降的缺点，其方阻达到 64 Ω/□，透光率为 93.6%，见图 2-11(b)。

6. 其他应用

石墨烯纳米复合材料除了具有以上所述的电学特性及应用外，其在光探测器、分子传感器、超级电容器、锂离子电池应用等方面的研究也很广泛。Chunder 等[36]设计制备了基于还原氧化石墨烯/酞菁铜复合材料的光探测器，其中酞菁铜作为电子给体，石墨烯作为电子受体。相比于石墨烯光探测器，石墨烯/酞菁铜复合材料使得光探测灵敏度提高了 15 倍。Liu 等[37]采用溶液加工法制备了基于石墨烯/CdSe 量子点复合薄膜的柔性透明光探测器。经聚合物修饰的石墨烯可用作传感器来探测特定分子。Shi 等[38]使用石墨烯/硫化聚苯胺复合材料电极来检测抗坏血酸，发现其具有增强的电化学稳定性和电催化活性。Li 等[39]用石墨烯/全氟磺酸复合材料检测铅离子和镉离子，表现出增强的灵敏性。近年来，导电聚合物和石墨烯的复合物被广泛用于高性能超级电容器。石墨烯/聚苯胺复合薄膜在电流密度为 0.3 A/g 条件下的比容量达到 210 F/g[40]。石墨烯/金属氧化物复合物是获得高性能锂离子电池的热点电极材料。Liu 等[41]发现，石墨烯/SnO_2 电极的可逆容量达 840 mA·h/g，且具有优异的循环性能。石墨烯/Co_3O_4 和石墨烯/Fe_3O_4 复合材料也表现出很高的可逆容量[42, 43]。

在短短的十年内，基于石墨烯纳米复合材料的设计、制备及其在电子器件应用领域的研究已经取得了瞩目的成果。在新能源开发与应用领域，石墨烯纳米复合材料的应用将使器件在能量捕获、转换、传输及储藏等方面的性能成倍提高；在信息领域，石墨烯纳米复合材料的应用将在信息采集、存储、处理和显示能力上实现新的突破，因此此种材料将有可能成为下一代信息技术的核心。尽管石墨烯纳米复合材料的设计制备及基于该材料的原型器件在上述各领域已经取得了大量进展，但整体来说，该技术还远未成熟，现阶段的研究仍属于前期积累阶段，还缺乏统一的技术标准和器件理论体系。

2.4　三维碳纳米功能材料

近年来，以泡沫体、海绵体和气凝胶形式存在的三维立体石墨烯网格备受关注。石墨烯具有独特的电子性能，零带隙结构，高机械强度、柔韧性、热导率和稳定性以及高效的大范围光吸收特点。然而堆积结块的石墨烯的比表面积和孔隙率大大降低，同时较强的范德华相互作用和较高的石墨烯片之间的接触电阻抑制了单个石墨烯片的高导电性能和机械性能。因此将单个石墨烯黏结在一起构建三维网格材料，其具有高比表面积、高孔隙率、良好的机械强度和可实现载流子在三维空间的自由传输的特点。这些特性都有助于提高材料的电化学、催化化学等性能,以石墨烯为基材的三维微纳结构在能源储存、传感器、催化剂载体和药物传载等领域具有广阔的应用潜力[44]。

第一种三维石墨烯网格材料是内部连续、互联的泡沫体石墨烯三维网格[45]。第二种是和泡沫体石墨烯三维网格相似的海绵状立体石墨烯。不同的是,石墨烯片部分呈彼此几乎平行的取向,形成各向异性的层状结构[46]。其类似海绵,具有高效的吸收释放功能[47]。第三种是石墨烯气凝胶,该种石墨烯是采用溶胶-凝胶化学方法制备。首先将氧化石墨烯形成一个高度交联的石墨烯的水凝胶,然后通过冷冻干燥或超临界干燥除去所吸收的水而获得石墨烯气凝胶[48,49]。

制备三维石墨烯网格材料主要有两种方法:一种是利用甲烷、乙醇[50]和糖等碳源,采用模板和非模板方式合成;另一种是通过对石墨烯进行组装得到。

2.4.1 模板辅助化学气相沉积法生长三维石墨烯网格材料

在预制的三维金属基材如泡沫镍上采用化学气相沉积(CVD)的方法可以获得三维石墨烯空间网格,刻蚀金属后就可以获得形态和性质可控的三维石墨烯空间网格。Chen 等[45]以三维泡沫镍作为模板,采用恒定速率和环境压力、在 1000℃下热分解甲烷。最终在泡沫镍表面形成了三层的石墨烯。然后将聚甲基丙烯酸甲酯覆盖在镍表面上,以保护石墨烯网格,并采用盐酸(或三氯化铁)溶液蚀刻镍骨架,而后通过使用热的丙酮去除聚甲基丙烯酸甲酯,最终获得连续、互联的泡沫体石墨烯网格(图 2-12),该石墨烯网格表现出独特的导电性能和机械强度。泡沫体石墨烯由于内部由互联的柔性石墨烯网格作为电荷载体的快速传输通道而具有高导电性。研究表明,即使泡沫体石墨烯的质量分数只有 0.5%,泡沫体石墨烯和聚二甲基硅氧烷的复合材料也具有 10 S/cm 的高电导率。利用这种具有独特网格结构和突出电性能和机械性能的泡沫体石墨烯和聚二甲基硅氧烷复合后的材料形成柔性、可折叠和拉伸导体材料,可作为锂离子电池、超级电容器、催化剂和生物医学等的电极材料。

Zhou 等[51]采用平均孔径为 95 nm 的多孔氧化铝为基材,在 Ar∶H_2∶CH_4 的流量比为 450∶50∶10 的气氛中,在 1200℃条件下处理 30 min,制备出石墨烯和氧化铝复合的三维网格。Wei 等[52]采用甲烷气体 CVD 方法在氧化镁表面形成了一层或两层的石墨烯,其孔径约为 10 nm。

2.4.2 非模板法生长三维石墨烯网格材料

Chen 等[53-55]采用 CVD 方法,以 CH_4 作为碳源直接在各种导电基底如 Au 和不锈钢上垂直成长石墨烯片。石墨烯片牢固地附着在基板边缘的活性位点处,形成彼此连接的三维多孔石墨烯,其适用于传感领域。Wang 等[56]将葡萄糖和 10 g

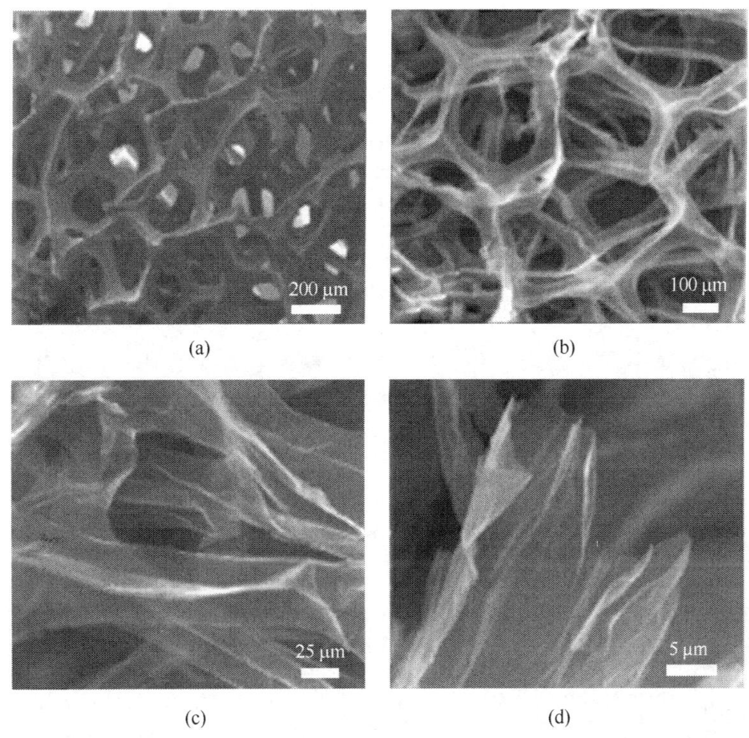

图 2-12　三维泡沫镍作为模板生长石墨烯图[45]

(a)生长在泡沫镍表面的石墨烯膜；(b)、(c)去除镍基底后的石墨烯；(d)石墨烯截面图

氯化铵混合，在 1350 ℃、氩气气氛下处理 3 h，以"吹糖人"的形式生长三维自支撑石墨烯网格。这种拓扑结构提供电子/声子运输的自由通道，并具有较大的比表面积和较强的机械性能。Shi 等[57]采用溶剂热法制备了石墨烯水凝胶，所制备的石墨烯块体材料是一种具有宏观尺寸的三维网格骨架，其作为超级电容器的电极材料，在 10 mV/s 的扫描速率下，比电容达到 175 F/g。真空冷冻干燥后的石墨烯气凝胶的比表面积约为 512 m^2/g。

2.4.3　石墨烯和碳纳米管的组装结合

三维石墨烯空间网格具有大的比表面积，其网格孔洞结构便于固定功能离子或纳米颗粒，以达到改性作用，实现载流子在三维空间的自由传输，特别是具有宏观可操作性。

Dimitrakakis 等[58]采用石墨烯和碳纳米管设计了一个三维储氢结构模型(图 2-13)，该三维材料由平行的、间距可调的石墨烯层组成，碳纳米管垂直放置在石墨烯层间以保持结构的稳定。碳纳米管像柱子一样支撑着石墨烯层并填充于石墨烯层之间的空间,减少了组装的三维材料的结构空隙。利用蒙特卡罗计算分析得出,如果这种材料掺杂有锂阳离子,在常压下的储氢能力可以达到41 g/L。石墨烯这种新材料的出现提供了进行储氢材料设计的新思路。

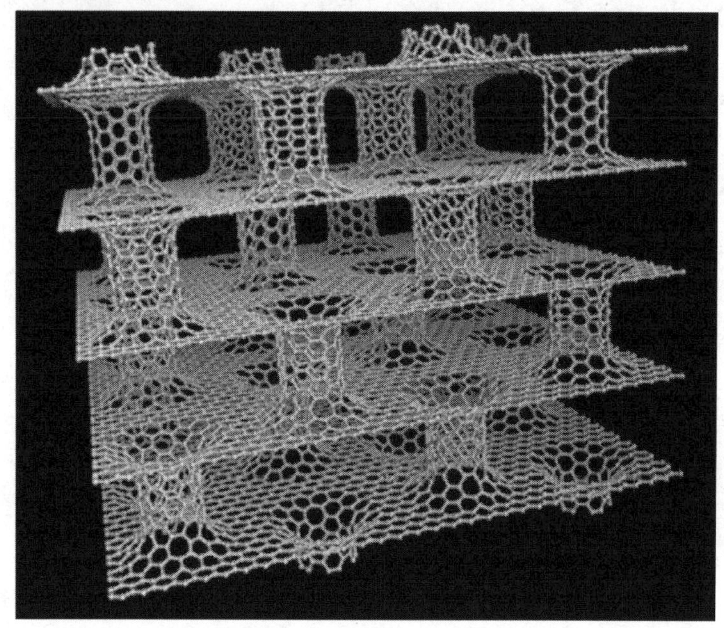

图 2-13　石墨烯/碳纳米管复合储氢材料[58]

Fan 等[59]在用化学气相沉积法制备的两层石墨烯层中生长碳纳米管支柱,形成三维碳纳米管/石墨夹层结构。这种特殊结构使电极间的电解质离子和电子具有高的传输速率。三维碳纳米管/石墨夹层结构的杂化材料具有优异的电化学性能,其在超级电容器中用作电极材料。在 6 mol/L 的 KOH 水溶液中,采用 10 mV/s 的扫描速率,此种电极材料获得的最大比电容为 385 F/g。

参 考 文 献

[1] Kroto H W, Heath J R, O'Brien S C, et al. C_{60}:buckminsterfullerene. Nature, 1985, 318:162-163.

[2] Sun Y, Zhou B, Lin Y, et al. Quantum-sized carbon dots for bright and colorful photoluminescence. Journal of the American Chemical Society, 2006, 128:7756-7757.

[3] Gupta V, Chaudhary N, Srivastava R, et al. Luminescent grapheme quantum dots for organic photovoltaic devices. Journal of the American Chemical Society, 2011,133:9960-9963.

[4] Li F S, Kou L J, Chen W, et al. Enhancing the short-circuit current and power conversion efficiency of polymer solar cells with graphene quantum dots derived from double-walled carbon nanotubes. NPG Asia Materials, 2013,5(8):e60.

[5] Iijima S. Helical microtubules of graphitic carbon. Nature, 1991,354:56-58.

[6] Novoselov K S, Geim A K, Morozov S V, et al. Electric field effect in atomically thin carbon films. Science, 2004, 22:666-669.

[7] Novoselov K S, Geim A K, Morozov S V, et al. Two-dimensional gas of massless dirac fermions in graphene. Nature, 2005, 438:197-200.

[8] Geim A K, Novoselov K S. The rise of grapheme. Nature Materials , 2007, 6: 186-191

[9] Williams G, Seger B, Kamat P V. TiO_2-graphene nanocomposites: UV-assisted photocatalytic reduction of graphene oxide. ACS Nano, 2008, 2: 1487-1491.

[10] Wang H, Cui L F, Yang Y, et al. Mn_3O_4-graphene hybrid as a high capacity anode material for lithium ion batteries. Journal of the American Chemical Society, 2010, 132(40):13978-13980.

[11] Nethlavathi C, Nisha T, Ravishankar N, et al. Graphene-nanocrystalline metal sulphide composites produced by a one-pot reaction starting from graphite oxide. Carbon, 2009, 47(8):2054-2059.

[12] Hong W,Bai H, Xu Y, et al. Preparation of gold nanoparticle/graphene composites with controlled weight contents and their application in biosensors. Journal of Physical Chemistry C, 2010, 114(4): 1822-1826.

[13] Gonealves G, Marques P A A P, Granadeiro C M, et al. Surface modification of graphene nanosheets with gold nanoparticles: the role of oxygen moieties at graphene surface on gold nucleation and growth. Chemistry of Materials, 2009, 21(20):4796-4802.

[14] Si Y C, Samulski E T. Exfoliated graphene separated by platinum nanoparticles. Chemistry of Materials, 2008,20(21):6792-679.

[15] Hassan H M A, Abdelsayed V, Khder A E R S, et al. Microwave synthesis of graphene sheets supporting metal nanocrystals in aqueous and organic media. Journal of Material Chemistry, 2009,19(23): 3832-3837.

[16] Guo S J, Dong S J, Wang E K. Three-dimensional Pt-on-Pd bimetallic nanodendrites supported on graphene nanosheet:facile synthesis and used as an advanced nanoelectrocatalyst for methanol oxidation. ACS Nano, 2010, 4(1):547-555.

[17] Yu A, Ramesh P, Itkis M E, et al. Graphite nanoplatelet epoxy composite thermal interface materials. Journal of Physical Chemistry C, 2007, 111(21):7565-7569.

[18] Sangermano M, Marchi S, Valentini L, et al. Transparent and conductive graphene oxide/poly(ethylene glycol) diacrylate coatings obtained by photopolymerization. Macromolecular Materials and Engineering, 2011, 296(5):401-407.

[19] Yan J, Wei T, Shao B, et al. Preparation of a graphene nanosheet/polyaniline composite with high specific capacitance. Carbon, 2010, 48(2):487-493.

[20] Yoo E, Kim J, Hosono E, et al. Large reversible Li storage of graphene nanosheet families for use in rechargeable lithium ion batteries. Nano Letters, 2008, 8(8):2277-2282.

[21] Tung V C, Chen L M, Allen M J, et al. Low-temperature solution processing of graphene-carbon nanotube hybrid materials for high-performance transparent conductors. Nano Letters, 2009, 9(5):1949-1955.

[22] Yang N, Zhai J, Wang D, et al. Two-dimensional graphene bridges enhanced photoinduced charge transport in dye-sensitized solar cells. ACS Nano, 2010, 4:887-894.

[23] Tang Y B, Lee C S, Xu J, et al. Incorporation of graphenes in nanostructured TiO_2 films via molecular grafting for dye-sensitized solar cell application. ACS Nano, 2010, 4:3482-3488.

[24] Eda G, Chhowalla M. Graphene-based composite thin films for electronics. Nano Letters, 2009, 9: 814-818.

[25] Li H, Pang S, Wu S, et al. Layer-by-layer assembly and UV photoreduction of graphene-polyoxometalate composite films for electronics. Journal of the American Chemical Society, 2011, 133:9423-9429.

[26] Myung S, Park J, Lee H, et al. Ambipolar memory devices based on reduced graphene oxide and nanoparticles. Advanced Materials, 2010, 22:2045-2049.

[27] Zhuang X, Chen Y, Liu G, et al. Conjugated-polymer-functionalized graphene oxide: synthesis and nonvolatile rewritable memory effect. Advanced Materials, 2010, 22:1731-1735.

[28] Son D, Kim T, Shim J, et al. Flexible organic bistable devices based on graphene embedded in an insulating poly(methyl methacrylate) polymer layer. Nano Letters, 2010, 10:2441-2447.

[29] Li G L, Liu G, Li M, et al. Organo- and water-dispersible graphene oxide-polymer nanosheets for organic electronic memory and gold nanocomposites. Journal of Physical Chemistry C, 2010, 114: 12742-12748.

[30] Eda G, Unalan H E, Rupesinghe N, et al. Field emission from graphene based composite thin films. Applied Physics Letters, 2008, 93:233502-233504.

[31] Goswami S, Maiti U N, Maiti S, et al. Preparation of graphene-polyaniline composites by simple chemical procedure and its improved field emission properties. Carbon, 2011, 49:2245-2252.

[32] Zheng W, Ho Y, Tian H, et al. Field emission from a composite of graphene sheets and ZnO nanowires. Journal of Physical Chemistry C, 2009, 113:9164-9168.

[33] Wu C X, Li F S, Wu W, et al. Liquid-phase exfoliation of chemical vapor deposition-grown single layer graphene and itsapplication in solution-processed transparent electrodes for flexible organic light-emitting devices . Applied Physics Letters,2014,105:243509.

[34] Chang H, Wang G, Yang A, et al. A transparent, flexible, low-temperature, and solution-processible graphene composite electrode. Advanced Functional Materials, 2010, 20:2893-2902.

[35] Kholmanov I N, Magnuson C W, Aliev A E, et al. Improved electrical conductivity of graphene films integrated with metal nanowires. Nano Letters, 2012, 12:5679-5683.

[36] Chunder A, Pal T, Khondaker S I, et al. Reduced graphene oxide/copper phthalocyanine composite and its optoelectrical properties. Journal of Physical Chemistry C, 2010, 114:15129-15135.

[37] Geng X, Niu L, Xing Z, et al. Aqueous-processable noncovalent chemically converted graphene-quantum dot composites for flexible and transparent optoelectronic films. Advanced Materials, 2010, 22: 638-642.

[38] Bai H, Xu Y X, Zhao L, et al. Non-eovalent functionalization of graphene sheets by sulfonated polyaniline. Chemical Communications, 2009,13:1667-1669.

[39] Li J, Guo S, Zhai Y, et al. High-sensitivity determination of lead and cadmium based on the nafion-graphene composite film. Analytica Chimica Acta, 2009, 649:196-201.

[40] Wu Q, Xu Y, Yao Z, et al. Supercapacitors based on flexible graphene/polyaniline nanofiber composite films. ACS Nano, 2010, 4:1963-1970.

[41] Wang X, Zhou X, Yao K, et al. A SnO_2/graphene composite as a high stability electrode for lithium ion batteries. Carbon, 2011, 49:133-139.

[42] Chen S Q, Wang Y. Microwave-assisted synthesis of a Co_3O_4-graphene sheet-on-sheet nanocomposite as a superior anode material for Li-ion batteries. Journal of Materials Chemistry, 2010, 20:9735-9739.

[43] Zhu X, Zhu Y, Murali S, et al. Nanostructured reduced graphene oxide/Fe_2O_3 composite as a high-performance anode material for lithium ion batteries. ACS Nano, 2011, 5:3333-3338.

[44] Ma Y, Chen Y. Three-dimensional graphene networks: synthesis, properties and applications. National Science Review, 2015, 2(1): 40-53.

[45] Chen Z, Ren W, Gao L, et al. Three-dimensional flexible and conductive interconnected graphene networks grown by chemical vapour deposition. Nature Materials, 2011, 10(6): 424-428.

[46] Xie X, Zhou Y L, Bi H C, et al. Large-range control of the microstructures and properties of three-dimensional porous graphene. Scientific Reports, 2013, 3:2117.

[47] Bi H, Xie X, Yin K, et al. Spongy graphene as a highly efficient and recyclable sorbent for oils and organic solvents. Advanced Functional Materials, 2012, 22(21): 4421-4425.

[48] Zhang X, Sui Z, Xu B, et al. Mechanically strong and highly conductive graphene aerogel and its use as electrodes for electrochemical power sources. Journal of Materials Chemistry, 2011, 21(18): 6494-6497.

[49] Worsley M A, Pauzauskie P J, Olson T Y, et al. Synthesis of graphene aerogel with high electrical conductivity. Journal of the American Chemical Society, 2010, 132(40): 14067-14069.

[50] Cao X, Shi Y, Shi W, et al. Preparation of novel 3D graphene networks for supercapacitor applications. Small, 2011, 7(22): 3163-3168.

[51] Zhou M, Lin T, Huang F, et al. Highly conductive porous graphene/ceramic composites for heat transfer and thermal energy storage. Advanced Functional Materials, 2013, 23(18): 2263-2269.

[52] Ning G, Fan Z, Wang G, et al. Gram-scale synthesis of nanomesh graphene with high surface area and its application in supercapacitor electrodes. Chemical Communications, 2011, 47(21): 5976-5978.

[53] Bo Z, Yu K, Lu G, et al. Understanding growth of carbon nanowalls at atmospheric pressure using normal glow discharge plasma-enhanced chemical vapor deposition. Carbon, 2011, 49(6): 1849-1858.

[54] Yu K, Wang P, Lu G, et al. Patterning vertically oriented graphene sheets for nanodevice applications. The Journal of Physical Chemistry Letters, 2011, 2(6): 537-542.

[55] Mao S, Yu K, Chang J, et al. Direct growth of vertically-oriented graphene for field-effect transistor biosensor. Scientific Reports, 2013, 3(4):1696.

[56] Wang X B, Zhang Y J, Zhi C Y, et al. Three-dimensional strutted graphene grown by substrate-free sugar blowing for high-power-density supercapacitors. Nature Communications, 2013, 4:2905.

[57] Xu Y, Sheng K, Li C, et al. Self-assembled graphene hydrogel via a one-step hydrothermal process. ACS Nano, 2010, 4(7): 4324-4330.

[58] Dimitrakakis G K, Tylianakis E, Froudakis G E. Pillared graphene: a new 3-D network nanostructure for enhanced hydrogen storage. Nano Letters, 2008, 8(10): 3166-3170.

[59] Fan Z, Yan J, Zhi L, et al. A three-dimensional carbon nanotube/graphene sandwich and its application as electrode in supercapacitors. Advanced Materials, 2010, 22(33): 3723-3728.

第 3 章　碳纳米功能材料的制备与表征

到目前为止，已经发展出多种碳纳米功能材料的制备方法，如化学气相沉积法、激光蒸发法、石墨电弧法、燃烧法、热解聚合物法、胶带剥离法等。尽管研究目的不同，但是各种制备方法的关键是对体系中每个纳米单元的自身几何参数、空间分布参数和体积分数等进行有效控制，尤其是要通过对制备条件(空间限制条件、反应动力学因素、热力学因素等)的控制，保证体系研究的纳米单元的组成相至少有一维尺寸在纳米尺度方位(即控制纳米单元的初级结构)，其次是考虑控制纳米单元聚集体的次级结构。

3.1　碳纳米功能材料的制备

3.1.1　化学气相沉积技术

化学气相沉积技术是一种常见的材料制备技术，设备外观图见图 3-1，它是主要利用含有材料组成元素的一种或几种气相化合物或单质在基底表面上进行化学反应生成目标材料的方法。化学气相沉积的基本过程包括气体扩散、反应气体在基底表面的吸附、表面反应、成核和生长以及气体解吸、扩散挥发等步骤。化学气相沉积设备内的输运性质(包括热、质量及动量输运)、气流的性质(包括运动速度、压力分布、气体加热、激活方式等)、基板种类、表面状态、温度分布状态等都影响目标材料的组成、结构、形态和性能。

图 3-1　化学气相沉积设备外观图

化学气相沉积技术具有如下特点：①可在较低的温度下通过气态初始化合物之间的气相化学反应形成固态目标材料；②反应可以在常压或真空条件下进行，通常真空沉积所得材料晶体的质量较好；③可以采用等离子体和激光辅助技术显著促进化学反应，使沉积温度进一步降低；④目标材料的化学成分可以随气相组成的改变而变化，从而获得具有成分梯度分布的沉积物;⑤可以通过反应条件的控制调整纳米材料的尺寸和分布密度。

目前,化学气相沉积技术已经广泛应用于碳纳米功能材料的制备,如碳纳米管、石墨烯等。3.1.5节将具体讨论化学气相沉积技术制备石墨烯的相关情况,本节主要介绍碳纳米管的化学气相沉积制备。

1. 制备方法

图3-2为制备碳纳米管的化学气相沉积反应装置示意图。一般采用石英管作为反应室,当对催化剂进行活化处理后,在一定的高温(600～1200℃)下通入碳氢化合物与载气(通常为氩气,时间为15～60 min)。碳氢化合物在催化剂上经分解、扩散、析出,最终生长出碳纳米管,待反应室温度降至室温时收集产物。若是液态碳氢化合物(如苯、乙醇等),液体放在烧瓶中加热,并以惰性气体为载气带动蒸发气进入反应区。如果是固体碳氢化合物作为碳纳米管的前驱体,其可以直接保存在反应管内的低温区。挥发性材料(如樟脑、萘、二茂铁等)直接从固态变为气态,在通过高温催化剂时进行沉积。像碳纳米管的前驱体一样,催化剂的前驱体也可以是任何形态:固体、液体或气体,可适当放置在反应室内或储存在外面。根据催化剂引入方式的不同,可以把制备气相生长碳纳米管的方法分为两种。在适宜温度下,催化剂进行气相热解而释放金属纳米粒子的原位,称为浮动催化裂解法;另外,将催化剂涂覆在基体上,高温区催化、气相生长碳纳米管的过程在基体上进行,称为基种法。

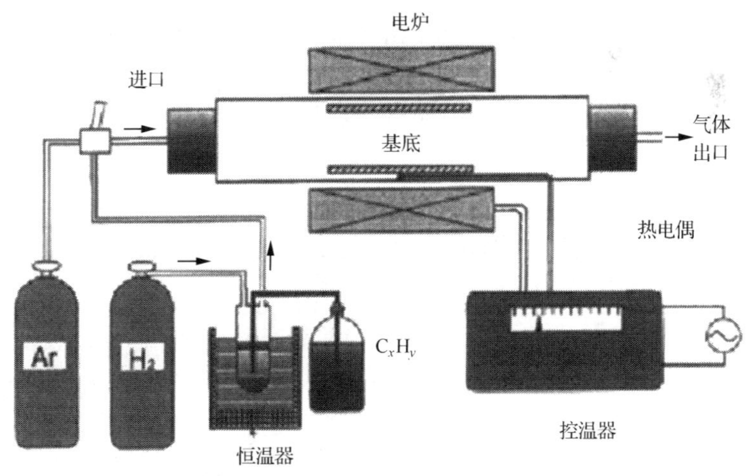

图3-2　化学气相沉积法反应装置示意图

碳纳米管的合成受到许多因素的影响,如碳氢化合物、催化剂、反应温度、压力、气体流量、沉积时间和反应器的几何形状等。下面讨论三个关键的因素:前驱体——碳氢化合物、催化剂和催化剂载体。

1）碳纳米管的前驱体

最常用的碳纳米管前驱体为甲烷、乙烯、乙炔苯、二甲苯和一氧化碳等。Endo等报道了在1100℃下热解苯及采用铁粉为催化剂生长碳纳米管；Jose等报道了在700℃下热解乙炔及采用铁粉为催化剂得到螺旋形多壁碳纳米管。后来，多壁碳纳米管的生长采用更多其他的前驱体包括环已烷和富勒烯。1996年，Dai等[1]以粒径仅有几纳米的钼粉做催化剂，在1200℃下裂解一氧化碳，首次获得单壁碳纳米管。1998年，Cheng等[2]首先采用浮动催化工艺，以二茂铁为催化剂，苯为碳源并适量添加噻吩，在1100～1200℃制备了单壁碳纳米管，并且认为它是一种易于实现大批量生产单壁碳纳米管的方法。2002年，Maruyama等[3]采用Fe-Co共浸渍的沸石载体及乙醇为碳源，低温合成高纯度的单壁碳纳米管。从此，乙醇成为最受欢迎的碳纳米管前驱体。由于OH·的腐蚀作用，乙醇生长碳纳米管避免了无定形碳的形成。之后，以乙醇为碳源，在具有钼钴涂层的石英和硅基底上生长垂直排列的单壁碳纳米管。2009年，Maruyama课题组的研究表明，在以乙醇为碳源，采用CVD方法生长碳纳米管的过程中，间歇性地通入乙炔可以增加催化剂的活性，从而提高碳纳米管的生长速率。

前驱体的分子结构对碳纳米管的生长形态产生影响。线型碳氢化合物（如甲烷、乙烯、乙炔）热分解成碳原子或线型二聚体/三聚体的碳，一般产生平直、中空的碳纳米管。环状碳氢化合物（如苯、二甲苯、环已烷、富勒烯），产生相对弯曲、管壁内部呈桥状的碳纳米管。

一般而言，低温（600～900℃）化学气相沉积产生多壁碳纳米管，而高温（900～1200℃）反应有利于单壁碳纳米管的生长。这表明，单壁碳纳米管的形成需要更高的能量（可能是由于其直径小、曲率大，能承受高应变能），或许这就是大多数碳氢化合物生长成多壁碳纳米管比生长成单壁碳纳米管容易的原因。因此，通常选用一氧化碳、甲烷等在900～1200℃稳定地生长单壁碳纳米管；但生长多壁碳纳米管的前驱体（如乙炔、苯等）在这样高的温度下不稳定，导致大量的其他含碳化合物沉积。

2004年，Hata等[4]采用乙烯为碳源，在Si基底上水辅助高效合成无杂质单壁碳纳米管。他们提出，有效地控制水蒸气的流量并供应到反应室作为一种弱氧化剂，可选择性地除去无定形碳而不破坏碳纳米管的生长。另外，提高催化剂寿命的关键是如何使乙烯和水蒸气保持相对平衡。研究表明如果碳氢化合物的活性很低，则不需要向CVD反应室中通入活性剂（如水或羟基）。综上所述，碳的前驱体是影响碳纳米管生长的一个重要因素。因此，选择合适的碳纳米管前驱体及适当的气压流量可以提高催化剂寿命、加快碳纳米管的生长速度、提高产量和制备高质量的碳纳米管。

2）碳纳米管的催化剂

在CVD法制备碳纳米管的过程中，最为重要的环节应该是催化剂的制备。对目前采用的催化剂，一类是过渡金属，最常用的为Fe、Co、Ni。在高温下，碳在这些金属中的溶解度高、扩散快。而且这些金属的高熔点和低平衡蒸气压使反应的温度范围变大，所以可以采用不同碳源做前驱体。Fe、Co、Ni比其他过渡金属更能较强地黏附在生长中的碳纳米管上，因此能充分有效地合成曲率大（小直径）的碳纳米管（如单壁碳纳米管）。除了常用的过渡金属Fe、Co、Ni外，其他金属如Cu、Au、Ag、Pt、Pd也可用作催化剂。

另一类是采用金属有机化合物（如二茂铁、二茂钴、二茂镍）为催化剂，也可加入一些含硫的化合物作为生长促进剂。这些金属有机化合物释放出原位金属纳米颗粒，有助于碳氢化合物的有效分解。一般来说，碳纳米管的直径受到催化剂颗粒大小的影响，所以利用先进的技术预合成大小可控的金属纳米颗粒是生长直径可控的碳纳米管的必要前提。将催化剂薄膜均匀覆盖在各种基底上也被证实可以均匀地生长碳纳米管沉积物。获得高纯碳纳米管的关键取决于碳氢化合物的分解是否在催化剂的表面上进行，禁止在空气中进行高温分解。这种方法相对于采用金属催化剂的一大优势是容易实现连续操作。而且，反应期间催化剂与反应气体能充分接触，催化剂的利用率提高。该法通常是通过高温使金属有机化合物处于气态，通过载气将其与碳源气体一起送入反应炉，使其在气相反应中生成碳纳米管。

从原理及生长模型上看，二者并没有本质的区别，只是在反应前两种催化剂处于不同的状态，前者由于载体的稳定化作用处于固态，而后者由于高温升华处于气态，在气相中分解成金属或其氧化物状态而进行催化。因此两种催化剂对设备的要求不同，催化剂加入方式和产物收集方式也不同。

3）催化剂载体

在早期的研究中主要采用SiO_2作为催化剂载体。SiO_2具有规则的孔结构，在许多场合下也适合作为分散金属的载体。它不仅热稳定性好，而且来源广泛、成本低廉。Baker和Chludzinski[5]研究了多种氧化物在不同温度下裂解乙炔对碳纤维生长的影响，他们发现SiO_2是碳纤维生长最有效的抑制剂。采用SiO_2作为载体可以避免载体对碳纳米管生长的影响，但是SiO_2只能用氢氟酸溶解去除，会给产物的提纯带来一定难度。

另一种常见的催化剂载体是Al_2O_3。Al_2O_3由于具有易获取、物理性能稳定、熔点高、硬度大、耐腐蚀等多种优良的理化性能，也被广大研究者采用。Dai等[1]首次使用CVD法制备单壁碳纳米管就是采用Al_2O_3作为载体，在混合法制备的Mo/Al_2O_3催化剂上，1200 ℃下催化分解CO得到。后来Dai等对（Fe、Co、Ni）/（Al_2O_3或SiO_2）系列催化剂进行了实验，分析了Al_2O_3与SiO_2的区别，认为前者的各向异性与离散的酸性活性中心是生长单根单壁碳纳米管的原因。同样，

Al_2O_3 做载体在产品提纯中较难除去，特别是在经过高温处理后更难除去，这也限制了这种载体的使用。

MgO 也是制备催化剂常采用的一种催化剂，其相对于传统载体 SiO_2 和 Al_2O_3 的优势在于易于去除，只要使用稀盐酸浸泡就能去除大部分催化剂，这使得之后的碳纳米管提纯变得更为方便。而且，考虑到 MgO 呈碱性的特征，不会形成孔洞结构，可以避免无定形碳的生成。

沸石和分子筛类材料也是用途广泛的载体。它们不仅具有很大的比表面积，而且也具有较规则的孔洞和很强的离子交换能力。一旦它们接触了过渡金属可溶性盐的溶液，离子交换就立刻发生，因此也常用于承载过渡金属进行碳纳米管的催化合成。另外一些报道过的催化剂载体有石墨、层状黏土矿物、碳纳米管、氧化钙、碳酸钙等。

2. 生长机理

碳纳米管的生长机理一直存在争议。根据反应条件和对沉积后的产品进行分析可知，目前被广泛接受的一般机制可以概括如下：金属催化剂细小的活性表面易吸附碳氢化合物分子，吸附在催化剂上的碳氢化合物分子在催化剂的催化作用下裂解为碳和氢原子；氢原子飞离而去，碳原子溶解并扩散到催化剂颗粒内部，形成金属和碳的固溶体；当碳原子过饱和时，过饱和部分从催化剂颗粒内部析出形成碳纳米管，催化颗粒的尺寸直接决定了纳米管的尺寸。

研究人员根据碳纳米管的顶部是否有金属催化剂，提出了“顶部生长”(tip-growth)与“底部生长”(base-growth)机理。当催化剂与基底之间的作用力较弱时，碳纳米管遵循顶部生长模式。催化剂颗粒吸附并催化裂解碳氢化合物分子而产生碳原子，碳原子在催化剂表面扩散，由于浓度梯度的存在，碳原子不断向催化剂颗粒内部扩散，当达到饱和后，碳原子从催化剂颗粒的底部析出形成碳纳米管。在碳纳米管的生长过程中，催化剂颗粒始终停留在碳纳米管的顶端，随着碳纳米管的生长而迁移[图 3-3(a)]。在碳纳米管的生长过程中，催化剂起催化形成带悬挂键碳原子并让其重组成六元环的作用，直到某些偶然因素使催化剂失活，碳原子形成五元环，催化剂被封闭，则碳纳米管停止生长。此种生长过程称为顶部生长。

当催化剂与基底间的作用力较强时，碳纳米管遵循底部生长模式。由于作用力较强，碳原子在催化剂颗粒中的扩散达到饱和后，从催化剂颗粒的顶部析出形成碳纳米管。在碳纳米管生长过程中，催化剂颗粒停留在碳纳米管的底部[图 3-3(b)]，称为底部生长。

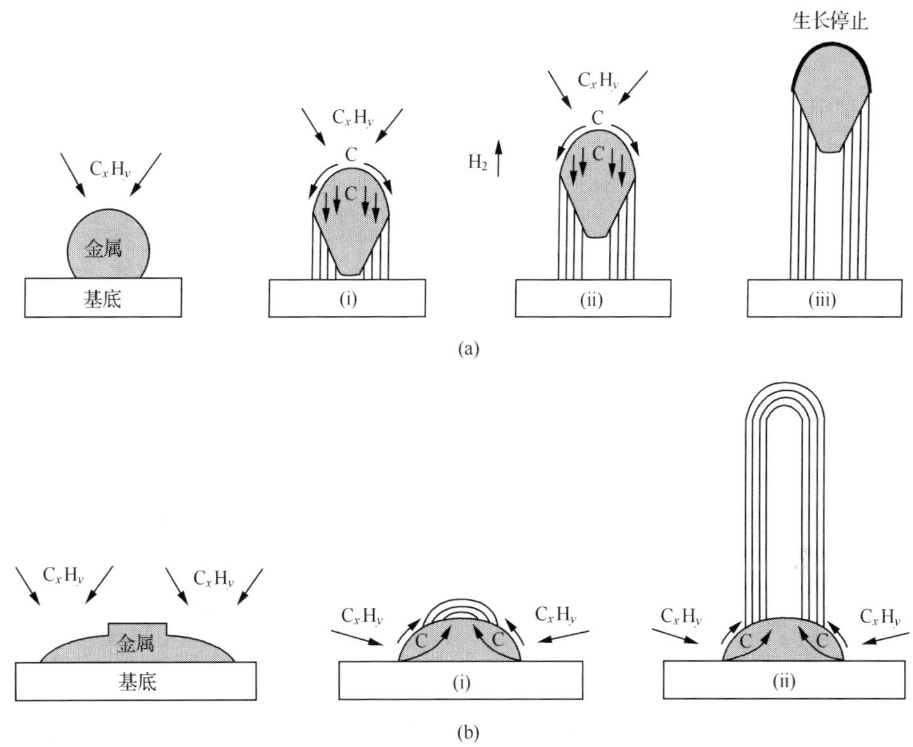

图 3-3　碳纳米管生长机理示意图

(a)顶部生长;(b)底部生长

3. 生长控制

1) 催化剂材料和浓度的影响

在早期生长碳纳米管的实验中通常采用不同的金属催化剂,如铁、钴、镍。铁具有较好的催化裂解效果,可高产量生长碳纳米管,但这些碳纳米管很难进行石墨化。钴催化剂利于生长出更好的石墨化的碳纳米管,但产量下降。因此,可选用混合金属,结合它们各自的优点,获得大量的石墨化的碳纳米管。双金属催化剂的混合熔点低于纯金属的熔点,碳纳米管可在较低的温度即 550 ℃下生长。因此,合金是比纯金属更好的催化剂。三金属催化剂也有相应的报道,但结果的解释会更复杂,目前在这方面的研究较少。

除了催化剂的材料选择外,催化剂的浓度也是影响碳纳米管生长的关键因素。催化剂在沸石中的浓度一般为 2%～50%(质量分数),当催化剂浓度小于 2.4%时,没有碳纳米管长成。在低催化剂浓度(2.4%～5%)下可生长单壁碳纳米管,高浓度下一般生长多壁碳纳米管。铁-钴合金的浓度为 40%时可高产量生长多壁碳纳米管。研究表明，可通过选择适当的催化剂及其浓度来决定生长单壁碳纳米管或多壁碳纳米管。

2）温度的影响

在碳纳米管的制备过程中，反应温度也起着至关重要的作用，碳纳米管的形貌、结构、凝聚行为都对反应温度十分敏感。以樟脑化学气相沉积生长碳纳米管为例，设定温度为500～1000℃。当温度低于500℃时，樟脑没有分解。在550℃时，非常短的碳纳米管出现在沸石孔上，碳纳米管的生长速率相当低。而在600℃时，碳纳米管在沸石孔周围急剧增长。在650℃以上，增长率更大，几乎没有一个沸石颗粒可以定位在碳纳米管上。随着生长温度的升高，碳纳米管的平均直径增大，但生长密度随之下降。当温度高达750℃时，可生长出几乎没有金属杂质的非常干净的碳纳米管。这表明，在较低的温度下，催化剂-载体之间的相互作用很强，可阻止金属颗粒离开沸石基底。此时，碳纳米管进行底部生长。在较高的温度下，金属颗粒逐渐离开基底，碳纳米管进行顶部生长。在临界温度下，底部生长与顶部生长的过程并存。

3）气体流速的影响

为控制碳纳米管的生长，反应区中的碳氢化合物的气压是另一个非常重要的参数。对于气态碳氢化合物，反应器所需的蒸气压力可通过固定气体流量和调节吸力旋转泵来控制。对于液态碳氢化合物，加热后可调节进入反应器的蒸气流量。然而，固体碳氢化合物如樟脑，很难控制其蒸气压力，受到三个参数的影响：樟脑块大小、气化温度和载气流量。Hahm 等[6]考察了气体流速对制备碳纳米管的影响。文献指出较小的气体流速有利于生成较小的晶核，从而导致碳纳米管有较小的直径；相反，较大的气体流速则有利于生成较大的晶核，从而导致碳纳米管有较大的直径。

3.1.2 石墨电弧法

1. 石墨电弧法制备富勒烯和碳纳米管

石墨电弧法最早被应用于制备富勒烯，该方法是在装有氦气的容器中（压力为18～20 kPa，直流电流为80～100 A）安置制备富勒烯的阳极和阴极，其阴极材料通常为光谱级石墨棒，而阳极材料为一般石墨棒。让两根高纯度的石墨电极接近，使石墨棒产生电弧，石墨棒气化形成等离子体，释放出能聚合成层片的碳原子。氦气会使层片在电弧附近保持较长的时间，从而使它们自行封闭形成富勒烯。这些富勒烯存在于烟灰中，这些烟灰沉积在电弧反应器的内壁上。

富勒烯的提纯可通过将其溶解于苯中，然后缓慢加热，在干燥后的剩余结晶物中获得。也可通过在真空或惰性气体环境中将烟灰加热到400℃，使富勒烯升华而得到[7]。

1991 年，日本物理学家饭岛在一组碳电极上使用直流电弧进行放电，放电温度为 2000～3000℃，电流为 100 A，电压为 20 V。此设备在其烟灰中产生了多壁碳纳米管(MWNTs)。后来，通过在电极上增加适合的催化剂颗粒(如铁、钴、镍或稀土金属)，并使用相同的方法制备出了单壁碳纳米管(SWNTs)。

1) 制备原理

此方法在制备富勒烯的方法上稍作修改。在一个密闭的充满氦或氩的(压强典型值为 600 mbar*)腔体内，面对面排放的两个石墨电极间(电极直径为 6～10 mm，两电极间距离为 1～2 mm)产生电弧放电。电弧放电产生 6000 ℃的高温，此温度足够使石墨中的碳升华(即不通过液态，直接从固态转变成气态)。在升华过程中的压强很高，产生的碳原子变成等离子体态。这些原子移动到腔体中较冷的区域，其允许纳米管沉积并积累在电极上。这种类型的碳纳米管的形成主要由金属催化剂来决定。如果将少量的过渡金属，如铁、钴、镍加入石墨中，SWNTs 则是主要的生成物。如果缺少了这些催化剂，将主要产生 MWNTs。

2) 现场测量

在电弧装置中，对碳纳米管的生长过程进行现场测量是非常困难的，然而在电弧 SWNTs 制备过程中温度的变化过程仍然被一些研究团队所探讨。通常，一个镜头被放置在离电弧腔体中心 30 cm 或 40 cm 处，通过腔体壁上的一个窗口收集光。镜头聚焦电弧图像于焦平面上，然后通过光纤将图像转移到光谱仪上，最后使用此光谱仪分析电弧放电时的辐射发光，如催化剂原子谱线、粒子谱线等。Farhat 及其团队预测是温度和电极密度影响了这些谱线。在测量了只有单一催化剂和有钇/镍混合物两种情况后认为，当镍是唯一的催化剂时，温度是相当高的，大约为 10 000 K，这高于用钇做催化剂时的温度(大约为 3 000 K)。随着氩/氦混合物发生变化，他们发现当氩占 60%时，电弧中心附近的温度达到最大值，要对此现象进行解释还需要更多的研究工作。

3) SWNTs 和 MWNTs 的制备

(1) 纯石墨蒸发。

有两类生成物能在相同的反应室内产生，即在电弧放电过程中，电极的末端生成一层沉积物，同时在反应室的内壁上生成烟灰。其烟灰中含有富勒烯、非晶碳和不含纳米管的石墨层。而沉积物中包含坚硬的灰色外壳和柔软的纤维黑色内核。各种显微观察已经表明外部坚硬的外壳由纳米颗粒和 MWNTs 组成，而其内核由三分之一的多面体石墨纳米颗粒和三分之二的 MWNTs 组成。其 MWNTs 包含一到数十层的石墨层，这些石墨层以同心圆的形式围绕起来，各层之间的间隔是恒

---

* $1 bar=10^5 Pa$。

定的，大致等于石墨的层间距(0.34 nm)。MWNTs 的内部直径为 1～3 nm，外部直径依据同心圆的层数在 2～25 nm 之间变化。一般来说 MWNTs 的长度不会超过 1μm，但现在已经有超过 1 μm 的被发现。大多数 MWNTs 有一个嵌入五角缺陷的六边形网格的帽端。

(2) 石墨和金属的混合蒸发。

在阳极的中心钻一个洞，填充金属催化剂和石墨粉末的混合物，然后加入另一种元素，并在电弧放电过程中使其和碳一起被蒸发。最终形成的产物的宏观和微观结构都发生了改变。其沉积物生长在阴极表面，包含 MWNTs、空心的或实心的石墨纳米颗粒和圆球状金属颗粒。有时也会观察到沉积物中的 MWNTs 是实心的。在某些特定条件下，在沉积物的硬壳周围会形成柔软的带状物，其中包含非晶碳、球状金属纳米颗粒、一些石墨层和高密度的 SWNTs。

其中，SWNTs 能被分离成束状，它包含一到数十个单管，并或多或少地覆盖一些富勒烯/烟灰材料。大部分碳纳米管的直径为 1.2～1.4 nm，长度可达数微米。

然而，当沉积物的硬壳周围没有带状物形成时，生成物从阴极转移到反应室的内壁，并形成蜘蛛网状的形状，其中含有富勒烯、非晶碳、一些石墨层和低密度的 SWNTs(当使用 Co 或 Ni 的混合物时)。在一些情况下，蜘蛛网结构不会出现。其烟灰从外观上看可能是碎屑状或海绵状，能形成和蜘蛛网形状相同的成分。考虑到与其混合共蒸的元素的不同，它可能含有 SWNTs 或是在催化剂颗粒上生长的辐射海胆状短的 SWNTs 或是填充金属的 MWNTs。用这种方法获得的纳米管的数量和质量主要由金属/碳混合物决定。许多元素或元素的混合物被不同的人测试过，但即使他们用的是同一种材料，也可能生成不同的生成物。这个结果并不奇怪，因为实验的许多参数都能影响结果，如金属浓度、气体压强、气体纯度、电流和系统的结构等。

石墨电弧法是最常用也是最容易生成碳纳米管的方法。利用此方法会生成大量的混合物，所以需要一定的提纯技术，以从烟灰和催化剂中分离出碳纳米管。有许多的提纯方法可以使用，所有的提纯过程都有以下几个主要步骤：大的石墨颗粒和聚集体的去除、适当的溶剂溶解去除催化剂元素颗粒(使用高浓度的酸)和富勒烯(使用有机溶剂)以及微量过滤和层析法进行颗粒分离和非晶碳簇分离。通过电弧放电法生成 MWNTs 的提纯可以使用氧化的方法来实现。这种方法能够从多面体类石墨颗粒中分离出 MWNTs。此方法的主要缺点是提纯的纯度不高、原材料具有高消耗率以及过程最后剩余的碳纳米管有高的反应性。其缺点是 MWNTs 存在悬挂键，而这类悬挂键的去除需要通过高温(2800 ℃)退火来实现[8]。

分离碳纳米管的无损技术将管/颗粒的易分散胶态悬浮剂和材料结合在一起，可防止如表面活性剂、聚合物或其他胶体颗粒的聚合。另一种方法是利用尺寸分离碳纳米管，其使用排阻色谱、多孔过滤器以及超声辅助微量过滤器，能从非晶碳和催化剂颗粒中分离出 SWNTs。已有研究表明，在硝酸或氢氟酸水溶液中使 SWNTs 沸腾可以提纯 SWNTs。该方法可去除非晶碳和金属颗粒，是一种高效简单的技术。为了实现碳纳米管的提纯，科学家更倾向于使用在不同媒介下的超声处理法和随后的 SWNTs 材料的热氧化处理法（在 470 ℃）以及盐酸处理法[6]。

石墨电弧法生成的纳米管有非常好的结构质量。这种技术的主要局限是电极的腐蚀。随着电极直径的增加，碳纳米管的产量会线性减少。

3.1.3　激光蒸发法

历史上，最初的富勒烯的制备就是通过激光蒸发法来实现的。1985 年 9 月，Kroto 和 Smalley 等在进行激光蒸发石墨飞行时间质谱的观测中发现了 C_{60} 和 C_{70} 分子，在这个过程中，管式炉中的石英管被加热到大约 1200 ℃，在炉中通入氩气流，保持在低于一个大气压的状态下。石英管中包含一块压缩过的石墨，当使用一束强烈的脉冲激光进行照射时，石墨被蒸发，冷凝的烟灰中形成了富勒烯。后来，相同的技术被用于制备碳纳米管。

1. 制备原理

激光蒸发法和石墨电弧法类似，都是在低气压的惰性气体环境下发生石墨的升华过程。也被证明都能获得十分相似的生成物：富勒烯、相同结晶质量的 SWNTs 或 MWNTs 等。

在低压的惰性气体环境中，用一束聚焦的激光束使石墨蒸发的技术有两种：脉冲激光技术和连续激光技术。这两种技术的主要不同是脉冲激光需要更高的光强度（100 kW/cm^2，连续激光为 12 W/cm^2）。

在脉冲模式下，一束 Nd-YAG 脉冲激光使固态石墨（或是石墨和催化剂）蒸发，并随着背景气体缓慢通过石英管，流入一个高温烤炉。激光将复合固体材料转换为小的聚集体，如果外部的烤炉能加热到 800 ℃以上，这些聚集体就能重组。炉的作用是产生一个温度梯度，以适合于长的碳纳米管的形成和生长。

在连续模式下，一束 20kW 的连续波 CO_2 激光聚焦在石墨靶上，并加热到 3000～3500 K，石墨靶被垂直放置，惰性气体（He、Ar、N_2）从腔体的底部向上部流过。在蒸发过程中，流动的 Ar 流过石英管中的烟灰。在此例中，不提供额外的炉也能生成碳纳米管。实际上，对比脉冲模式，流动的气体在目标靶的附近被加热，温度达到被激光照射的石墨表面的温度。

在上述两例中，碳纳米管在气相中成核、凝聚、被氩气流带走，并顺流冷凝在水冷的铜收集器上。根据实验条件的不同，这些毛毡状的生成物中包含 SWNTs 或 MWNTs。和电弧放电技术类似，使用纯净的石墨靶时可获得 MWNTs。使用石墨和金属催化剂(如 Ni-Co、Ni-Y)混合物时获得 SWNTs。和电弧放电技术类似，碳纳米管伴随着非晶碳、金属颗粒等一起生成。已经有许多提纯技术被开发用于提取高质量的 SWNTs 和 MWNTs。

激光蒸发法与电弧放电法的主要区别是:①材料被激光蒸发而不是利用电弧放电;②如果没有催化颗粒,无法制备出足够长度的碳纳米管。这意味着碳纳米管在生长过程中需要某些局部的各向异性;③颗粒通过远离目标靶的冷盘收集,通常加入一个二级加热系统。

采用激光蒸发法生成少量的纯净碳纳米管,该方法能获得高质量的碳纳米管。虽然这种方法很有前途,但其结果还是不如石墨电弧法。同时,因为使用激光并需要大量的能量,该技术是相当昂贵的[9]。

2. 现场测量

1) 脉冲激光蒸发测量

脉冲激光蒸发法使用纳秒激光,这很适合被测量研究。蒸发脉冲只维持 10 ns,SWNTs 进行生长,然后恢复原状,再进行下一次激发,这可看成是独立的激光蒸发事件。在 ORNL 的 Geohegan 的团队已经开发了一系列独特的测量方法,包括光谱门控-ICCD 图像、离子探针测量和一些光学光谱方法,以监控激光蒸发石墨纳米管的合成。

测量发现,碳很快转变成簇(～0.2 s),在低于 3500 ℃下,催化剂转变成簇的过程非常晚(2 ms),当温度变得更低(小于 1750 ℃)并在 2ms 后,只有碳纳米管能被检测到。这些测量结果表明前 2 ms 由原子和分子个体进行簇的形成。温度为 1300～1400 ℃时对应于碳纳米管生长的开始。这基本上对应 Ni-C 和 CO-C 系统的共熔温度。主要的纳米管生长发生在 2 ms 以后,能够持续数十毫秒。因此,主要的纳米管的生长原料来自于小的含碳的簇或这些簇的聚集体。

2) 连续激光蒸发测量

有一系列的光学测量方法测量碳纳米管形成过程中的气相特性。通过测量流动气体的温度梯度,腔体被划分为三个不同的冷却区域:蒸发源上方 3 mm 内温度在 2000 K 以上的冷却区域(区域 1)、3～7 mm 间中段气体温度达到 1600 K 的冷却区域(区域 2)和一个长的温度平稳在 1000 K 的区域(区域 3)。测量发现,C_2 只出现在区域 1。区域 1 和区域 2 间的温度转变大约是在 2000 K,正好对应于气相 C_2 浓度的降低。区域 2 的温度为 1600～2000 K,正好对应于金属蒸气冷凝成液态金属颗粒的温度。因为是否有催化剂会使 C_2 的空间外形和烟灰浓度有显著的不同,所以这个冷凝过程影响了碳聚合的过程。这可能与在液态金属颗粒中碳不溶解有关。因此可以认为在此区域碳纳米管开始生长。

3.1.4　其他方法:燃烧法

燃烧法是使氧化剂和燃料两种成分在一定的条件下发生强烈的放热化学反应的过程,在气相状态下发生燃烧,其外部表现为火焰。该方法的实质是利用固态、液态或气态的碳氢化合物在火焰燃烧中分解出碳元素,并沉积在基板材料上,其生成物中包含碳纳米管等一维碳纳米功能材料。该反应过程中,碳氢化合物的一部分作为燃料提供反应所需要的温度,另一部分则作为碳源提供碳纳米功能材料合成所需要的碳。反应温度、反应时间、碳源及基板材料共同决定了一维碳纳米功能材料的最终组织形态。所以需要选择合适的燃料,并对基板材料进行恰当的预处理,才可能在火焰中制备出碳纳米管。燃烧法的优点是工艺简单、设备简单、成本低廉、生成物杂质含量少,是实现碳纳米管大规模生产的方法之一[10]。

其中,苯燃烧法是 1991 年美国麻省理工学院 Howard 等发明的,该方法是将苯蒸气和氧气混合后,在燃烧室低压环境(约 5.32 kPa)下进行不完全燃烧,所得的烟灰中含有较高比例的富勒烯,经分离精制后可以得到纯的富勒烯产物。因为具有无需消耗电力且连续进料容易等优点,苯燃烧法的工业化生产具有较明显的成本优势,已成为国际上工业化生产富勒烯的主流方法。

燃烧法形成富勒烯的一个很重要过程是在高温下有五元环和六元环结构存在,当五元环和六元环结合时就会发生卷曲,从而形成笼状结构。有多种因素会影响富勒烯的产率。富勒烯的产率随 C/O 摩尔比、燃烧炉内压力、稀释气体种类和燃烧气体流速、火焰温度等因素的变化而变化。富勒烯产率随 C/O 原子比增大而减小,而烟灰量随 C/O 原子比增大而增大。在相同气体流速和稀释气体条件下,富勒烯含量随着反应炉内压力的下降而升高。在较大的流速下产率也会有一定的增加。而富勒烯在烟灰中的比例随着火焰温度的增加而增大,但烟灰的产量却在减小,当温度过高时,几乎不再生成烟灰。高温有利于富勒烯的形成,但不利于烟灰的形成[11]。燃烧法不仅是一种新的能够大量制备富勒烯的方法,而且能够在很大范围内控制产物的分布,同时还在火焰中发现了富勒烯亚稳定的异构体。苯火焰燃烧法极有可能成为富勒烯大规模工业生产的方法,通过此方法可制备出不同种类的富勒烯[12]。

3.1.5　石墨烯的制备

石墨烯优异性能的真实展现和高性能电子器件开发应用的实现离不开高质量、大规模、低成本的石墨烯制备,因此采用简单的方法制备出满足要求的石墨烯对于基础理论研究和产业技术升级有重要意义。随着石墨烯制备技术的不断创新,石墨烯的制备方法由原来的机械剥离法发展为现在的如还原氧化石墨法、化学气相沉积法、液相剥离法、加热 SiC 法、有机合成法等。本章首先扼要介绍石墨烯的主要制备方法，然后着重介绍本课题对于铜基石墨烯化学气相沉积(CVD)过程的研究与大面积石墨烯的制备，并简要介绍氧化石墨烯的制备。

1. *石墨烯的制备方法概述*

石墨烯的制备有两个基本的思路：一是以石墨为原料，通过削弱乃至破坏石墨层间的范德华力来剥离碳原子层从而获得石墨烯；二是基于碳原子的定向组装，通过限制碳原子仅沿平面方向生长形成石墨烯。

1) 机械剥离法

机械剥离法是利用机械力从高度定向热解石墨表面剥离出石墨烯的制备方法，这种方法在石墨烯发展中具有极其重要的地位。2004 年，Geim 等[13]运用机械剥离法首次制备了单层和多层的石墨烯片，他们将高度定向热解石墨片粘在一种特殊的胶带上，通过撕开胶带将石墨片剥离开，经过多次反复的粘撕操作，能够得到单层和多层的石墨烯。机械剥离法是制备石墨烯最为直接的方法，可以获得的石墨烯尺寸达 100μm，且保持着较完美的晶体结构和较低的缺陷含量，但是通过机械剥离的石墨烯，其尺寸不易控制、产率极低，仅适合于基础研究，无法满足工业规模化生产。

2) 液相剥离法

采用液相剥离法制备石墨烯片是通过在有机溶剂中长时间超声处理石墨，破坏石墨层之间的范德华力，将原料石墨直接剥离成单片石墨烯[14, 15]。试验发现大量有机溶剂可用于液相剥离石墨烯，包括乙醇、甲基吡咯烷酮、丙酮、环戊酮等，该方法不需要任何的插层剂处理，即可获得大批量高质量少层石墨烯。尽管液相剥离法提供了制备高质量石墨烯片的新方法，但通过该方法制备的石墨烯溶液中含有各种层数的石墨烯片，难以获得高纯度的单层石墨烯片；而且由于需要长时间超声处理，石墨烯片的尺寸仅为数百纳米级别，这在很大程度上限定了该方法对于大尺寸高纯度石墨烯的制备。

3) 还原氧化石墨法

由于具有制备条件简便、原料易于获得以及产率高等特点，还原氧化石墨法被认为是制备石墨烯的主要手段之一，并具有工业化前景。该制备过程可以概括为①利用强氧化剂、强酸及后续剥离过程形成氧化石墨烯胶体体系；②利用化学还原、热还原、溶剂还原等方法得到还原氧化石墨烯。其中氧化石墨的制备过程较为关键，由强酸和强氧化剂处理原料石墨可以制得氧化程度较高的氧化石墨[16]。高的氧化程度使石墨片层表面生成许多含氧基团(羟基、羧基、环氧基)，这完全破坏了原料石墨的共轭结构，且显著增加了石墨层的间距，其层间距随着温度的变化而变化(0.6～0.8 nm 不等)[17]。可以通过溶剂剥离或热剥离氧化石墨获得单层氧化石墨烯，并且能够利用化学、热处理或还原溶剂的方法进行还原。此方法的缺点是石墨烯片容易发生皱褶或折叠，氧化过程在石墨烯骨架中引入了大量缺陷，破坏石墨烯的独特物化性能，并且采用常规还原方法很难完全恢复石墨烯的共轭结构。

4）石墨插层剥离法

石墨插层剥离法是在碳原子层之间引入大量的原子或分子插层，如矿物酸或碱金属等，以增加碳原子层间距，削弱原子层间的范德华力，从而有利于采用机械力或其他方式对石墨层进行剥离而得到石墨烯[18]。一种典型的方法是采用硫酸和硝酸的混合物对原料石墨进行插层，然后对插层石墨进行快速加热或者微波处理而得到膨胀石墨。膨胀石墨仍然保持层状结构，但是其层间距相对于原料石墨来说有所增加，对膨胀石墨进行超声处理能使其剥离成只有 10 nm 厚度的多层石墨烯，并且其尺寸可以达到十几微米[19]。通过对剥离的多层石墨烯片进行再插层或者共插层处理可以得到更薄的石墨烯片。值得注意的是，尽管酸处理能在一定程度上氧化石墨片层，但是其氧化程度远比氧化石墨的弱，因此剥离后的石墨烯具有更少的缺陷密度及更优异的导电性能。

5）加热 SiC 法

加热 SiC 法是通过在真空条件下加热单晶 SiC，从而在单晶 Si 面上分解出石墨烯片层[20]。在制备过程中，首先对样品进行氧气或氢气刻蚀处理，在高真空下通过电子轰击加热样品以除去氧化物，然后将样品加热至 1250 ℃恒温处理 1～20 min。在热处理过程中 SiC 中的 Si 原子将被蒸发出来，剩下的碳原子重排生成晶态纳米碳从而得到极薄的石墨烯片层。这种方法制备的石墨烯难以获得较好的长程有序结构，通常会含有较难控制的缺陷以及多晶畴结构。采用该方法制备大面积、厚度均一的石墨烯较困难，同时产物与基体的作用会对石墨烯的电学性能产生较大影响，且单晶 SiC 价格昂贵，无法实现石墨烯的批量制备。

6）化学气相沉积法

化学气相沉积法（CVD）是目前应用最广泛的一种大规模工业化制备半导体薄膜材料的方法，其生产工艺十分完善，也是目前最有希望成为生产大量高质量石墨烯的方法。其典型的制备路线是：将基底（金属薄膜、金属箔片、金属单晶等）置于高温可分解的含碳气氛中，通过高温处理使碳原子沉积在基底表面形成石墨烯，最后去除金属基底后即可得到独立的石墨烯片。通过选择基底类型、生长温度、降温速率、气体流量等条件可以控制石墨烯的生长。采用 CVD 方法获得的石墨烯膜层面积大而且容易控制层厚，改变基底材料的种类可以与现有的半导体制造工艺兼容。到目前为止可以在大尺度范围获得连续石墨烯的金属基底仅有镍和铜及其合金。然而由于石墨烯的生长机理不同，在镍箔表面仅能获得厚度不一且难以控制的多层石墨烯薄膜[21]，而在铜箔表面可以可控地获得几乎为单层的石墨烯薄膜[22]。因此本章将着重研究基于铜基底的石墨烯 CVD 制备。

2. 石墨烯的 CVD 生长动力学研究

1) 研究背景

对于任何一种材料来说,高质量制备是性能研究和应用开发的基础。在产业界对于石墨烯的高质制备最具潜力的解决方案就是采用 CVD 方法。研究工作表明采用这种方法生长的石墨烯膜层面积仅受到所用管式炉炉管尺寸和所用金属催化基底面积的限制,且生长在金属基底上的石墨烯理论上可以转移到任意基底上。不过采用 CVD 生长的石墨烯目前也存在一些缺点。例如,样品产生的晶界较多,导致较大的电子散射;转移到其他基底的过程较烦琐,容易残留化学物质,且转移过程中又容易产生缺陷。所以,对于 CVD 制备石墨烯的方法,当务之急是改进制备和转移工艺条件,提升石墨烯样品的质量。

采用 CVD 方法在铜箔表面生长石墨烯是获得单层大尺寸石墨烯的有效途径。研究表明,通过对 CVD 过程中氢气[23]、碳源[24, 25]、基底表面氧含量[26]、基底质量[27, 28]、反应温度[29]、反应压强[30]等参数的精确控制,可以获得单层、大尺寸的多晶石墨烯薄膜。尽管如此,获得晶元尺寸单晶石墨烯显然最具有挑战性,因此对铜表面石墨烯 CVD 生长机理的全面了解将有助于优化制备工艺并最终推动大尺寸单晶石墨烯的获得。因此研究人员对铜基石墨烯的 CVD 生长动力学研究开展了大量的工作。例如,采用同位素标定法结合拉曼光谱分析石墨烯的生长过程及机制[31, 32];基于长期积累的进行生长参数调控的经验,结合经典的形核生长理论推测石墨烯的生长动力学过程[33]。直接观察石墨烯的形核、晶畴生长及其随时间的演变过程是研究石墨烯动力学过程的最直接的实验数据提供方式,然而关于石墨烯 CVD 生长过程直接观测的研究工作却非常欠缺。其中最大的挑战之一来自于如何随时快速地"冷冻"石墨烯晶畴的生长。然而对于传统的基于管式炉加热的 CVD 技术,快速"冷冻"是不可能的。因为在石墨烯的生长过程中,除了铜基底,整个管式炉保温层及石英管均被加热至一千多摄氏度,因此在降温过程中高温石英管对于铜基底相当于起保温作用,这导致了较慢的降温速率,从而无法实现对铜基底的快速冷却。在本工作中,我们开发出一套基于电磁感应加热的 CVD 系统,基于该系统,可以选择性地实现仅对铜基底进行加热,可以实现铜基底的快速冷却,从而为研究铜基底表面石墨烯晶畴的形成、生长、合并提供直接的观测手段,进一步为研究石墨烯的生长动力学过程提供实验数据的支撑。

2) 基于电磁感应加热的超快速冷却 CVD 系统

电磁感应加热的原理是交变磁场穿过金属物体,金属物体表面即切割交变磁力线而产生交变电流(即涡流),涡流使金属表面的金属原子高速无规则运动,原子互相碰撞、摩擦而产生热能,从而起到加热物品的效果。这是一种把电能转化为磁能,使被加热体感应到磁能而发热的一种加热方式。这种方式从根本上解决了电热片、电热圈等电阻式加热方式通过热传导加热的低效率问题。对于传统的电热圈加热方式，通过热传导把热量传到被加热物体，这样电热圈的热量大部分散失到空气中，存在着热传导损失，并导致环境温度上升。电磁感应加热的最大优点就是采用内加热方式实现高效节能、快速加热。通过电磁感应使金属部件自身发热，平均预热时间比电阻圈加热方式缩短 2/3，同时热效率高达 95%以上，节电效果可达 30%～70%。除此之外，因为电磁感应加热的物体只能是导磁性金属（铁、钴、镍）材料，因此作为 CVD 系统腔体的石英管并不会被加热，从而可以实现真正意义上的只针对目标铜基底的选择性加热。

图 3-4 为实验所采用的电磁感应加热 CVD 系统的实物图与结构示意图。在该 CVD 系统中，反应腔体是一根内径为 1 in（1 in＝2.54 cm）的石英管，石英管的进气端通过两个气体质量流量计（Alicat，21-1-02-0-200-DS-KM7100）来控制反应气体（氢气和甲烷）的流量，石英管的出气端接一旋片真空泵。石英管的外侧被一个与石英管同轴的铜质线圈（即感应线圈）包裹。实验中用于生长石墨烯的铜箔购买自 Alfa Aesar 公司（型号 13382，纯度为 99.8%，厚度为 25 μm）。生长石墨烯时，首先将铜箔剪成 1 cm×2 cm 尺寸，并将其放置在一块 1.2 cm×5 cm 的钨板表面；然后将钨板连同铜箔放置在一个钨丝绕成的线圈内（线圈内径为 1.3 cm，长度为 3 cm），如图 3-4(b)所示；最后将钨丝-钨板-铜箔放入石英管腔体内，且位于感应线圈中心。当高频交变信号（国产电磁感应加热机，型号为 GY-25A）施加到铜质感应线圈时，在由钨丝线圈和钨板组成的回路中产生感应电流，从而使其温度迅速上升并加热铜箔至所需的温度。在开始生长石墨烯前，首先将铜箔加热至 1150 ℃并维持 10 s，使其熔化，形成铜膜。然后根据需要设置石墨烯的生长温度及生长时间，在生长过程中通入 19 sccm（sccm 为体积流量单位，指标况毫升每分）的 CH_4 作为碳源，并通入 28 sccm 的 H_2，并维持反应腔体的气压在 215 Pa。反应结束后，关闭高频电源及碳源，铜膜及其表面的石墨烯将在 H_2 氛围下快速冷却。

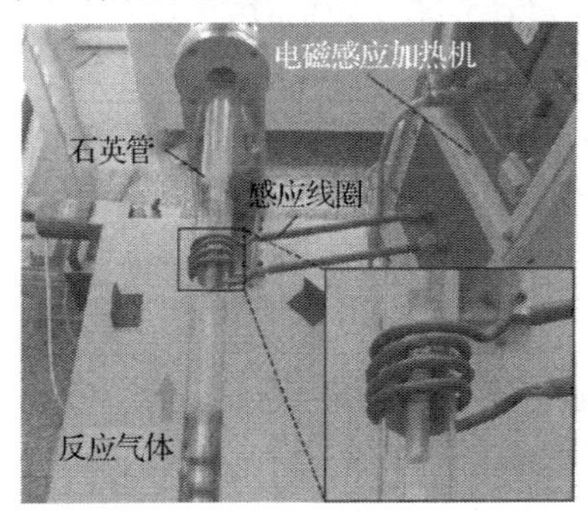

(a)

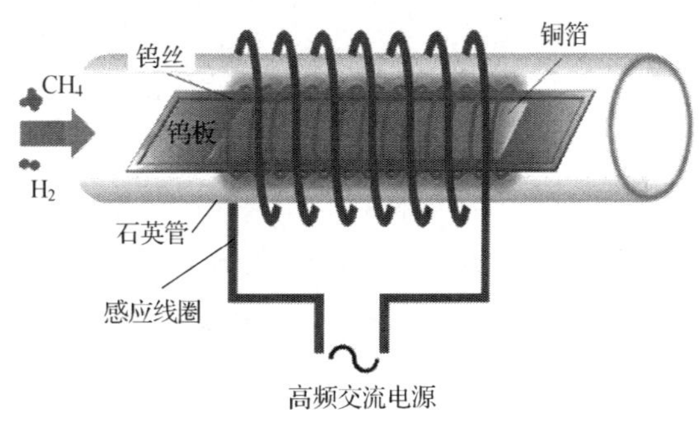

(b)

图 3-4　电磁感应加热 CVD 系统

(a)实物图；(b)结构示意图

如图 3-5 所示，当高频信号施加于感应线圈时，对于整个 CVD 系统仅有钨丝线圈、钨板及铜箔迅速被加热[图 3-5(a)]，而外围的石英管仍处于较低温状态。相反地，对于传统的基于管式炉加热的 CVD 系统，整个石英管也同时被加热至目标温度[图 3-5(b)]。因此基于电磁感应加热的 CVD 系统可以为铜基底提供一个相对较低温度的外部环境，从而保证了铜基底的快速冷却。

(a)

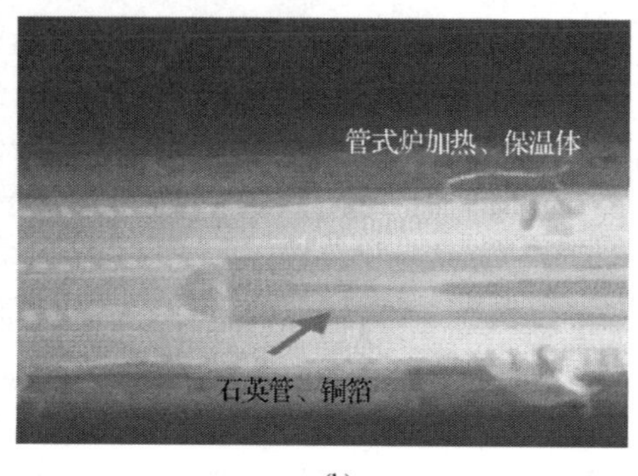

(b)

图 3-5　CVD 系统

(a)电磁感应加热；(b)管式炉加热

为了实现对石墨烯生长过程的截止，可以采取两种方法，其一是切断石墨烯生长所需的碳源(如 CH_4)，第二种方法是降低反应温度，抑制碳源的分解。如图 3-6 研究了电磁感应加热系统、管式炉加热系统的降温过程以及 CH_4 的排除过程。可以发现，当切断 CH_4 供应后，需经过超过 1 min 时间才能使反应腔体的气压恢复到通 CH_4 之前的起始状态，考虑到要完全去除腔体中的残余 CH_4，则需要更多的排气时间。该结果说明，当切断 CH_4 供应后，至少在 1 min 内石墨烯将继续生长，即无法准确获得切断 CH_4 前石墨烯的生长状况。研究表明当反应温度超过 700 ℃后石墨烯将开始生长，因此比较了电磁感应加热系统和管式炉加热系统分别从 1050 ℃降温至 700 ℃所需的时间。同时为了促进管式炉加热系统的降温，在降温过程中，我们打开电炉炉门对石英管进行空气淬火处理(在石墨烯的生长过程中普遍采用该方法)。对于管式炉加热方式，从 1050 ℃下降至 700 ℃需要约 5 min 的时间，然而对于电磁感应加热方式，这个时间仅为 5 s。因此通过电磁感应加热方式可以将对石墨烯的生长演变研究时间间隔缩短至秒数量级。

为了研究石墨烯生长过程中快速冷却的影响，特别是起始阶段生长过程研究的重要性，我们做了如下实验：分别采用电磁感应加热和管式炉加热方式，在 1050 ℃ 温度下控制石墨烯的生长(CH_4 流量为 19 sccm，H_2 流量为 28 sccm，腔体压强为 215 Pa)，经过 1 min 后，关闭加热电源，同时对于管式炉加热方式进行空气淬火。对于电磁感应加热方式，从 1050 ℃下降至 700 ℃所需的时间约为 5 s，因此

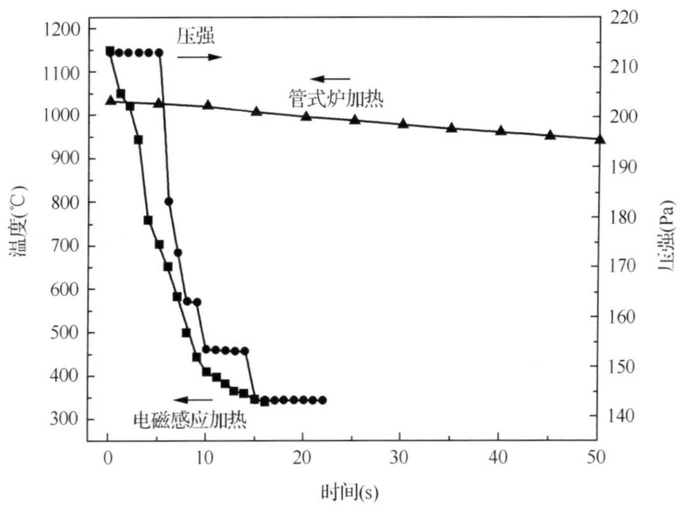

图 3-6　电磁感应加热、管式炉加热系统在降温过程中温度随时间的变化关系以及切断 CH_4 供应后腔体气压随时间的变化关系

石墨烯的实际生长时间约为 65 s；对于管式炉加热方式，从 1050 ℃下降至 700 ℃所需的时间约为 5 min，因此石墨烯的实际生长时间约为 6 min。图 3-7 为生长在铜表面的石墨烯的 SEM 图，对于电磁感应加热方式，经过 1 min 的生长，在铜箔表面形成了花瓣状的石墨烯晶畴，晶畴与晶畴之间相互独立。然而对于管式炉加热方式，虽然设定的生长时间同样为 1 min，但在长时间的降温过程中石墨烯晶畴会继续生长，且部分晶畴可能已经连接成片，石墨烯几乎铺满铜箔表面。因此对于传统的管式炉加热 CVD 系统，无法观测 5 min 之内的石墨烯的形核、生长情况，同时也无法准确观察某个特定时间石墨烯的生长情况；然而借助于电磁感应加热 CVD 系统，可以将生长时间误差准确地控制在 5 s 左右，从而可以准确地停止石墨烯的

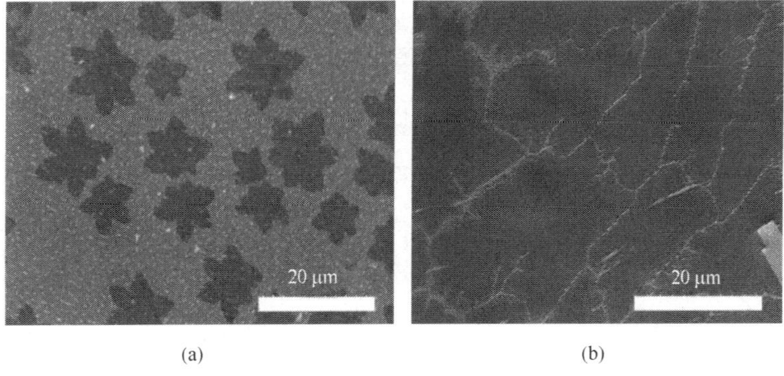

图 3-7　当设定生长时间为 1 min 时获得的石墨烯 SEM 图

(a)采用电磁感应加热；(b)管式炉加热

生长过程，实时观察石墨烯的形成，进一步为研究石墨烯的生长动力学提供可靠的实验数据。

3）石墨烯的形核与晶畴形状控制

经过上述对于电磁感应加热 CVD 系统的快速冷却性能研究可知，基于该选择性局域加热-快速冷却过程，可以实现对石墨烯晶畴生长过程的实时截止与观察，这有助于对石墨烯生长动力学的研究。如图 3-8 所示，我们研究了在反应温度分别为 1050℃、1100℃及 1150℃，反应时间从 10 s 到 60 s，铜基底表面石墨烯的生长情况。反应温度的选择包括 1050 ℃，此温度是可以在铜箔表面实现石墨烯形核-生长的适合温度；也包括 1100 ℃ 和 1150 ℃，这两个温度大于铜的熔点(1083 ℃)。因此当反应温度为 1100 ℃、1150 ℃时，石墨烯沉积在液态铜表面。同时为了尽可能减小铜基底表面氧基团对石墨烯生长造成的不确定影响，该实验中所有的铜箔事先在氩气氛下于 1150 ℃加热 10 s，以便获得平滑的铜表面，并去除部分氧基团。

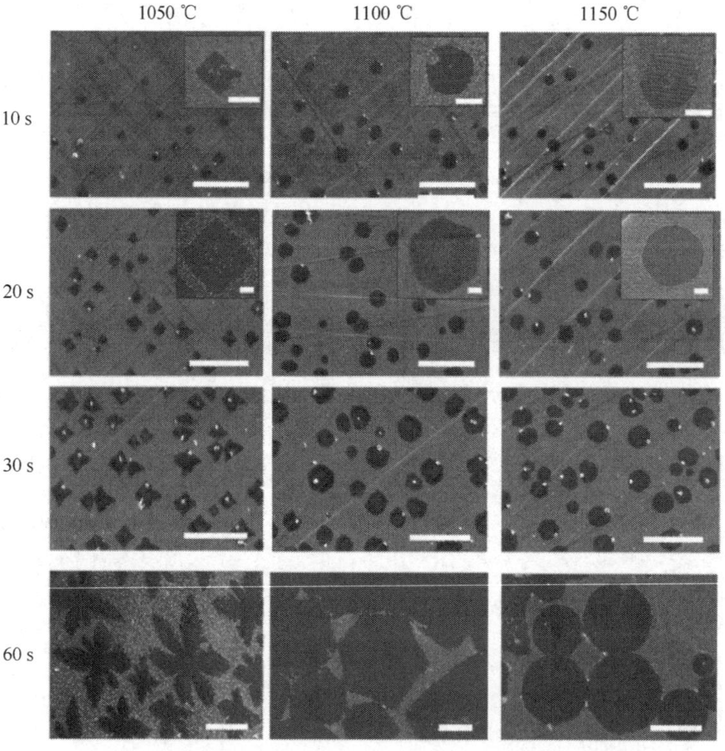

图 3-8　不同生长温度、不同生长时间条件下沉积在铜基底表面的石墨烯 SEM 图

标尺为 10μm，内嵌图的标尺为 500 nm

基于快速加热-快速冷却方法，我们发现了以下特殊现象：①在相同的生长时

间内，石墨烯晶畴的密度和尺寸不依赖于生长温度的变化[图 3-9(a)]；②石墨烯的形核现象只发生在初始阶段，随着反应的进行，几乎没有新的石墨烯晶畴出现[图 3-9(b)]；③通过调控石墨烯的生长温度，可以获得具有不同形态的石墨烯晶畴，包括星形石墨烯晶畴、六边形石墨烯晶畴、圆形石墨烯晶畴；④石墨烯晶畴的形状随生长时间的演变过程敏感地取决于生长温度的变化。

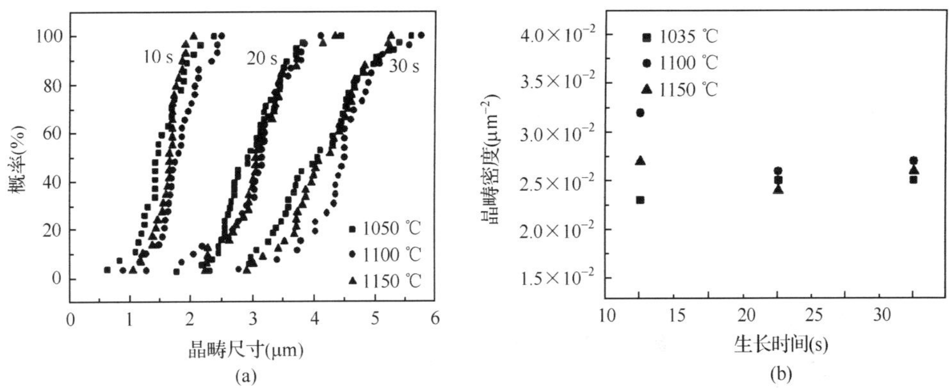

图 3-9　石墨烯晶畴的尺寸分布概率以及密度随生长时间的变化情况

(a)不同生长温度、生长时间下石墨烯晶畴的尺寸分布概率图；(b)不同生长温度下石墨烯晶畴密度随生长时间的变化情况

(1) 石墨烯的形核过程。

在我们的实验条件下，尽管生长温度(1050～1150 ℃)可以显著地影响石墨烯晶畴的形态，但是石墨烯晶畴的密度并不显著依赖于生长温度，这个有别于先前实验结果的现象有利于对石墨烯的形核和生长加深认识[34]。

石墨烯的晶畴密度与生长温度无关的一个可能原因是，在实验过程中所选择的铜基底为液态铜和熔融重结晶的铜膜。因此可以推断铜基底的表面形态对石墨烯形核动力学过程的影响大于生长温度对石墨烯形核的影响。如 Robinson-Robins 模型所述[35]，石墨烯的形核现象是碳源在铜基底上的吸附-表面扩散-脱附过程的一个原子级竞争结果[36]。根据已有的模拟计算结果可知，CH_4 分子在铜催化剂的(111)面更容易分解，且倾向于形成 C_2H_2 碳源形态，因此铜(111)面更有利于石墨烯的形核与生长[37]。正如熔融重结晶铜膜的 X 射线衍射图谱(XRD)所示(图 3-10)，对于只是经过热处理的铜箔，其择优取向面为(200)面，而对于重结晶的铜膜则表现为(111)面择优取向。除了 CH_4 分子更容易分解于铜(111)面外，另一个重要的方面是，碳基团在铜(111)面的扩散迁移速率明显大于在(200)面的速率。因此在铜(111)面，一旦石墨烯晶核形成，孤立碳基团将更容易扩散至石墨烯晶畴边缘，有利于石墨烯的生长，同时也可以抑制新晶核的形成，从而保持晶畴密度不变。由于之前的预熔融处理，对于在 1050 ℃温度下生长的石墨烯，实际上是沉积在熔融重结晶铜膜表面，这可以为石墨烯的形核与生长提供更适宜的途径。到目前为止，仍缺乏对液态铜表面石墨烯生长动力学过程的研究，但是从本实验有关铜(111)面和液态铜面对石墨烯形核的影响来分析，可以认为碳基团在液态铜表面的形核行为和在铜(111)面的形核行为类似。

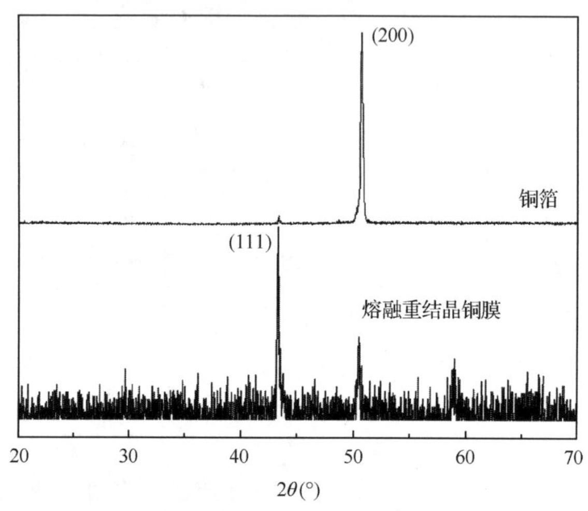

图 3-10 铜箔和熔融重结晶铜膜的 XRD 图谱

根据文献报道，石墨烯晶畴密度随反应温度的上升而呈现减小的趋势[34]，这个结论与我们的实验结果是存在较大差异的。我们认为之前用于研究石墨烯晶畴密度的石墨烯样品都是来源于管式炉加热 CVD 系统，因此在较长的一段降温过程中，石墨烯晶畴会继续生长，甚至晶畴与晶畴会联合在一起。这种现象将会在很大程度上阻碍对于真实石墨烯形核-生长现象的观测。特别地，当反应温度提升时，降温的时间将同时延长，因此石墨烯晶畴联合的现象将愈发明显，从而有可能影响对形核密度随反应温度上升而下降的真实判断。

采用电磁感应加热 CVD 系统，借助其快速降温特性，可以很大程度地抑制降温过程中的晶畴联合现象，从而为研究不同生长温度对石墨烯形核的影响提供更为有力的实验数据支撑。我们研究了石墨烯在熔融重结晶铜膜表面的生长情况，反应温度从 800 ℃变化至 1000 ℃，反应时间均设定为 10 s。如图 3-11 所示，在我们所研究的 800～1000 ℃内，石墨烯的晶畴密度并没有显著地受反应温度的影响。根据石墨烯的形核机理，当气态 CH_4 分子吸附在铜基底表面时，CH_4 分子较高的热活性及铜催化剂的共同作用促使 CH_4 分子分解成 CH_x 碳基团，碳基团在铜表面扩散、聚集。当铜基底表面某个位置的碳基团浓度高于临界饱和值，且碳基团聚集体的尺寸大于石墨烯临界晶核尺寸时，即形成石墨烯晶核。因此，对于石墨烯晶畴密度与生长温度不相关的现象，可以认为其另一个可能原因是活性碳基团在铜(111)面的临界饱和密度在更大程度上受铜表面的影响，而不是受反应温度的影响。这是由于铜对于碳原子的溶解度很低，CH_4 分子分解的碳基团主要集中在铜表面，表面自限制效应决定了其表面碳基团的临界饱和密度。

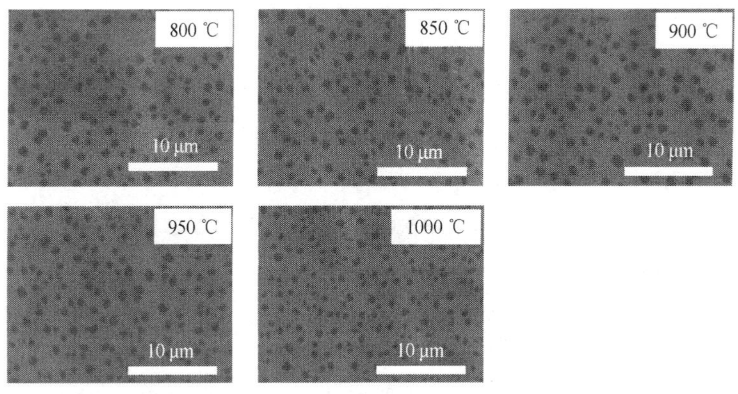

图 3-11　在不同反应温度下生长 10 s 的石墨烯 SEM 图

(2) 石墨烯晶畴的形状控制。

与石墨烯晶畴密度随生长温度变化不明显的现象截然不同的是，随着石墨烯生长温度的提高，石墨烯晶畴的形状从星形(1050 ℃)转变到六边形(1100 ℃)，再转变到圆形(1150 ℃)。尽管在固态铜和液态铜表面已经可以获得星形和六边形的石墨烯晶畴[38-40]，但对于圆形石墨烯晶畴，可以发现其只能在 1150 ℃下形成，且圆形石墨烯晶畴在过去的文献中并未报道过。在如此高的温度下，厚度为 25 μm 的铜箔会在短时间内熔化并蒸发。对于传统的基于管式炉加热的 CVD 系统，其相对缓慢的升温速率和降温速率会导致铜基底的大量蒸发并最终消失，因此可以认为这是造成在此之前并未出现有关圆形石墨烯晶畴报道的原因。

除了终态石墨烯晶畴的形状不同外，石墨烯晶畴形状随生长时间的演变过程也敏感地取决于生长温度。在 1050 ℃生长温度下，随着反应的进行，石墨烯晶畴的形状从四边形转变为四角星形，再转变为具有多分支结构的星形；对于 1100 ℃温度下生长的石墨烯样品，其晶畴形状始终保持为类六边形；对于 1150 ℃温度下生长的石墨烯样品，其形状从类六边形转变为圆形。我们从吉布斯自由能变化的角度分析温度对石墨烯晶畴形状演变的影响。可以发现，尽管在不同的沉积温度下石墨烯晶畴的形状不一样，但石墨烯的形成与生长证明从气态 CH_4 形式到最终转变为固态的石墨烯形态，碳原子的吉布斯自由能是呈下降趋势的，此即为石墨烯形核、生长及形状各异的最终驱动力。

根据吉布斯热力学原理，晶体处于平衡状态时呈现出的最终形态可以在最大程度上减小晶体与其接触媒介的界面自由能[41]。因此在石墨烯的形成过程中，从气态 CH_4 分子到固态石墨烯的转变过程中，整个系统的吉布斯自由能的变化如下：

$$\Delta G(A)=\frac{A}{A_0}\mid \Delta g\mid + kC(A)\gamma_{edge}+(A\cdot\gamma_{Gf}+A\cdot\gamma_{GCu}-A_{Cuf}\cdot\gamma_{Cuf}) \quad (3\text{-}1)$$

式中，A 为石墨烯晶畴的面积；A_0 为在石墨烯晶格结构中单个碳原子的有效面积；Δg 为单个碳原子从气态 CH_4 形式转变为石墨烯形态时的吉布斯自由能变化量；k 为形状因子，反映了石墨烯晶畴的各向异性；$C(A)$为石墨烯晶畴的周长，其敏感地取决于石墨烯晶畴的形状；γ_{edge}为石墨烯的棱边能；A_{Cuf}为铜基底与 CH_4 ∶ H_2 混合气体的接触面积；γ_{Gf}、γ_{GCu}、γ_{Cuf}分别为石墨烯-CH_4 ∶ H_2 混合气体界面能、石墨烯-铜界面能，以及铜-CH_4 ∶ H_2 混合气体界面能。

在式(3-1)中，右边第一项为负值，代表了最终吉布斯自由能的变化趋势，是石墨烯形成与生长的热力学驱动力。右边第二项和第三项反映了对于石墨烯形成和生长的热力学阻碍力，石墨烯的形成和生长对于整个系统增加了额外的棱边能和界面能。尽管在石墨烯的形成与生长过程中存在着热力学驱动力和热力学阻碍力，但在合适的石墨烯生长条件下整个系统的吉布斯自由能是朝减小的趋势发展的。不同的石墨烯生长条件会决定哪一部分在石墨烯形成-生长过程中起主导作用，从而最终决定石墨烯晶畴的形状。根据我们的实验结果，在 1050℃、1100℃和 1150℃条件下生长的石墨烯晶畴，其面积处于同一个数量级，因此可以排除石墨烯-铜、石墨烯-气以及铜-气界面能对石墨烯形状变化的影响。对于二维晶体，在相同晶畴面积的情况下，其周长敏感地取决于晶体的形状。图 3-12 给出了在本实验中石墨烯晶畴的周长与面积的对应关系。可以看出在相同的晶畴面积情况下，圆形晶畴具有最小的周长，星形晶畴具有最大的周长，因此在 1150℃条件下生长的

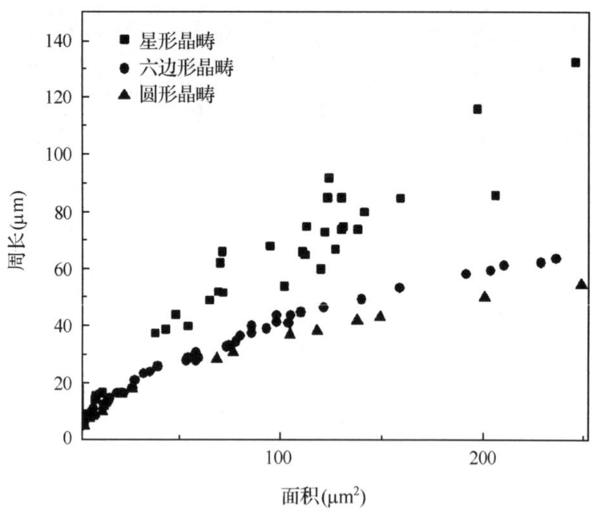

图 3-12　不同形状石墨烯晶畴的周长与面积的对应关系

石墨烯具有最低的吉布斯自由能。虽然在 1050 ℃条件下生长的石墨烯具有最大的吉布斯自由能,但是其特有的星形结构将可以最大化地降低整个系统的吉布斯自由能。下面将详细分析这一过程。

在石墨烯的形成与生长过程中,CH_4 分子在铜基底表面的作用过程包括以下几方面:①通过解离化学吸附过程,吸附在铜基底表面的具有足够活性的 CH_4 分子分解成 CH_x(x=1～3)基团,并在铜表面迁移扩散;②一旦某一区域随机出现的 CH_x 的浓度达到临界尺寸,即形成石墨烯晶核,在适当的条件下,部分晶核继续生长,部分晶核则消失;③部分具有足够能量的 CH_x 迁移扩散至石墨烯晶畴边缘,与石墨烯晶畴结合,促进石墨烯晶畴的生长;④在石墨烯晶畴边缘的部分 C—H 基团具有足够的能量而脱离石墨烯晶畴,形成游离的 CH_x;⑤部分游离的 CH_x 基团与氢基结合,重新形成 CH_4 分子,并脱离铜表面。基于以上过程,图 3-13 给出了不同温度下铜表面形成不同形状石墨烯晶畴的原理性示意图。

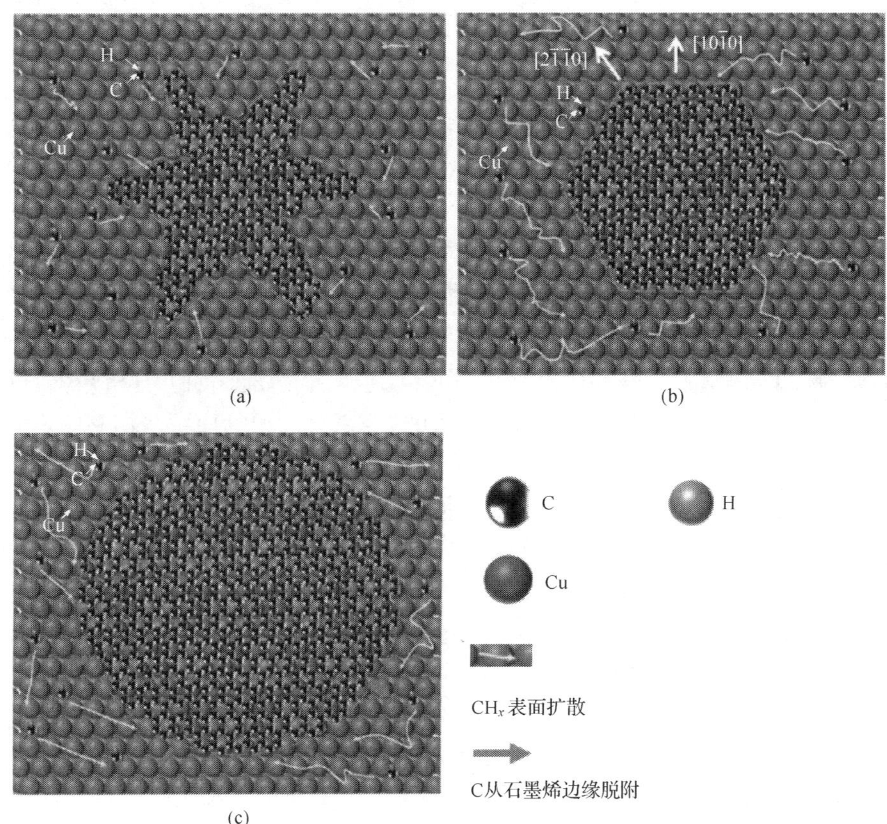

图 3-13　不同温度下铜表面形成不同形状石墨烯晶畴的原理性示意图

(a) 1050 ℃扩散限制生长;(b) 1100 ℃附着限制生长;(c) 1150 ℃边缘脱附生长

根据动力学 Wulff 结构可以获得石墨烯晶畴的最典型结构，即正六边形。对于六边形石墨烯晶畴，其生长限制因素为附着限制过程(attachment-limited)，即碳基团在各向异性生长的石墨烯晶畴边缘的结合。对于石墨烯的蜂窝状晶格，其生长最快的方向是$[2\bar{1}\bar{1}0]$，该方向对应六边形的六个顶角方向；其生长最慢的方向是$[10\bar{1}0]$方向，即六边形的六条边的方向。在 1100 ℃的生长条件下，游离的碳基团在液态铜表面具有足够高的浓度和足够大的迁移速率，可以在能量和碳物质供应方面满足石墨烯的理想各向异性生长。因此在 1100 ℃条件下石墨烯的晶畴始终体现出六边形结构。当生长温度为 1050 ℃时，铜基底为固体状态，此时游离碳基团在铜基底表面的迁移速率较低。因此，在 1050 ℃生长温度下，石墨烯的生长处于扩散迁移限制阶段(diffusion-limited)[42]。可以发现，星形石墨烯晶畴相对于其他形状的石墨烯晶畴具有更大的周长/面积比，特别地，随着生长时间的延长，其形状从四边形变为四角星形到最后变为具有多分支结构的星形形状。如此大的周长及分散的枝角有利于最大限度地收集具有低扩散迁移速率的游离碳基团，这些被石墨烯晶畴收集的碳基团与石墨烯边缘的碳原子成键，从而避免游离碳基团的再次脱附。尽管星形石墨烯晶畴相比于六边形、圆形石墨烯晶畴具有更大的吉布斯自由能，但是其特有的分支结构可以在该生长条件下最大化地降低整个系统的吉布斯自由能，从而成为石墨烯形成与生长的热力学驱动力。随着生长温度提升至 1150 ℃，石墨烯晶畴的形状变为圆形，这表明在这一过程中石墨烯的生长限制因素不再是扩散迁移和边缘吸附，而是边缘脱附效应(detachment-limited effect)。尽管石墨烯的锯齿形边($[10\bar{1}0]$方向)具有最低的边界能，但是随着石墨烯晶畴的长大，晶畴的周长将明显增加，边界能也明显增加。如上分析可知，圆形石墨烯晶畴具有最小的周长/面积比，因此可以判断当石墨烯面积增加到一定程度后，圆形石墨烯晶畴将具有比六边形晶畴更小的边界能。这就是在 1150 ℃温度下圆形石墨烯晶畴的热力学驱动力。可以从微观上解释圆形石墨烯晶畴的形成过程，在 1150 ℃下，石墨烯晶畴边缘的 C—H 基团具有足够高的热活性，因此其可以脱离石墨烯晶畴，并在石墨烯边缘迁移。如上分析，圆形石墨烯晶畴具有更小的边界能，因此锯齿形边上的碳基团脱离其初始位置，并扩散至能量更低的扭折处，从而在宏观形态上表现出圆形形状。理论计算已经证明了随着生长温度的上升，二维晶体从规则对称形状转变为圆形形状现象的存在[43]。为了确认圆形石墨烯晶畴的晶体形态，我们对六边形和圆形石墨烯晶畴进行选区电子衍射测试，从图 3-14 可以看出，圆形石墨烯晶畴表现出和六边形石墨烯晶畴相同的晶体结构。

3. 大面积单层石墨烯薄膜的 CVD 制备

在以上章节中，我们提出的电磁感应 CVD 系统适于对石墨烯的生长进行快

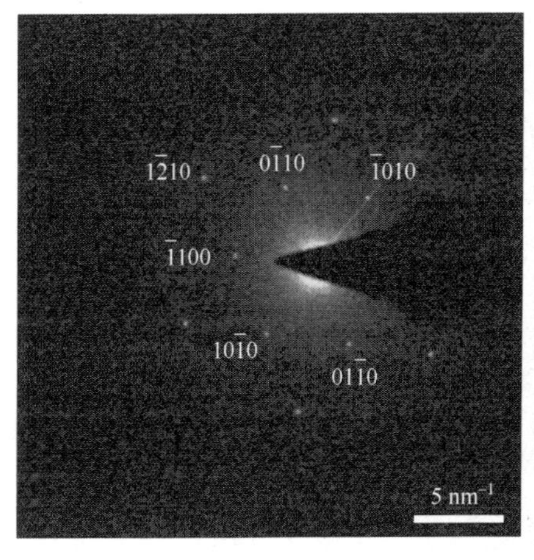

(a)

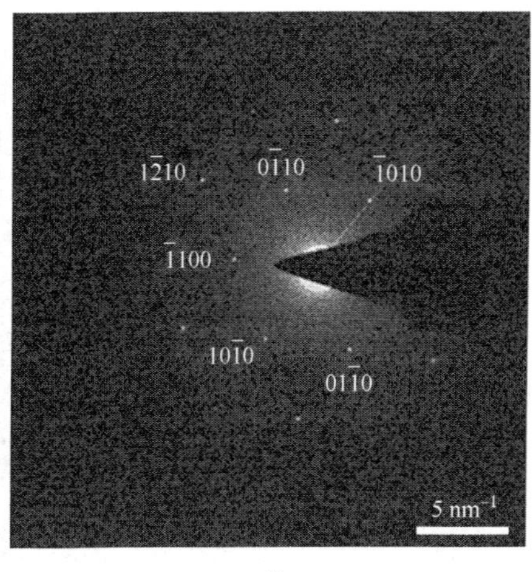

(b)

图 3-14　石墨烯晶畴选区电子衍射花样

(a)六边形石墨烯晶畴；(b)圆形石墨烯晶畴

速“冷冻”进而对其生长机理进行研究，但在 CVD 石墨烯的批量制备和应用方面，短期内更倾向于选择传统的管式炉 CVD 系统，因为这是一个成熟的工业化生产技术手段。

1）石墨烯管式炉 CVD 系统与实验过程

图 3-15 为本实验所采用的用于生长石墨烯的管式炉 CVD 系统，所选用的管式炉为 Lindberg Blue M 管式炉，其加热最高温可达 1100 ℃，温度偏差在 ±1 ℃以内。作为反应腔体的石英管，其内径为 1 in。供气及流量控制系统采用了三路美国 Alicat 公司生产的质量流量计控制器以精确控制石墨烯生长过程中的气体流

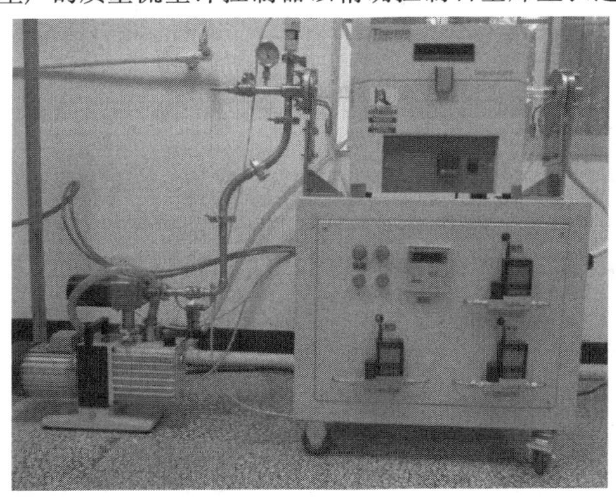

图 3-15　实验所用的管式炉 CVD 系统

量。整个系统的真空由一台旋片式机械泵获得(2XZ-2 型旋片真空泵),系统本底真空小于 0.5 Pa,结合配套的真空系统,实验中可以较精确地控制生长过程中气体的流量和系统的总压强。气体方面,采用福州联创特种气体有限公司提供的氢气(纯度为 99.9%)作为还原性气体,采用甲烷(99.9%)作为生长石墨烯用的气态碳源。铜箔基底购买自美国 Alfa Aesar 公司(型号 13382,纯度为 99.8%,厚度为 25μm)。

(1) 铜箔的前处理。

由于铜箔表面覆盖有一层氧化层,且铜箔的制造过程中产生大量条纹状凸起,因此在石墨烯生长前需要对铜箔进行电化学抛光。将 500 mL 磷酸、500 mL 乙醇、100 mL 异丙醇及 10 g 尿素溶解于 1000 mL 去离子水中形成抛光液。抛光时阳极电流密度为 0.5 A/cm^2,抛光时间为 30 s。抛光后用去离子水冲洗铜箔 3～6 次,后用氮气吹干。可以看出经过抛光后铜箔表面的氧化层被除去,铜箔变得光亮平整(图 3-16)。

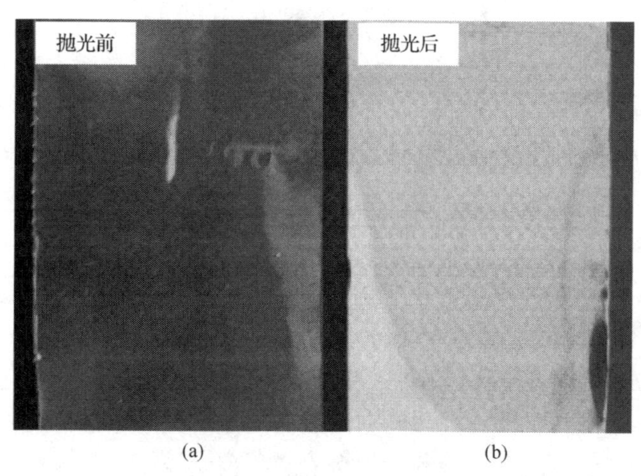

图 3-16 铜箔的光学照片

(a)电化学抛光前;(b)电化学抛光后

(2) 石墨烯的生长。

将清洗后的铜箔放入管式炉中的恒温区,设定管式炉的加热程序段,包括升温-保温(用于铜箔前热处理)-保温(用于石墨烯的生长)。由于本实验所采用的铜箔是多晶膜,这对于大面积连续石墨烯膜的生长并不利,因此必须先将其加热到接近铜的熔点(目标温度为 1035 ℃)进行前热处理,在此温度下维持 30 min,并在整个过程中通 28 sccm H_2。此时多晶铜的内部开始在表面形成较大的单晶畴,从而更易形成均匀的石墨烯。通入氢气的目的在于纯化铜箔表面,这是因为即使经过表面抛光,铜箔表面还是会有残余的氧化铜,对生长不利,但是经过前热处理后,可把表面残余的氧化铜还原,从而得到具有催化活性的纯铜表面。由于本实验中石墨烯生长所需的温度与前热处理温度一致，因此经过 30 min 的热处理后可直接开始生长。在生长过程中，通入一定量的 CH_4 和 28 sccm H_2，在铜表面的催化活性区域(一般这样的区域有利于碳基团的聚集，从而更有利于石墨烯的成核)，CH_4 分子的碳氢键打开，其中的氢原子重新结合成氢分子离开，留下的 CH_x（$x=1\sim3$）在铜表面迁移扩散，最后形成石墨烯。生长阶段结束后，将管式炉从生长温度以一定的速率降至室温，在此过程中同时通适量的保护气体。

2）生长条件对石墨烯薄膜的影响

影响石墨烯薄膜质量的因素很多，如铜箔前热处理的温度和处理时间、氢气的流量；生长过程中甲烷与氢气的流量、生长温度、生长时间；降温过程中的降温速率、所通的氢气和甲烷流量。另外，由于生长需要一定的真空环境，因此腔体的本底压强对实验结果的影响较大。影响实验的参数有很多，至今仍缺乏一个系统完善的统一机制来解释实验中石墨烯生长的具体过程和机理。因此为了研究实验的每个参数对石墨烯质量的影响，必须通过严格控制其他实验参数，并做对比实验来了解该参数对于石墨烯生长的精确影响，进而才能得到最优化的实验条件和参数。

考虑到采用以铜为基底制备 CVD 石墨烯的工艺技术已经较成熟，科研人员对于部分工艺的技术条件，特别是对于生长温度、碳源、还原气体的选择已经有了较一致的认可。因此在本章节仅展示我们对于铜基石墨烯 CVD 制备过程中的部分独到的研究成果。

(1) 降温过程中保护气氛及降温速率对石墨烯形貌的影响。

对于镍基底上生长石墨烯的技术方案，不少报道都提及降温过程对石墨烯成膜质量的影响。然而，对于在铜基底上生长石墨烯，研究者们更倾向于认为降温过程的控制实际上对石墨烯的形成没有太大影响。采用铜作为生长基底，大量研究认为表面催化机制在石墨烯生长过程中占主要优势，在降温之前石墨烯就已经在铜箔表面形成。考虑到石墨烯生长于 1035 ℃高温，在降温过程中必须通入适当的保护气体以防止石墨烯的氧化和分解。因此降温过程中保护气氛的选择势必将明显影响最后石墨烯薄膜的质量。为了更直观地揭示降温工艺对石墨烯的影响，在本实验中我们通过控制生长条件，选择独立的石墨烯晶畴而非连续的石墨烯薄膜进行研究。由于石墨烯的生长是在 CH_4 ∶ H_2 混合气氛中进行的，因此设计了一项对比实验，实验过程中保持其他参数不变，但是在反应结束后分别采用不同的保护气氛对石墨烯进行降温：①在生长和降温过程中始终采用固有比例的 H_2 ∶ CH_4（28 sccm ∶ 7 sccm）混合气体；②反应结束后立即切断 CH_4 供应，但保持 H_2（28 sccm）流量不变；③反应结束后立即切断 H_2 供应，但保持 CH_2（7 sccm）流量不变。所得样品的 SEM 图如图 3-17 所示。

从图中可以看出，在 H_2 ∶ CH_4 混合气体保护气氛中，石墨烯晶畴明显受到各向异性刻蚀，石墨烯晶畴从内部和边缘同时被刻蚀。由于石墨烯特殊的六角对称

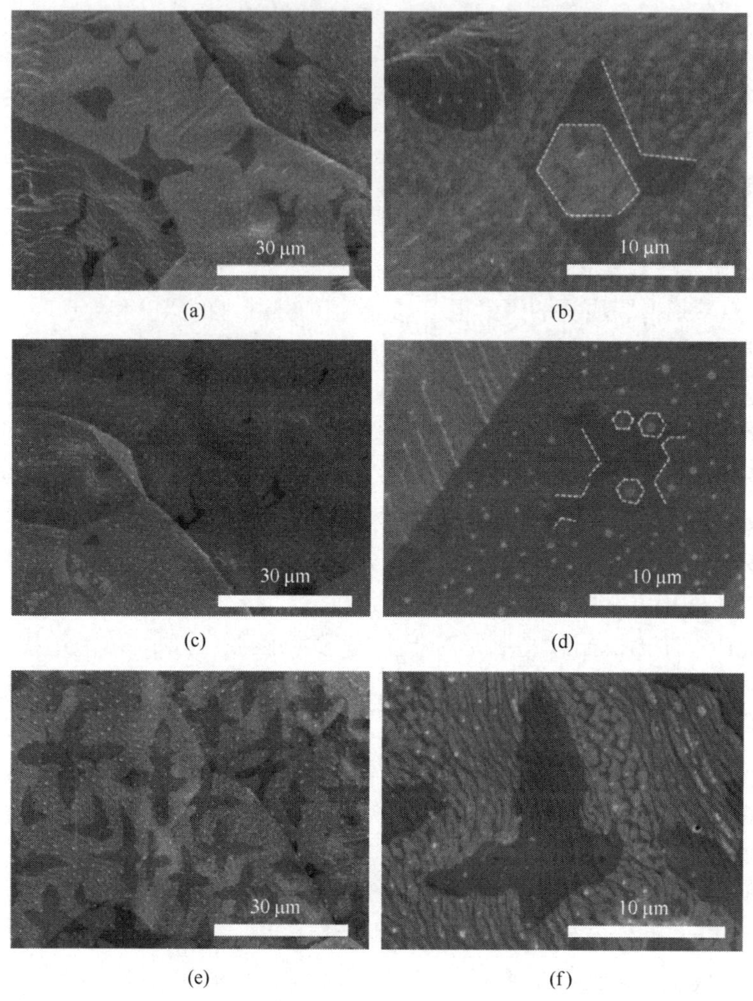

图 3-17　降温过程中保护气氛的种类对石墨烯形貌的影响

(a)、(b)H_2 ∶ CH_4 混合气；(c)、(d)H_2；(e)、(f)CH_4

性，刻蚀边缘表现出明显的规则性。对于仅采用 H_2 作为保护气体，在降温过程中石墨烯晶畴同样从内部和边缘同时被刻蚀，且几乎所有的石墨烯均被刻蚀殆尽，仅剩下少量具有规则边缘的石墨烯。对于仅采用 CH_4 作为保护气体，虽然石墨烯边缘也表现出明显的刻蚀现象，但从晶畴内部发起的刻蚀现象并未发生，且石墨烯晶畴具有较大的面积。以上结果表明，在 H_2 ∶ CH_4 混合气体中，石墨烯的生长和刻蚀过程同时存在。当温度较高时(处于生长温度)，石墨烯的生长占主导性优势；当温度下降至某一特定值后，石墨烯的刻蚀占主导性优势，且 H_2 促进了石墨烯的刻蚀。因此在石墨烯的降温过程中，CH_4 作为保护气氛可以明显抑制石墨烯的刻蚀。考虑到尽管我们在石墨烯生长结束后立刻切断 H_2 供应，但如前文所述，由于机械泵的抽气速率有限，在切断 H_2 供应的一段短时间内反应腔体内将继续残留 H_2，从而还将存在着少量的石墨烯刻蚀。因此如果在切断 H_2 供应后加速反应腔体的降温速率，将有助于进一步抑制石墨烯的刻蚀。我们进而研究了自然降温和快速空气淬火（直接打开管式炉炉门）对石墨烯形貌的影响，如图 3-18 所示。通过自然降温方式，石墨烯晶畴的边缘存在明显的各向异性刻蚀现象，因此石墨烯晶畴表现为四角星形；通过快速空气淬火，尽管获得的石墨烯晶畴在横向和纵向尺寸上相对于自然降温方式仅有稍许增加，但更重要的是石墨烯晶畴的刻蚀程度明显减小，石墨烯晶畴的面积显著增加。

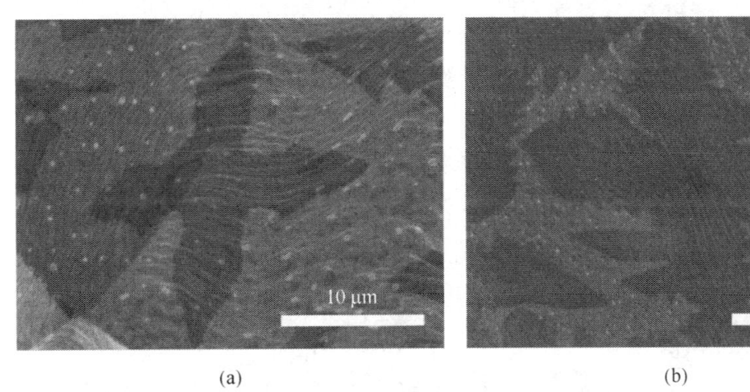

图 3-18　降温方式对石墨烯质量的影响

(a)自然降温；(b)快速降温

(2) 生长过程中 CH_4 浓度对石墨烯形貌的影响。

在 CH_4 保护气氛下进行快速空气淬火可以有效地抑制降温过程中 H_2 对已形成的石墨烯的各向异性刻蚀。基于该降温工艺条件，我们进一步研究在石墨烯生长过程中 CH_4 流量对石墨烯薄膜形貌的影响，以及如何获得大面积连续的石墨烯薄膜。在本实验中，控制石墨烯的生长温度为 1035 ℃，生长时间为 10 min，H_2 的流量为 28 sccm，CH_4 的流量从 5 sccm 变化至 22 sccm。实验结果如图 3-19 所示。当 CH_4 流量为 5 sccm 时，并不能在铜表面形成石墨烯，这是因为此时铜表面的碳基团无法达到过饱和浓度，因而无法形成石墨烯晶核。随着 CH_4 流量的增加，石墨烯晶畴在铜表面的覆盖面积逐渐增加，当 CH_4 流量为 19 sccm 时，石墨烯铺满整个铜表面，并出现少量的多层石墨烯区域[图 3-19(e)]。进一步增加 CH_4 流量，多层石墨烯的区域大量增加，如图 3-19(f)所示。

经过以上对实验参数的优化，我们最后确定了在该 CVD 系统中石墨烯的最优化生长条件参数：抛光后的铜箔置于管式炉中段恒温区，室温加热至 1035 ℃并维持 30 min，整个过程中通氢气 28 sccm，以除去表面的杂质和氧。在生长过程中，

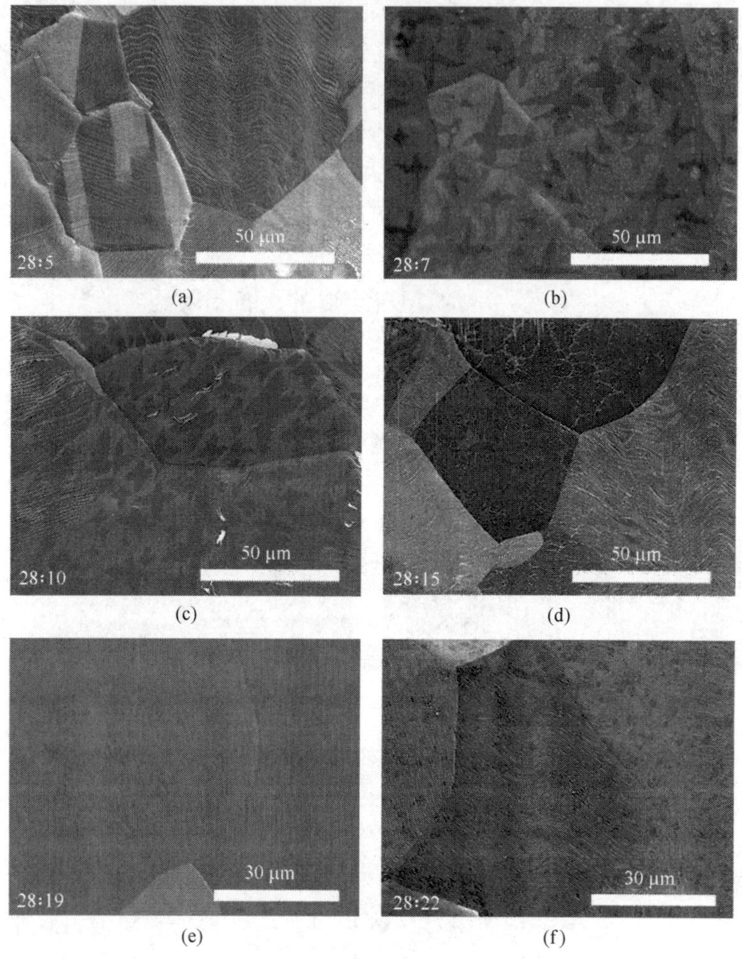

图 3-19　CH_4 流量对石墨烯薄膜形貌的影响

氢气流量维持为 28 sccm，并通入 19 sccm 甲烷，生长 10 min。反应结束后，停止通氢气，维持甲烷的流量不变，打开管式炉炉门，炉温在 5 min 之内从 1035 ℃迅速降至 700 ℃以下。图 3-20 为在该最优工艺条件下制备的 CVD 石墨烯及其表征。从图中可以看出，石墨烯均匀地覆盖在多晶铜箔表面，并在少量区域出现多层石墨烯。石墨烯薄膜出现部分褶皱，这是由于石墨烯和铜的热膨胀系数不同，因此在降温过程中铜收缩得更为明显而导致表面的石墨烯出现线性褶皱。将所制备的石墨烯转移至透射电子显微镜(TEM)用的铜网表面，进行 TEM 测试，如图 3-20(b)所示。所得的石墨烯是一种很薄的物质，与底部有机膜的对比度很小，且可以明显分辨出与图 3-20(a)类似的线性褶皱。图 3-20(b)的内嵌图为所制备的 CVD 石墨烯的选区电子衍射花样，只能观测到一套清晰的电子衍射图案，这表明所获得的石墨烯是单层结构，且具有优异的六边形蜂窝状结晶质量。拉曼光谱是用于表征石墨烯最常用的、快速的、非破坏性的和高分辨率的技术之一。石墨烯的光谱一般只是由在 1000～3000 cm^{-1} 波数范围内的几个非常强的特征峰和少数其他调制结构组成，且谱峰的微小变化都与石墨烯的结构信息相关。由于单层石墨烯、多层石墨烯和石墨的结构不同，随着层数的增加，在拉曼光谱中对应谱峰的强度、位置和形状等都会发生变化，根据这些变化就可以初步判断石墨烯的结晶质量与原子层数。石墨烯的拉曼光谱图上主要有 3 个峰，分别是 D、G 和 2D 峰[44]。D 峰出现在 1300～1400 cm^{-1} 附近，这是由芳香环中 sp^2 碳原子的对称伸缩振动引起的。该峰需要结构有缺陷才能激活，因此 D 峰的强度通常用来衡量材料结构的无序度。G 峰出现在 1560～1620 cm^{-1} 附近，它是由 sp^2 碳原子间的拉伸振动引起的。而 2D 峰出现在 2660～2700 cm^{-1} 附近，是由碳原子中两个具有反向动量的声子双共振跃迁引起的，它的形状及移动同石墨烯的层数密切相关。如图 3-20(c)的拉曼光谱所示，我们所制备的石墨烯在 1585 cm^{-1} 和 2675 cm^{-1} 出现尖锐峰，且 G/2D 的强度比

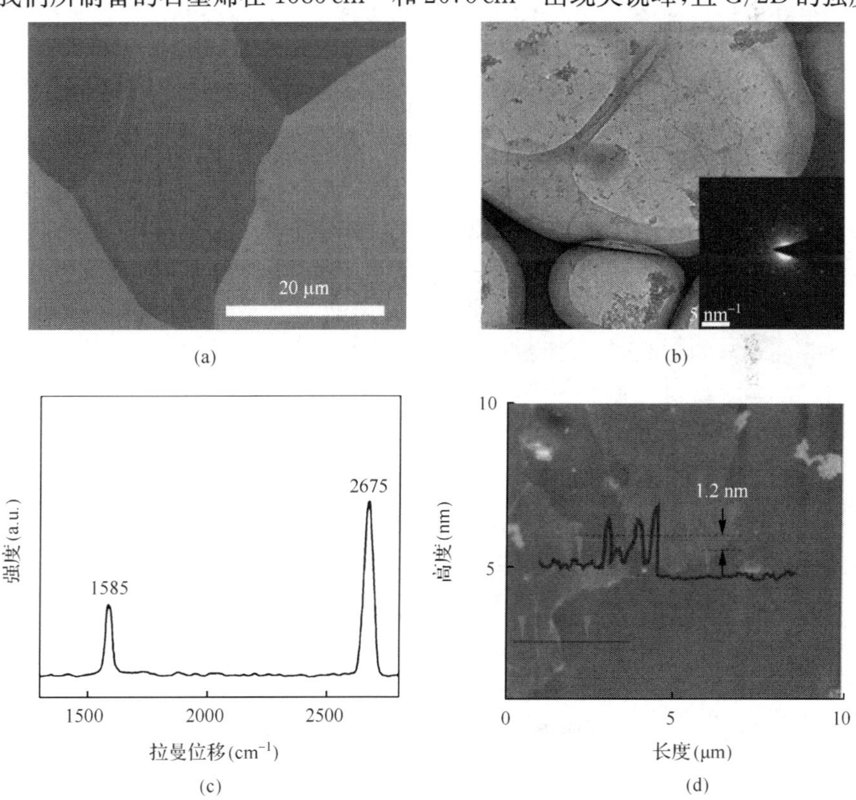

(a) (b) (c) (d)

图 3-20 CVD 石墨烯的表征

(a)位于铜表面的石墨烯 SEM 照片；(b)TEM 照片，内嵌图为 CVD 石墨烯的选区电子衍射花样；(c)拉曼光谱图；(d)AFM 图

约为 0.5 时。利用拉曼图谱中 G/2D 峰强之比可以初步确定石墨烯的层数，当 G/2D强度比$<$0.7 时，可以判断该石墨烯样品是单层结构。单层石墨烯的理论厚度只有 0.335 nm，在扫描电子显微镜（SEM）中很难被观测到，只有在原子力显微镜（AFM）中才能清晰地观测到。原子力显微镜是表征石墨烯材料的最直接有效的手段。为了进一步确认所制备的 CVD 石墨烯的层数，将石墨烯转移至硅片表面进行 AFM 测试，如图 3-20(d)所示。高度剖面图对应着高度图中两点（箭头）的高度差，此即所制备的石墨烯的厚度，所测得的石墨烯膜厚约 1.2 nm。但考虑到转移到基底表面的石墨烯与基底的接触并不能完全紧密，不可避免地存在间隙；且相对于理想石墨烯，实际制备的石墨烯存在一定厚度的褶皱平整面，因此结合拉曼光谱测试结果可以认为所制备的石墨烯大部分为单层结构。

4. 氧化石墨烯的制备

氧化石墨烯是石墨粉末经化学氧化及剥离后的产物，是单一的碳原子层，可以在横向尺寸上扩展到数十微米，因此，其结构跨越了一般化学和材料科学的典型尺度。氧化石墨烯可视为一种非传统形态的软性材料，具有胶体、聚合物、薄膜以及两性分子的特性。经过氧化处理后，氧化石墨烯仍保持石墨的层状结构，但在每一层的石墨单片上引入了许多氧基官能团。这些氧基官能团使单一的石墨烯结构变得非常复杂。虽然氧化石墨烯具有较多的缺陷，其导电性不如原始的石墨烯，不过此氧化-剥离过程可有效地让本不可溶的石墨粉末在水中变得可加工，提供制作复合材料及还原氧化石墨烯的途径。并且氧化石墨烯可以认为是理想石墨烯的一种掺杂材料，具有石墨烯所不具有的特殊的光电特性。氧化石墨烯具有较高的比表面积和表面丰富的官能团，是构建聚合物类石墨烯复合材料以及无机物类石墨烯复合体系的基础材料。鉴于氧化石墨烯在石墨烯复合材料领域中的重要地位，在本节中简要介绍本工作中氧化石墨烯的制备。

由天然鳞片石墨反应生成氧化石墨，大致分为以下 3 个阶段：

(1) 低温反应。在冰水浴中放入三口烧瓶，加入 110 mL 浓 H_2SO_4，在磁力搅拌器上搅拌，控制其温度降至 5 ℃左右。加入 100 目鳞片状石墨 5 g，再加入 2.5 g $NaNO_3$，然后缓慢加入 15 g $KMnO_4$，搅拌反应 90 min，最后溶液呈紫绿色。

(2) 中温反应。将冰水浴换成温水浴，在磁力搅拌器搅拌下将烧瓶中的温度控制在 32～40 ℃，反应 30 min，溶液呈紫绿色。

(3) 高温反应。中温反应结束后，缓慢加入 220 mL 去离子水，加热反应溶液并保持温度为 70～100 ℃，然后缓慢加入双氧水（5%）进行高温反应，直至反应溶液变成黄色。

反应后的氧化石墨溶液先通过过滤去除大部分的溶剂，然后在离心机中进行多次离心洗涤，直至 $BaCl_2$ 检测无白色沉淀生成，说明没有 SO_4^{2-} 的存在。最后将制得的氧化石墨以 1 mg/mL 的浓度分散在去离子水中，在超声波振荡器(超声功率为 300 W)中超声振荡 30 min 形成均匀分散的淡黄色氧化石墨烯分散液。

图 3-21(a)是本实验得到的氧化石墨烯的 SEM 照片，从 SEM 照片中可以观察到，超声后的氧化石墨烯以片状形式存在，氧化石墨烯片的尺寸在微米量级。图 3-21(b)是氧化石墨烯的 AFM 图及对应位置的高度曲线图，剥离之后的氧化石墨烯片的厚度在 3 nm 左右。理论上认为，单层石墨烯的厚度约为 0.34 nm，氧化后由于羟基、羰基、羧基等基团的修饰，单层氧化石墨烯的厚度比理论值大，其厚度为 0.6～1 nm。基于以上分析，我们能够较为成功地制备出 1～3 层的微米级氧化石墨烯。图 3-21(c)为氧化石墨烯的拉曼光谱图，样品有两个非常明显的特征峰：一个是处于 1350 cm^{-1}附近的 D 峰；另一个是处于 1580 cm^{-1}附近的 G 峰。通常情况下，石墨烯 D 峰的强度应是非常弱的或是非常不明显的。但是所制备的氧化石

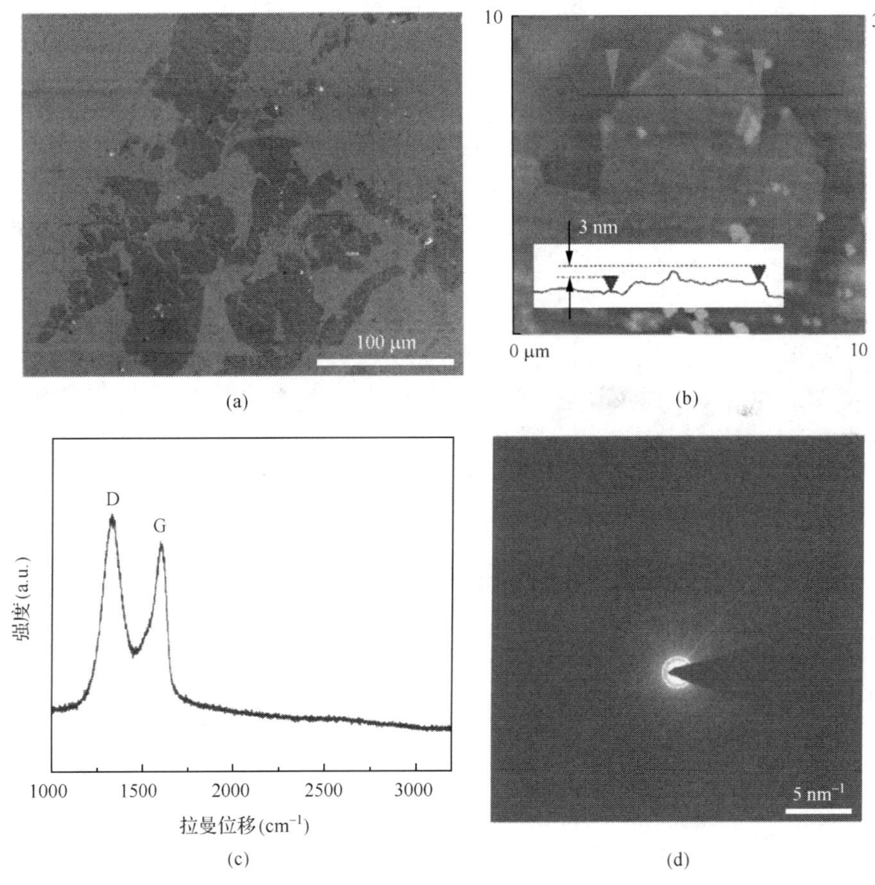

图 3-21 氧化石墨烯的表征

(a)位于硅片表面的氧化石墨烯的 SEM 照片；(b)AFM 图；(c)拉曼光谱图；(d)氧化石墨烯的选区电子衍射花样

墨烯在拉曼光谱图上有一个较明显的 D 峰，I_D/I_G 值在一定程度上反映了 sp^3 碳原子的含量，这表明氧化石墨烯中存在一定的缺陷。图 3-21(d)为氧化石墨烯的选区电子衍射花样，图中显示了较弱并分散的衍射环，可以看出由于缺陷的存在氧化石墨烯具有远程无序的性质。

3.2 碳纳米功能材料的表征

随着材料科学相关研究和技术的不断发展，许多新型的纳米材料体系和结构被不断发现和制备，对材料的表征手段和方法的要求也越来越高。本节基于碳纳米管的研究，简要介绍各种表征技术，以揭示碳纳米管的相关基本特性。

3.2.1 形貌表征

1. 扫描电子显微镜

1965 年，世界上第一台商用扫描电子显微镜(scanning electron microscopy, SEM)诞生。SEM 作为一种有效的显微结构分析工具，既可用于直接观察试样的表面形貌，又可以对试样表面进行成分分析。SEM 可与 X 射线谱仪配接，在观察形貌的同时进行阴极荧光光谱分析以及观察不同环境下的相变和形态变化的特点。

SEM 基本上是由电子光学系统(即镜筒)、扫描收集系统、信号光处理系统、显示记录系统、电源系统以及真空系统等部分组成，其结构如图 3-22 所示。电子枪发射的电子经聚光镜聚焦后形成微细电子束，受扫描系统的控制，在测试样品表面进行逐行扫描，电子束所到之处，每个物点会产生信号(二次电子、背散射电子、X 射线、俄歇电子等)，其中最主要的二次电子成像信号被探测器接收放大后用于调制像点的亮度，得到反映样品表面形貌的信息。

扫描电子显微镜具有如下特点：

(1) 分辨率高。基于钨灯丝电子枪的 SEM 的分辨率为 3～6 nm，基于 LaB_6 的约为 3 nm，基于场发射冷阴极的 SEM 的分辨率最好可达到约 0.5 nm。能观测到样品表面 6 nm 左右的区域，放大倍数大范围可调(从几十倍到 20 万倍)。

(2) 景深大，立体感强。当放大倍数为 100 倍时，景深最大约为 1000μm，当放大倍数为 1000 倍时，景深约为 100μm，远高于光学显微镜。因此，SEM 特别适用于对粗糙起伏样品的观察和成像。

(3) 实现综合分析。SEM 除了能再现样品的一般表面形貌外，通过与其他分析仪器联合(如能谱仪、波谱仪)，可实现对样品微区表面的化学元素、电、磁性质的同步表征与成像。

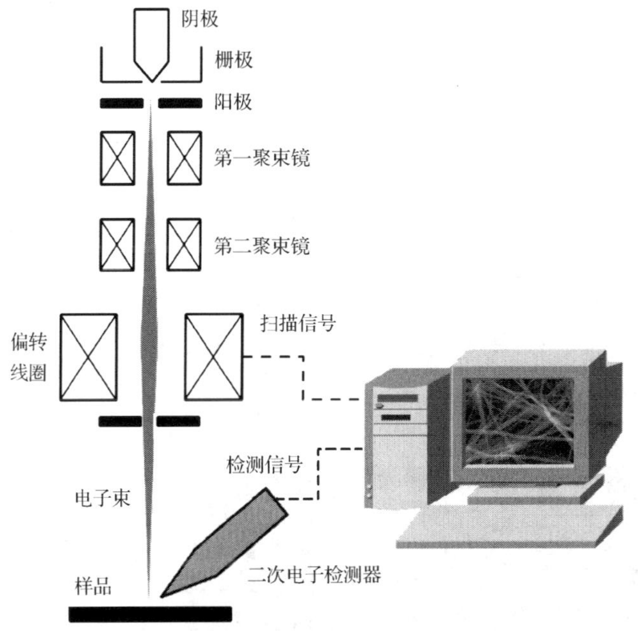

图 3-22　扫描电子显微镜的结构示意图

此外，SEM 的分析测试具有制样简单、导电试样可直接观察、可观察大试样、不会破坏试样表面和分析简单等特点，是进行试样表面形貌分析的有效工具。利于 SEM 技术可以实现对微观纳米结构的形貌放大，从而可以真实地再现肉眼及光学显微镜不能获得的奇特微观世界。如图 3-23(a)中的内嵌图所示，碳纳米管团聚在一起，在肉眼观测下为深色的粉末。然而在 SEM 观测下，碳纳米管是一种具

图 3-23　碳纳米管的 SEM 图

(a)碳纳米管的低倍率 SEM 图，内嵌为碳纳米管粉末；(b)碳纳米管与杂质的 SEM 图

有特殊结构(径向尺寸为纳米量级,轴向尺寸为微米量级,管子两端基本上都封口)的一维量子材料。

尽管 SEM 的分辨率不足以准确检测一根碳纳米管束中的碳纳米管特性,如单壁、双壁及多壁碳纳米管的数量。但是通过 SEM 可以方便地分析样品中存在的与碳纳米管生长相关的无定形碳、金属催化剂等杂质,有利于对碳纳米管生长过程的调控和样品的后续提纯。

通过控制碳纳米管的生长条件,可以获得不同形貌的碳纳米管材料,如碳纳米管阵列、超长碳纳米管束、碳纳米管螺旋结构等,如图 3-24 所示。借助于 SEM 技术可以清晰地获得不同制备工艺对碳纳米管材料形貌的影响。这一方面有助于对单一碳纳米管及各种形貌的碳纳米管材料生长机理的研究,另一方面可以获得各种碳纳米管材料的微观形貌,从而有利于挖掘该材料的潜在应用。

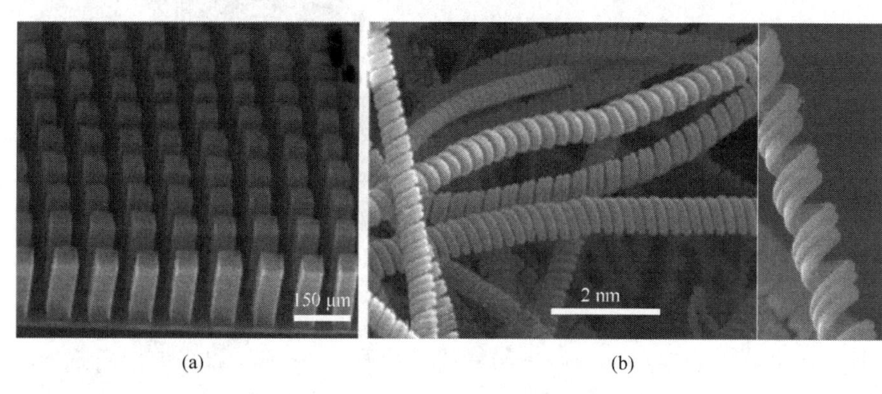

图 3-24　碳纳米管的 SEM 图

(a)定向碳纳米管阵列的 SEM 图[45];(b)碳纳米管螺旋组装结构的 SEM 图[46]

除了通过直接控制生长工艺来获得不同形貌的碳纳米管材料,也可以通过后续的加工来获得一些高性能的碳纳米管。例如,将高导电性的碳纳米管阵列抽成超顺排薄膜,或者将这种高强度的碳纳米管连成长长的绳,其应用价值将是不可估量的。近年来,科研人员致力于这一工作并成功地纺出了碳纳米管纤维,可以使其在电学、力学、磁学等领域表现出奇特的性能。SEM 测试技术基于其高分辨率、大景深、大放大范围等,成为研究该材料的最有力工具,如图 3-25 所示。

2. 透射电子显微镜

采用 SEM 可以对碳纳米管进行高倍率的放大,但有另外一种电子显微镜更适于对碳纳米管进行研究,这就是透射电子显微镜(transmission electron microscope,TEM)。利用 TEM 可以很直观地获得碳纳米管的直径、管壁层数,甚至是碳纳米管中的缺陷结构。

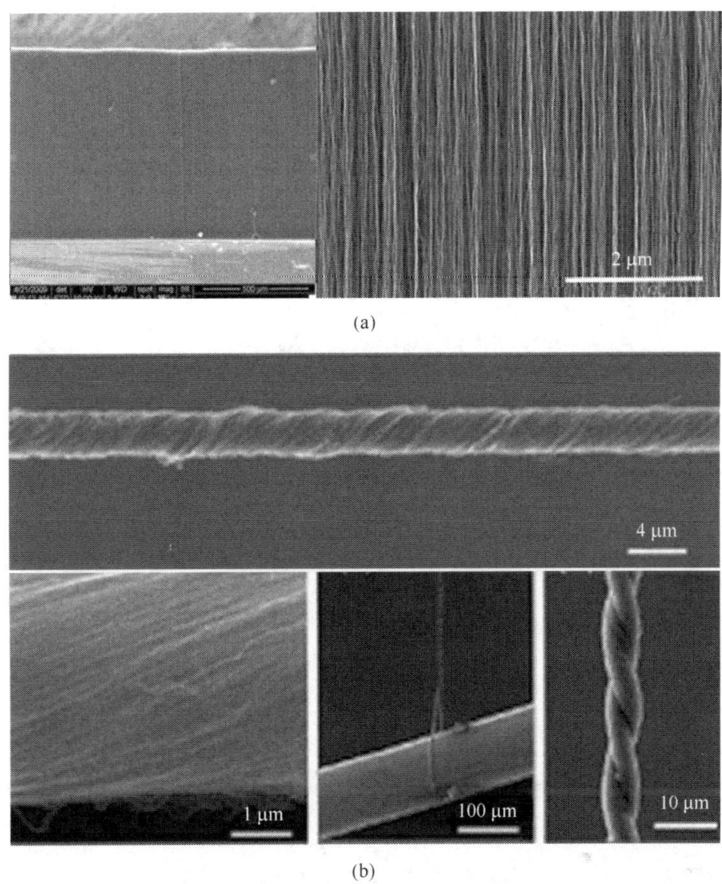

(a)

(b)

图 3-25　碳纳米管的 SEM 图

(a)超顺排碳纳米管的 SEM 图;(b)碳纳米管纤维的 SEM 图

1931 年,德国的 Ruska 和 Knoll 发明了世界上第一台电子显微镜,之后两年,Ruska 对装置进行改进,做出了世界上第一台透射电子显微镜,简称透射电镜。透射电镜的问世为人们对材料内在属性及其外在行为的认识提供了一个及其重要的工具,这是“20 世纪最重大的发明之一”。

TEM 由电子枪、聚光镜、样品室、物镜、中间镜、透射镜,电源与控制系统、真空系统及循环冷却系统等几部分组成。其工作原理是利用波长很短的电子束做照明源,将经加速和聚集的电子束投射到非常薄的样品表面上,电子与样品中的原子相碰撞而改变方向,产生立体角散射,并用电磁透镜聚焦成像。TEM 具备物相分析和组织分析两大功能。物相分析是利用电子和晶体物质作用可以发生衍射现象,获得物相的衍射花样;组织分析是利用电子波遵循阿贝成像原理(principle of Abbe's imaging),通过干涉成像获得各种衬图像。

由于电子的德布罗意波长很短，TEM 的分辨率比光学显微镜高很多，可以达到 0.1～0.2 nm，放大倍数为几万至百万倍。因此，TEM 可以用于观察样品的精细结构，甚至可以用于观察仅仅一列原子的结构，比光学显微镜所能够观察到的最小结构小数万倍。采用 TEM 的不同模式，可以通过物质的化学特性、晶体方向、电子结构、样品造成的电子相移以及通常的对电子吸收对样品成像。

很显然，TEM 对于碳纳米管的表征是具有重要价值的。如图 3-26 所示，采用 TEM 可以很好地分辨单壁、双壁及多壁碳纳米管[47,48]。这是采用 SEM 表征技术所无法观测到的。

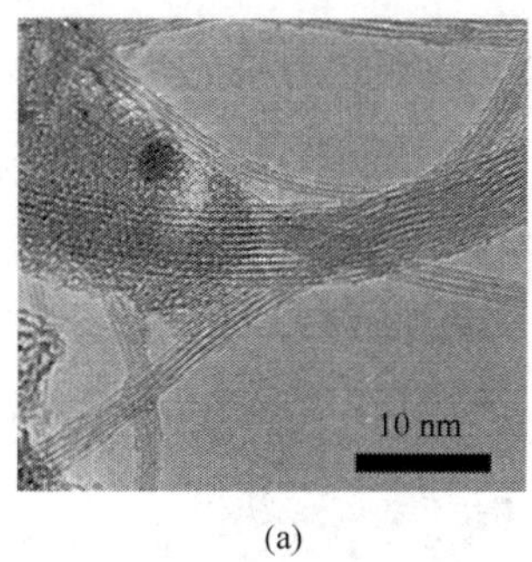

(a)

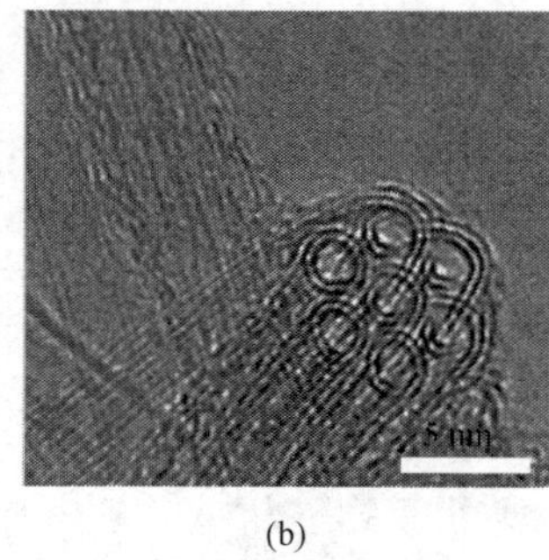

(b)

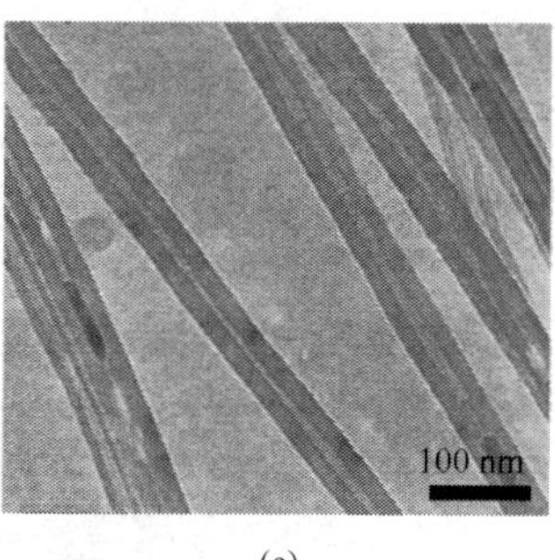

(c)

图 3-26　碳纳米管的 TEM 图

(a)单壁碳纳米管；(b)双壁碳纳米管；(c)多壁碳纳米管

TEM 的高分辨率使其在研究碳纳米管的生长机理及原位观测方面具有独特的优势。如图 3-27 所示，在双壁碳纳米管中形成了一个较细的碳纳米管，其一端为半球形封闭结构，另一端为从催化剂铁颗粒中生长出的开口结构。此现象证明铁颗粒对碳纳米管的生成起了催化作用。由于受到原有碳纳米管的限制，新生成的碳纳米管的直径通常比原有内层管的直径小约 0.6 nm。

基于 TEM 可以研究碳纳米管的一些新结构，如单壁碳纳米管豆荚、分支结构碳纳米管、超长碳纳米管等，见图 3-28。单壁碳纳米管豆荚采用一种气相扩散方法将 C_{60} 分子填充到单壁碳纳米管中，做出了相当“充实”的豆荚形纳米材料，填充率达到了 80%以上。在传统的化学气相沉积法制备碳纳米管的过程中引入一个外加磁场，可以制备出分支结构及填充结构的碳纳米管。这一发现有助于增加人们对磁场作用下化学气相沉积法的认识，并且提供了一种简单有效地制备分支结构及填充结构碳纳米管的方法，为纳米电路的研究提供了材料基础。

除了对碳纳米管进行直观的形貌表征外，TEM 的另一个优势是通过与其他测试手段联合使用，可以在纳米尺度范围内使用电子衍射、X 射线光电子能谱及能量损失谱等探测手段对碳纳米管进行深入分析。

碳纳米管随着其结构的变化，既可呈金属性，也可呈半导体性。这一结构、性

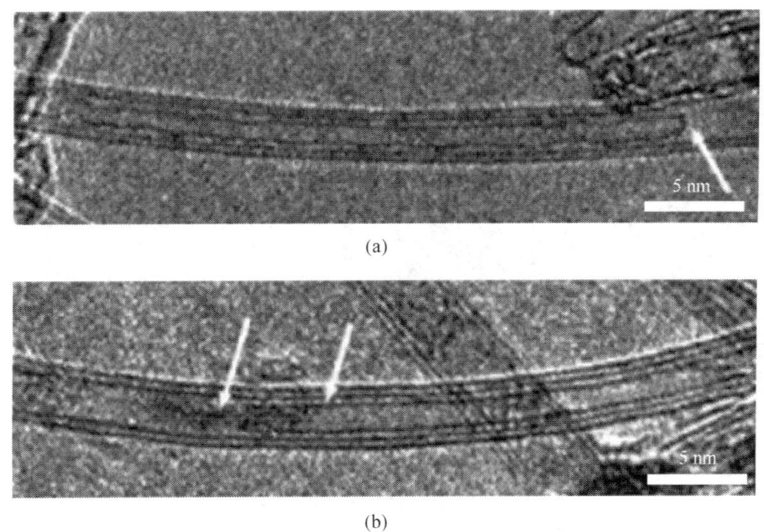

图 3-27　碳纳米管的 TEM 图

(a)采用 TEM 原位观测三壁碳纳米管的生长机理的图像；(b)揭示双层碳纳米管内二茂铁裂解生长碳纳米管机理的电子显微图像

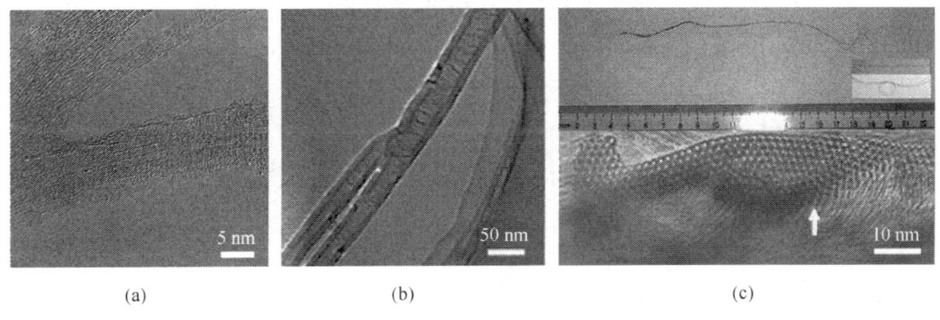

图 3-28　碳纳米管的 TEM 图

(a)C_{60}填充的单层碳纳米管；(b)分支结构碳纳米管；(c)超长单壁碳纳米管

能的可调性使如何在实验上确定、控制碳纳米管的原子结构(或螺旋指数)变成碳纳米管研究的一个基本及中心问题。电子衍射方法最早即被应用于确定碳纳米管的螺旋结构特征。并且也迅速用于测定碳纳米管的螺旋指数。图 3-29(a)是一个单壁碳纳米管的电子衍射图[49]。从该碳纳米管的电子显微图像可知其直径约为 1.4 nm。从电子衍射图上测得第二峰值与第一峰值的位置比率为 2.190[图 3-29(b)]，此比值对应于二阶贝塞尔函数，所以螺旋指数为 2。同样，在层线 12 上测得第二峰值与第一峰值的位置比率为 1.279[图 3-29(c)]，该值对应于 17 阶贝塞尔函数($u=17$)。所以，该碳纳米管的螺旋指数为(17，2)，是一个金属性碳纳米管。

电子能量损失能谱是利用入射电子束在试样中发生非弹性散射，电子损失的

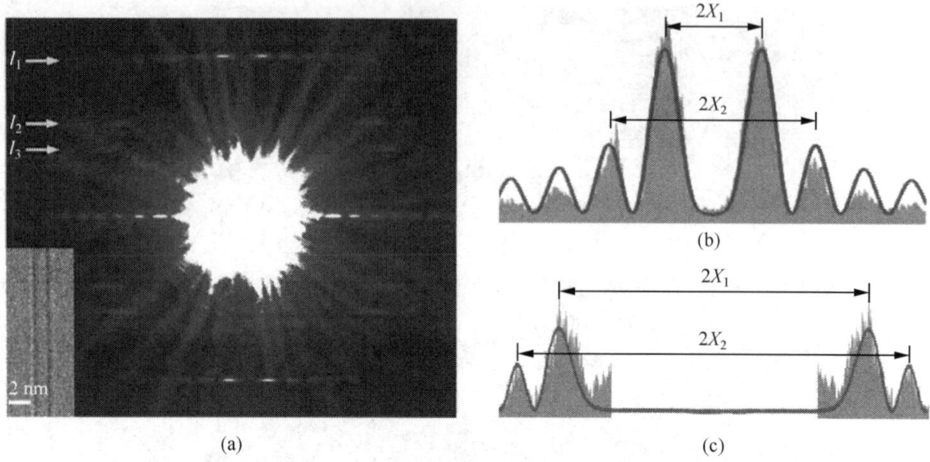

图 3-29 单壁碳纳米管的衍射特性图

(a)一个单壁碳纳米管的电子衍射图和 TEM 图;(b)层线 l_1 上的衍射强度分布;(c)层线 l_2 上的衍射强度分布 X_1. 第一峰值位置参数;X_2. 第二峰值位置参数;l_1、l_2、l_3 分别代表第一、第二和第三衍射峰

能量直接反应了发生散射的机制、试样的化学组成以及厚度等信息,因而能够对薄试样微区的元素组成、化学键及电子结构等进行分析。由于低原子序数元素的非弹性散射概率相当大,因此该技术特别适用于薄试样低原子序数元素(如碳、氮、氧、硼等)的分析。它的特点是:①分析的空间分辨率高,仅取决于入射电子束与试样的互作用体积;②直接分析入射电子与试样非弹性散射互作用的结果而不是二次过程,探测效率高。图 3-30(a)为掺杂 N 的碳纳米管的 TEM 照片,通过高分辨率电子能量损失能谱[图 3-30(b)]分析,可以知道在每根纤维中 N 的含量为 2%,且 N 的电离能约为 400.9 eV,表明 N 原子与三个 C 原子结合而形成一个六角结构[50]。

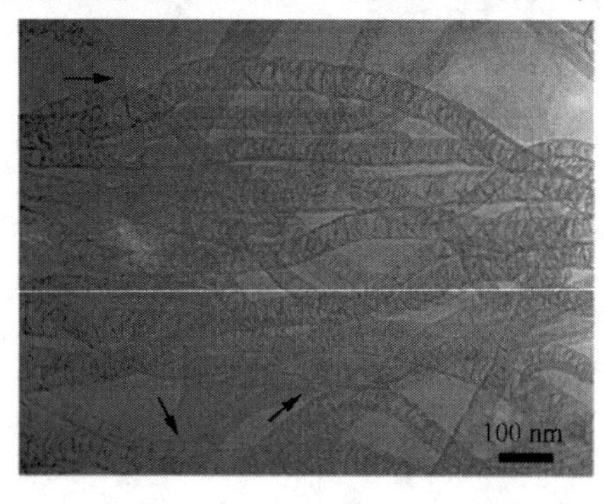

(a)

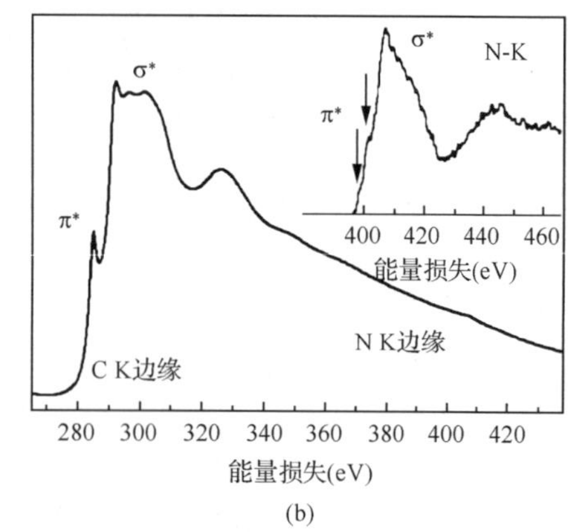

(b)

图 3-30 掺杂 N 的碳纳米管的 TEM 图和能谱图

(a)TEM 图;(b)高分辨率电子能量损失能谱图

借助于 TEM 除了可以对碳纳米管的形貌、结构进行表征外，TEM 所具有的高能电子束还可以对碳纳米管进行加工，即对碳碳键进行一定程度上的破坏或形成。例如，利用高能电子束可以将重叠的碳纳米管焊接起来。

3. 原子力显微镜和扫描隧道显微镜

在碳纳米管研究中还有一种不可或缺的显微技术，即原子力显微镜（atom force microscope，AFM）。这种技术为研究碳纳米管的结构和性质提供了重要的技术手段。

AFM 以物理学为基础，是一种用来表征包含绝缘材料在内的固体表面的形貌与结构的分析测试仪器。样品表面的高低起伏是通过微细探针原子团和样品原子团间的相互作用力进行检测的。其工作原理为将对微弱力敏感度极强的微悬臂的一端固定，使另一端的微小针尖靠近样品表面，当扫描样品时，由于针尖与样品表面具有一定的相互作用力（吸引力或排斥力），微悬臂探测到相互作用力时将发生形变或运动状态发生改变。利用高精密度传感器检测这些微小变化，从而得到作用力的详细分布信息。反馈系统根据检测结果不断调整针尖（或样品）在垂直方向上的位置，保证在扫描过程中该作用力不变。通过测量高度随扫描位置的变化，最后可以获得具有纳米级分辨率的样品表面的结构信息。

相对于 SEM，AFM 具有许多优点：①不同于 SEM 只能提供二维图像，AFM 提供真正的三维表面图；②AFM 不需要对样品进行任何特殊处理，如镀铜或碳，这种处理对样品会造成不可逆转的伤害；③SEM 需要运行在高真空条件下，AFM 在常压下甚至在液体环境下都可以良好地工作。因此，AFM 可用于研究生物宏观分子，甚至活的生物组织。AFM 与扫描隧道显微镜相比，由于能观测非导电样品，因此具有更为广泛的适用性。当前在科学研究和工业界广泛使用的扫描力显微镜，其基础就是原子力显微镜。

然而，和 SEM 相比，AFM 的缺点在于成像范围太小、速度慢、受探头的影响太大。对于 AFM 测试，要求样品表面平整，因此对于采用 CVD 方法直接生长于 Si 表面的非定向碳纳米管，或者经过溶液处理并分散于 Si 表面的碳纳米管样品，AFM 都可以高质量地完成碳纳米管的成像。尽管 AFM 的分辨率不如 TEM，但是在分析单根碳纳米管的直径、长度等信息方面具有独特的优势，如图 3-31 所示。对于分散的大面积碳纳米管样品，使用 AFM 可以方便地给出其长度、直径分布信息[51]。

除了采用 AFM 对碳纳米管进行直接的形貌表征外，利用 AFM 精确的机械与力学控制特性还可以对碳纳米管进行力学性能测试[52,53]，见图 3-32。例如，利用 AFM 测量了多壁碳纳米管的弯曲力，从而可以拟合出碳纳米管的弹性模量；采用 AFM 侧向力模式在单壁碳纳米管管束上进行横向加载，得出了碳纳米管的拉伸强度为 45 GPa。

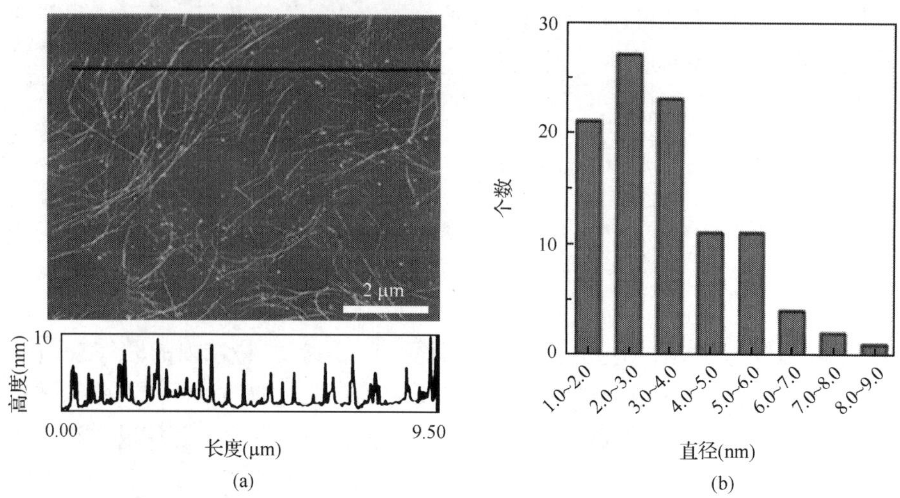

图 3-31　碳纳米管形貌特性图

(a)分散碳纳米管的原子力显微镜照片;(b)单壁碳纳米管管束大小的统计图

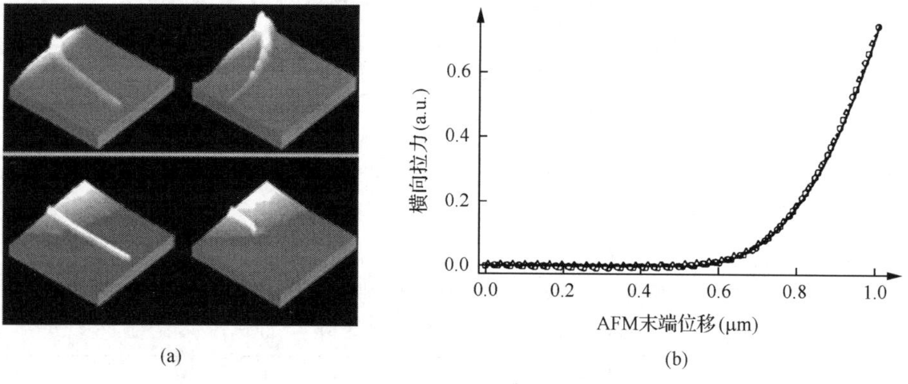

图 3-32　碳纳米管的 AFM 测试

(a)SiO_2 表面碳纳米管的杨氏模量测试 AFM 图;(b)悬空碳纳米管的拉伸强度测试示意图及相关数据

与 AFM 类似,扫描隧道显微镜(scanning tunneling microscope,STM)不采用任何光学或电子透镜成像,而是当尖锐金属探针在样品表面扫描时,利用针尖与样品之间的纳米间隙的量子隧道效应引起隧道电流与间隙大小呈指数关系,从而获得原子级样品表面形貌特征的图像。隧道电流对针尖和样品表面间的距离变化是非常敏感的,其对样品表面的微观起伏也特别敏感。

根据针尖与样品间相对运动方式的不同,STM 有两种工作模式,一种是恒流模式,另一种是横高模式。恒流模式是针尖在样品表面进行扫描时,在偏压不变的情况下始终保持隧道电流恒定,并通过控制针尖与样品之间间距的几乎恒定来使位置电流不变。恒高模式是始终控制针尖在样品表面某一水平高度上进行扫描,随着样品的高低起伏，隧道电流不断变化。从隧道电流信息可以获得样品表面的原子图像。无论对于哪一种模式，所得到的 STM 图像不仅构画出样品表面的几何形貌，而且可以反应样品表面原子的电子结构特征，即 STM 图像是样品表面原子几何结构和电子结构中和效应的结果。

与 SEM、TEM、AFM 等显微技术相比，STM 具有以下特点：①STM 的结构更为简单，对实验环境要求低：在大气、真空或液体环境中均可以进行测量，且工作温度范围较宽(从绝对零度到上千摄氏度)；②STM 分辨率高，STM 的水平和垂直分辨率分别可以达到 0.1 nm 和 0.01 nm，因此有利于材料表面原子的三维成像；③在观测材料表面形貌的同时，可以得到材料表面的扫描隧道谱，从而可以研究材料表面的化学结构和电子状态。

STM 已在材料、物理、化学、生命等科学领域进行了广泛应用。特别地，该技术在对碳纳米管晶格进行原子级成像的同时，可进行电子态密度的直接测量。这对于研究碳纳米管的缺陷、表面功能化、螺旋度测量及其他方面的研究都具有重要价值。

如图 3-33(a)所示，在碳纳米管的电脑图像中添加了 STM 拍摄图像，科学家利用 STM 研究碳纳米管的形成。第一步，将平坦的前体转换成三维实体。首先形成位于铂表面微小的、开放式的圆形堵头，而后单壁碳纳米管在这个所谓的端部堵头形成并生长出来。在第二个化学过程中，在铂表面乙醇催化分解形成碳原子，它们沉积在堵头和铂表面之间的开口边缘上，且将堵头提得很高，管慢慢向上长。碳纳米管的原子结构完全是由种子的形状决定的。研究人员通过分析单壁碳纳米

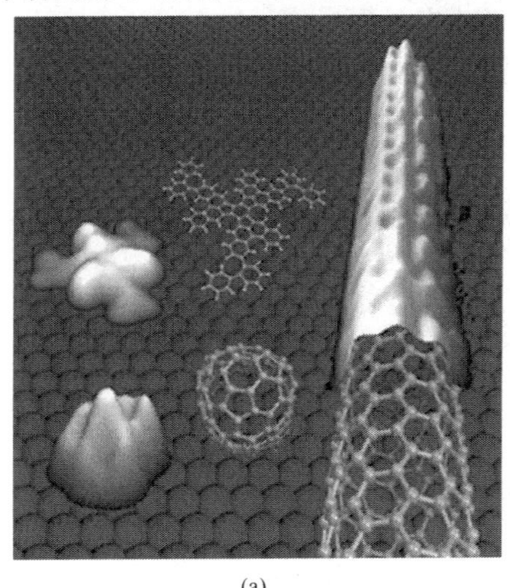

(a)

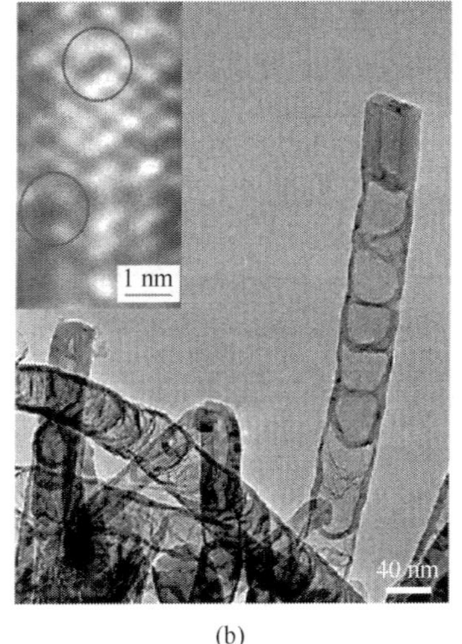

(b)

图 3-33　碳纳米管的 TEM 与 STM 图

(a)电脑图像中添加了 STM 图像的碳纳米管；(b)N 掺杂碳纳米管的 TEM 照片与 STM 照片

管的振动模型证实了这一结果，并且采用 STM 进行了测试[54]。如图 3-33(b)所示，对于掺杂有 N 的碳纳米管，由于 N 原子与 C 原子的尺寸不一致，因此往往会产生晶格畸变。采用 STM 可以很清晰地观测到这种 N 掺杂引起的晶格畸变[55]。

STM 显微成像技术可以在获得碳纳米管结构信息的同时，提供相关的基本性质信息。然而其存在一定的局限性。例如，生长于石英或 Si 表面的碳纳米管不能采用 STM 进行直接表征，因为 STM 的测试样品必须分散于导电基底表面。

3.2.2 电子结构分析——紫外光电子能谱

紫外光电子能谱(ultraviolet photoelectron spectrometer，UPS)是以紫外线为激发光源的光电子能谱。激发光源的光子能量较低，该光子产生于激发原子或离子的退激阶段，最常用的低能光子源为氦Ⅰ和氦Ⅱ。紫外光电子能谱主要用于考察气相原子、分子以及吸附分子的价电子结构。

由入射电磁波从物质中击出的光电子产生的谱称为能谱。光电子能谱学(PES)是二十世纪六十年代随着超高真空技术和电子学技术的发展而迅速发展起来的一支谱学新技术。紫外光电子能谱(UPS)的入射辐射属于真空紫外能量范围，击出的是原子或分子的价电子，可以在高分辨率水平上探测价电子的能量分布，进行电子结构的研究。对于气态样品，能够测定从分子中各个被占分子轨道上激发电子所需要的能量，提供分子轨道能级高低的直接图像，为分子轨道理论提供坚实的实验基础。

紫外光电子能谱的基本原理是光电效应。它是利用能量为 16～41 eV 的真空紫外光子照射被测样品，测量由此引起的光电子能量分布的一种谱学方法。忽略分子、离子的平动与转动能，紫外光激发的光电子能量满足如下公式：

$$h\nu = E_b + E_k + E_r \tag{3-2}$$

式中，E_b 为电子结合能；E_k 为电子动能；E_r 为原子的反冲能量。

紫外光电子能谱分析仪的结构主要包括以下几个主要部分：单色紫外光源($h\nu$=21.21eV)、电子能量分析器、真空系统、溅射离子枪源或电子源、样品室、信息放大、记录和数据处理系统。

在 UPS 的能量分辨率下，分子转动能太小，不必考虑；分子振动能可达到数百毫电子伏特(0.05～0.5 eV)，且分子振动周期约为 10^{-13} s，而光离过程发生在 10^{-16} s 内，因此分子的(高分辨率)紫外光电子能谱可以显示振动状态的精细结构。由于 UPS 能提供分子振动的结构特征信息，因而可用于一些化合物的结构定性分析。UPS 还可以用于鉴定某些同分异构体、确定取代作用和配位作用的程序和性质、检测简单混合物中各组分等。此外，UPS 能够精确测量物质的电离电位，对于气体样品，电离电位近似对应于分子轨道能量。

因为 UPS 可以进行有关分子轨道和化学键性质的分析工作，如测定分子轨道能级顺序（高低），区分成键轨道、反键轨道与非键轨道等，因而为分析或解释分子结构、经验分子轨道理论等工作提供依据。对于固体样品，UPS 具有最小逸出深度，因而特别适用于固体表面的状态分析。其可应用于表面能带结构分析、表面原子排列与原子结构分析及表面化学研究（表面吸附、表面催化）等方面。

碳纳米管的价带源于碳的 2s 和 2p 原子轨道，在结合能的 3eV 和 8eV 附近表现出特征峰，分别对应于 π 峰和 σ 峰，如图 3-34(a)所示[56]。当对碳纳米管进行改性时，通过检测该两特征峰的强度和宽度，可以推出该材料的原子级变化。例如，π 峰强度的下降可能与碳原子 sp^2 结构的破坏相关。该现象的发生往往是由对碳纳米管进行表面修饰或切割造成的。

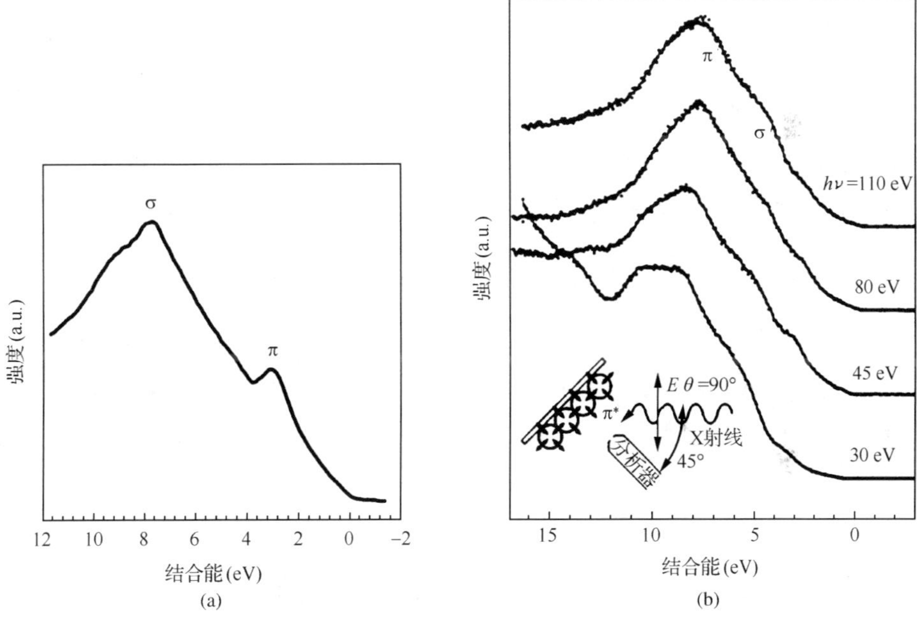

图 3-34　碳纳米管的 UPS 图谱

(a)多壁碳纳米管；(b)单壁碳纳米管

图 3-34(b)为生长于 Si(100)面的单壁碳纳米管的价带发射谱，测试过程中采用四种能量的紫外线[57]。由图可知，所获得的图谱较宽且部分重叠，碳纳米管的特征峰（π 峰和 σ 峰）以肩峰的形式存在于该价带发射谱峰中。碳纳米管的 UPS 峰对紫外激发光的强度和入射光角度并不敏感。

单壁碳纳米管具有和石墨烯完全不同的三维结构，其本质是由石墨烯卷曲形成的。即便如此，碳纳米管的价电子束缚能与石墨布里渊区 Γ 点附近的 π 和 σ 能级吻合。单壁碳纳米管的宽价带特征及对光子能量的相对不敏感特征表明碳纳米管的谱峰可以理解为石墨谱峰的角集成。这是因为,碳纳米管是由石墨烯片纳米尺度的卷曲而形成的,光子同时从垂直和切线方向入射该材料,且同时被探测到。研究表明,该现象也同时存在于多壁碳纳米管中。此外,也有其他一些因素造成碳纳米管谱峰的扩展。首先,碳纳米管的手性分布杂乱。尽管每根碳纳米管的态密度具有范霍夫奇点,该杂乱性导致这些奇点的随机分布。其次,碳纳米管之间的相互作用会展宽态密度。总之,具有多手性的单壁碳纳米管形成的管束的态密度会大致与石墨烯的态密度一致。

3.2.3 原子态分析:拉曼光谱

拉曼光谱(Raman spectra)分析法是基于印度科学家 Raman 所发现的拉曼散射效应,对与入射光频率不同的散射光谱进行分析以得到分子振动、转动方面的信息,并应用于分子结构研究的一种分析方法(图 3-35)。拉曼光谱是一种散射光谱,当一束频率为 ν_0 的入射光照射到样品时,少部分入射光子与样品分子发生碰撞后向各个方向散射。若光子把一部分能量给样品分子,使一部分处于基态的分子跃迁至激发态,则散射光能量减少,在垂直方向测量到的散射光中可以检测到频率为 $\nu_0-\Delta\nu$ 的谱线,称为斯托克斯线。相反,若光子从样品激发态分子获得能量,样品分子从激发态回到基态,则在入射光频率处可测得频率为 $\nu_0+\Delta\nu$ 的谱线,称为反斯托克斯线。斯托克斯线和反斯托克斯线与入射光程的差称为拉曼位移。

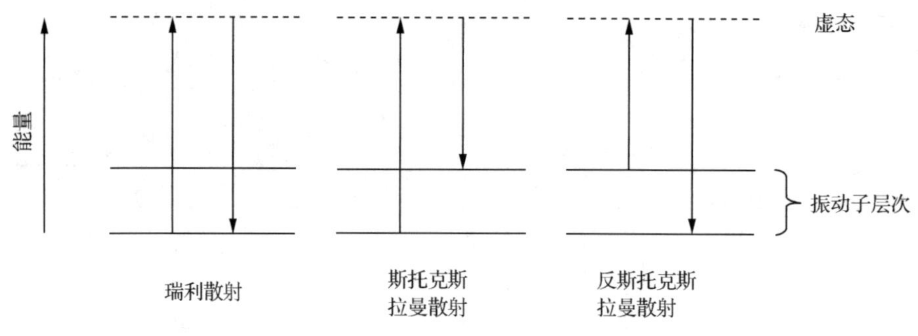

图 3-35 入射光子的不同散射过程示意图[58]

拉曼光谱技术具有一系列的优越性,提供快速、简单、可重复且无损伤的定性定量分析,其无需样品准备,样品可直接通过光纤探头或者通过玻璃、石英和光纤测量。此外,其还有以下几方面的优势:

(1) 由于水的拉曼散射很微弱,拉曼光谱是研究水溶液中的生物样品和化学化合物的理想工具。

(2) 拉曼光谱一次可以同时覆盖 50～4000 cm^{-1}的区间,可对有机物及无机物进行分析。相反,若让红外光谱覆盖相同的区间则必须改变光栅、光束分离器、滤波器和检测器。

(3) 拉曼光谱的谱峰清晰尖锐，更适合定量研究、数据库搜索以及运用差异分析进行定性研究。在化学结构分析中，独立的拉曼区间的强度可以和功能基团的数量相关。

(4) 因为激光束的直径在它的聚焦部位通常只有 0.2～2 mm，常规拉曼光谱只需要少量的样品就可以得到。这是拉曼光谱相对常规红外光谱一个很大的优势。而且，拉曼显微镜的物镜可将激光束进一步聚焦至 20 μm，甚至更小，可分析更小面积的样品。

(5) 共振拉曼效应可以有选择性地增强大生物分子单个发色基团的振动，这些发色基团的拉曼光强能被选择性地增强 1000～10000 倍。

过去的几十年研究表明，拉曼光谱是研究碳材料非常有效的工具，已经广泛应用于石墨的插层分析、富勒烯基材料的成键及性质研究。该技术对碳纳米管的研究同样有效。拉曼光谱谱峰带较窄，具有准确的特征标志，因而是研究碳纳米管的有力工具之一。自从碳纳米管发现以来，有关碳纳米管拉曼散射的研究获得了大量进展，这对获得碳纳米管的物理结构及其特性分析做出了重大贡献。

单壁碳纳米管的典型拉曼光谱如图 3-36 所示[59-62]。该光谱主要包括以下几个特征峰：位于 1500～1600 cm^{-1} 的 G 峰，这是由完美的石墨晶格振动造成的；位于～1300 cm^{-1} 的 D 峰，这是由碳纳米管中拓扑结构的破坏造成的；位于～2600 cm^{-1} 的 G′峰，即 D 峰的二次谐波；一系列位于 400～1200 cm^{-1} 的小峰，这些峰对应于中频声子模式(IFM)和光学-声学结合模式(iTOLA)。除了这些与平面石墨烯类似的模式外，碳纳米管的拉曼光谱还具有径向呼吸模式(RBMs)，该模式对于单壁碳

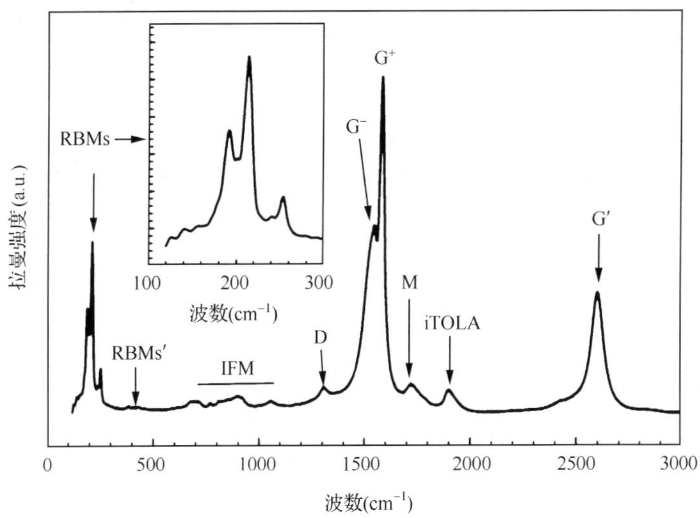

图 3-36　单壁碳纳米管的典型拉曼图谱[59-62]

纳米管和双壁碳纳米管尤为显著。位于～1750 cm^{-1}的 M 峰是 RBMs 和 G 峰的结合。

单壁碳纳米管和双壁碳纳米管的 RBMs 一般发生在～200 cm^{-1}，和碳纳米管的径向运动相关。碳纳米管的 RBMs 频率具有显著的管径依赖关系，因此可以有效地用于研究单壁碳纳米管和双壁碳纳米管的直径。

D 峰与杂乱或缺陷的石墨结构有关，即石墨的长程有序和对称结构被破坏(如缺陷、非六元环等)。因此往往可以利用该特征检验碳纳米管的质量。尽管如此，采用 D 峰和 G 峰的比例来研究碳纳米管的质量却仅当不同碳纳米管样品具有相似的结构(层数、直径等)和相似的测试条件时才能使用。这是因为该比例依赖于共振散射过程和激发能量。对于单壁碳纳米管，G 峰分裂为两个峰，即 G^- 峰和 G^+ 峰，这与圆周方向和轴向的原子取代有关。因此，本质上 G^- 峰取决于碳纳米管的直径，而 G^+ 则没有该特征。然而，如果存在掺杂物(如碱金属等)，G^+ 峰会发生位移。

参 考 文 献

[1] Dai H J, Rinzler A G, Nikalaev P, et al. Single-wall nanotubes produced by metal-catalyzed disproportionation of carbon monoxide. Chemical Physics Letters, 1996, 260(3-4): 471-475.

[2] Cheng H M, Li F, Sun X, et al. Bulk morphology and diameter distribution of single-walled carbon nanotubes synthesized by catalytic decomposition of hydrocarbons. Chemical Physics Letters, 1998,289(5-6):602-610.

[3] Maruyama S, Kojima R, Miyauchi Y, et al. Low-temperature synthesis of high-purity single-walled carbon nanotubes from alcohol. Chemical Physics Letters ,2002,360:229-234.

[4] Hata K, Futaba D N, Mizuno K, et al. Water-assisted highly efficient synthesis of impurity-free single-walled carbon nanotubes. Science. 2004,306:1362-1364.

[5] Baker R T K, Chludzinski J J. Filamentous carbon growth on nickel-iron surfaces: the effect of various oxide additives. Journal of Catalysis,1980, 64(2): 464-478.

[6] Hahm M G, Kown Y K, Lee E, et al. Diameter selective growth of vertically aligned single walled carbon nanotubes and study on their growth mechanism. The Journal of Chemical Physics, 2008, 112(44): 17143-17147.

[7] 朱宏伟，吴德海，徐才录. 碳纳米管. 北京：机械工业出版社，2003:26-27.

[8] Eatemadi A, Daraee H, Karimkhanloo H, et al. Carbon nanotubes: properties, synthesis, purification, and medical applications. Nanoscale Research Letters, 2014, 9(1): 1-13.

[9] Loiseau A, Launois P, Roche S, et al. Understanding Carbon Nanotubes form Basics to Application. Beijing: Science Press ,2008.

[10] 王绵远. 燃烧法合成碳纳米管火焰形态选择的数值模拟. 北京：华北电力大学硕士学位论文，2014.

[11] 王金刚，彭汝芳，朱根华，等. 燃烧法制备富勒烯研究进展. 材料工程，2008,(10):229-301.

[12] 李红晋，李德永. 碳的第三种同素异形体——富勒烯的制备. 山西化工，2005,(2):12-14.

[13] Novoselov K S, Geim A K, Morozov S V, et al. Electric field effect in atomically thin carbon films. Science, 2004, 306(5696): 666-669.

[14] Hernandez Y, Nicolosi V, Lotya M, et al. High-yield production of graphene by liquid-phase exfoliation of graphite. Nature Nanotechnology, 2008, 3(9): 563-568.

[15] Lotya M, Hernandez Y, King P J, et al. Liquid phase production of graphene by exfoliation of graphite in surfactant/water solutions. Journal of the American Chemical Society, 2009, 131(10): 3611-3620.

[16] Dreyer D R, Park S, Bielawski C W, et al. The chemistry of graphene oxide. Chemical Society Reviews, 2010, 39(1): 228-240.

[17] Dikin D A, Stankovich S, Zimney E J, et al. Preparation and characterization of graphene oxide paper. Nature, 2007, 448(7152): 457-460.

[18] Jang B Z, Zhamu A. Processing of nanographene platelets (NGPs) and NGP nanocomposites: a review. Journal of Materials Science, 2008, 43(15): 5092-5101.

[19] Kalaitzidou K, Fukushima H, Drzal L T. Multifunctional polypropylene composites produced by incorporation of exfoliated graphite nanoplatelets. Carbon, 2007, 45(7): 1446-1452.

[20] Hass J, Millán-Otoya J E, First P N, et al. The interface structure of epitaxial graphene grown on 4H-SiC (0001). Physical Review B, 2008, 78:205424.

[21] Kim K S, Zhao Y, Jang H, et al. Larg-scale pattern growth of graphene films for stretchable transparent electrodes. Nature, 2008, 457:706-710.

[22] Li X, Cai W, An J, et al. Large-area synthesis of high-quality and uniform graphene films on copper foils. Science, 2009, 324(5932): 1312-1314.

[23] Vlassiouk I, Regmi M, Fulvio P, et al. Role of hydrogen in chemical vapor deposition growth of large single-crystal graphene. ACS Nano, 2011, 5(7): 6069-6076.

[24] Sun Z, Yan Z, Yao J, et al. Growth of graphene from solid carbon sources. Nature, 2010, 468(7323): 549-552.

[25] Li Z, Wu P, Wang C, et al. Low-temperature growth of graphene by chemical vapor deposition using solid and liquid carbon sources. ACS Nano, 2011, 5(4): 3385-3390.

[26] Hao Y, Bharathi M S, Wang L, et al. The role of surface oxygen in the growth of large single-crystal graphene on copper. Science, 2013, 342(6159): 720-723.

[27] Yan Z, Lin J, Peng Z, et al. Toward the synthesis of wafer-scale single-crystal graphene on copper foils. ACS Nano, 2012, 6(10): 9110-9117.

[28] Kim S M, Hsu A, Lee Y H, et al. The effect of copper pre-cleaning on graphene synthesis. Nanotechnology, 2013, 24(36): 365602.

[29] Zhang B, Lee W H, Piner R, et al. Low-temperature chemical vapor deposition growth of graphene from toluene on electropolished copper foils. ACS Nano, 2012, 6(3): 2471-2476.

[30] Zhang Y, Zhang L, Kim P, et al. Vapor trapping growth of single-crystalline graphene flowers: synthesis, morphology, and electronic properties. Nano Letters, 2012, 12(6): 2810-2816.

[31] Li Q, Chou H, Zhong J H, et al. Growth of adlayer graphene on Cu studied by carbon isotope labeling. Nano Letters, 2013, 13(2): 486-490.

[32] Li X, Cai W, Colombo L, et al. Evolution of graphene growth on Ni and Cu by carbon isotope labeling. Nano Letters, 2009, 9(12): 4268-4272.

[33] Kim H K, Mattevi C, Calvo M R, et al. Activation energy paths for graphene nucleation and growth on Cu. ACS Nano, 2012, 6(4): 3614-3623.

[34] Li X, Magnuson C W, Venugopal A, et al. Graphene films with large domain size by a two-step chemi-

cal vapor deposition process. Nano Letters, 2010, 10(11): 4328-4334.

[35] Robinson V N E, Robins J L. Nucleation kinetics of gold deposited onto UHV cleaved surfaces of NaCl and KBr. Thin Solid Films, 1974, 20(1): 155-175.

[36] Gao J, Yip J, Zhao J, et al. Graphene nucleation on transition metal surface: structure transformation and role of the metal step edge. Journal of the American Chemical Society, 2011, 133(13): 5009-5015.

[37] Zhang W, Wu P, Li Z, et al. First-principles thermodynamics of graphene growth on Cu surfaces. The Journal of Physical Chemistry C, 2011, 115(36): 17782-17787.

[38] Li X, Magnuson C W, Venugopal A, et al. Large-area graphene single crystals grown by low-pressure chemical vapor deposition of methane on copper. Journal of the American Chemical Society, 2011, 133(9): 2816-2819.

[39] Geng D, Wu B, Guo Y, et al. Uniform hexagonal graphene flakes and films grown on liquid copper surface. Proceedings of the National Academy of Sciences, 2012, 109(21): 7992-7996.

[40] Wu Y A, Fan Y, Speller S, et al. Large single crystals of graphene on melted copper using chemical vapor deposition. ACS Nano, 2012, 6(6): 5010-5017.

[41] Artyukhov V I, Liu Y, Yakobson B I. Equilibrium at the edge and atomistic mechanisms of graphene growth. Proceedings of the National Academy of Sciences, 2012, 109(38): 15136-15140.

[42] Witten J T A, Sander L M. Diffusion-limited aggregation, a kinetic critical phenomenon. Physical Review Letters, 1981, 47(19): 1400-1403.

[43] Burton W K, Cabrera N, Frank F C. Role of dislocations in crystal growth. Nature, 1949, 163(4141): 398-399.

[44] Ferrari A C, Meyer J C, Scardaci V, et al. Raman spectrum of graphene and graphene layers. Physical Review Letters, 2006, 97(18): 187401-187404.

[45] Fan S, Chapline M G, Franklin N R, et al. Self-oriented regular arrays of carbon nanotubes and their field emission properties. Science, 1999, 283(5401): 512-514.

[46] Qi X, Zhong W, Deng Y, et al. Synthesis of helical carbon nanotubes, worm-like carbon nanotubes and nanocoils at 450C and their magnetic properties. Carbon, 2010, 48(2): 365-376.

[47] Qin L C, Iijima S. Structure and formation of raft-like bundles of single-walled helical carbon nanotubes produced by laser evaporation. Chemical Physics Letters, 1997, 269(1): 65-71.

[48] Liu M, Cowley J M. Structure of the helical carbon nanotubes. Carbon, 1994, 32: 393-403.

[49] Liu Z, Qin L C. A direct method to determine the chiral indices of carbon nanotubes. Chemical Physics Letters, 2005, 408(1): 75-79.

[50] Terrones M, Terrones H, Grobert N, et al. Efficient route to large arrays of CN_x nanofibers by pyrolysis of ferrocene/melamine mixtures. Applied Physics Letters, 1999, 75(25): 3932-3934.

[51] Smith J, Hamilton R, Qi Y, et al. The influence of film morphology in high-mobility small-molecule: polymer blend organic transistors. Advanced Functional Materials, 2010, 20(14): 2330-2337.

[52] Wong E W, Sheehan P E, Lieber C M. Nanobeam mechanics: elasticity, strength, and toughness of nanorods and nanotubes. Science, 1997, 277(5334): 1971-1975.

[53] Walters D A, Ericson L M, Casavant M J, et al. Elastic strain of freely suspended single-wall carbon nanotube ropes. Applied Physics Letters, 1999, 74(25): 3803-3805.

[54] Sanchez-Valencia J R, Dienel T, Gröning O, et al. Controlled synthesis of single-chirality carbon nanotubes. Nature, 2014, 512(7512): 61-64.

[55] Czerw R, Terrones M, Charlier J C, et al. Identification of electron donor states in *N*-doped carbon nanotubes. Nano Letters, 2001, 1(9): 457-460.

[56] Goldoni A, Petaccia L, Gregoratti L, et al. Spectroscopic characterization of contaminants and interaction with gases in single-walled carbon nanotubes. Carbon, 2004, 42(10): 2099-2112.

[57] Fleming L, Ulrich M D, Efimenko K, et al. Near-edge absorption fine structure and UV photoemission spectroscopy studies of aligned single-walled carbon nanotubes on Si (100) substrates. Journal of Vacuum Science & Technology B, 2004, 22(4): 2000-2004.

[58] Hollas J M. Modern Spectroscopy. West Sussex John Wiley & Sons, 2004: 452.

[59] Dresselhaus M S, Dresselhaus G, Saito R, et al. Raman spectroscopy of carbon nanotubes. Physics Reports, 2005, 409(2): 47-99.

[60] Dillon A C, Parilla P A, Alleman J L, et al. Systematic inclusion of defects in pure carbon single-wall nanotubes and their effect on the Raman D-band. Chemical Physics Letters, 2005, 401(4): 522-528.

[61] Choi H C, Kim S Y, Jang W S, et al. X-ray photoelectron spectroscopy studies of double-walled carbon nanotube bundles synthesized using thermal chemical vapor deposition. Chemical Physics Letters, 2004, 399(1): 255-259.

[62] Pfeiffer R, Simon F, Kuzmany H, et al. Fine structure of the radial breathing mode of double-wall carbon nanotubes. Physical Review B, 2005, 72(16): 161404(1-4).

第4章　基于碳纳米材料的柔性透明导电薄膜

随着对电子器件功能多样化需求的不断提供，可弯折的电子器件，如柔性显示器、柔性电源、柔性触摸屏等新型电子器件已经走入了人们的生活。作为这些柔性电子器件的基本组成部分——透明电极也相应背负上了柔性化的发展使命。

透明导电薄膜是指在可见光范围内（$\lambda=380\sim780$ nm）有较高的透光率，导电性优良（电阻率一般低于 10^3 Ω·cm）的薄膜材料。从物理学的角度来看，物质的透光性和导电性是一对矛盾体。为了使材料具有导电性，按照能带理论，要求在其费米球附近的能级分布密集，被电子占据的满价带能级和空导带能级之间不存在带隙，但这样当有入射光进入时，很容易产生内光电效应，光子由于激发电子失去能量而衰减；而从透光性的角度不希望产生内光电效应，就要求其禁带宽度必须大于光子能量。因此透明就意味着材料的禁带宽度大（$E_g>3$ eV）而自由电子少，导电就意味着材料的自由电子多就像金属，从而不透明。只有能同时满足这两种条件的材料才能使用在透明导电薄膜上。

此外，在柔性基板上制备机械性能出色的透明导电薄膜（transparent conducting film，TCF）作为电极是柔性电子器件的一个技术难点。一般要求电极层具有较高的电导率和可见光透光率，较好的机械性能，可以在低温下制备，且与柔性基板有较好的附着力。

氧化铟掺锡（ITO）透明电极一直是电子器件中的明星材料，其具有很好的透过性和电导率，又具有较高的逸出功而利于空穴的注入。但是由于其机械性能过差、制备所需温度过高而不易于在柔性基板上制备等，严重限制了其在柔性电子器件中的应用。并且ITO中不可避免地用到储量有限且价格昂贵的铟元素。经掺杂的氧化锌薄膜可得到较好的电导率，且由于其易于大面积制作、价格低廉、无毒等优势，也受到了广泛的关注和深入研究，但其柔韧性也不尽可观。这是因为氧化物本身具有脆性大的缺点，即便能够在柔性基底上制备薄膜，所得到的透明导电膜的耐弯折性也并不理想。为了改善氧化物薄膜的柔韧性，并考虑到金属优越的延展性能，氧化物/Ag/氧化物复合膜层被提出并在柔性器件中得到了应用。但该电极在高导电、透明、抗弯曲等方面仍达不到应用需求。因此，寻找一种廉价、制备简便、取材广泛并且易于集成于柔性器件的透明导电薄膜材料具有重要的意义。

4.1　基于碳纳米管的柔性透明导电薄膜

碳纳米管是日本 NEC 公司的 Iijima 于 1991 年用透射电子显微镜分析电弧法产生的石墨阴极沉积物时发现并命名的。碳纳米管作为一维的纳米材料，其结构是由具有完美六边形的石墨层卷曲而成的空心筒状结构，有许多优良的力学、光学、电学、场发射和热力学性能。碳纳米管的杨氏模量达到 1.8×10^{12} Pa，为钢的 100 倍，应变能达到 100 keV，抗弯曲强度达到 14.2 GPa。长度大于 10 nm 的碳纳米管的导热系数达到 6600 W/(m·K)。近年来随着对碳纳米管研究的不断深入，其应用前景也渐渐地展现出来，尤其是在光电领域的应用研究备受青睐。

碳纳米管透明导电薄膜因其优异的透光性、导电性和可挠性等方面的特性被视为 ITO 透明导电薄膜最具前景的替代品之一。对于碳纳米管，科研人员从材料制备、掺杂改性、制膜方式、图案化以及器件应用等角度开展了系统的研究。与其他 ITO 的替代材料(导电高分子、银纳米线、铜网格)相比，基于碳纳米管的透明导电薄膜在导电性能及可见光透光率方面虽无明显优势，但其突出的化学稳定性、良好的基底贴合性、优异的机械柔性，以及可以大量制备并适合连续化制膜的优势使其在新型透明导电薄膜，特别是柔性透明导电薄膜研究领域仍占有重要的地位。除了直接采用碳纳米管作为导电材料，基于碳纳米管：导电聚合物、碳纳米管：石墨烯等材料的柔性透明电极也获得了大量研究。

4.1.1　碳纳米管薄膜

目前关于碳纳米管薄膜的成熟制备方法主要有湿法和干法两种。湿法制备主要是先将碳纳米管分散到溶液里并形成稳定均一的分散液，然后通过各种方法沉积到基底上。其沉积方法较多，主要有真空抽滤法、旋涂法、喷涂法、浸涂法、喷墨打印法和电沉积法等。干法制备是采用转移方法制备碳纳米管薄膜，到目前为止最有效的方法是先长出碳纳米管阵列再拉成薄膜。

真空抽滤法、旋涂法、喷涂法、浸涂法、喷墨打印法和电沉积法等液相成膜的方法很多都易于实现连续化制膜。例如，采用简单的真空抽滤方法和后续转移方法可以获得超薄(240 nm)、透明、高导电的单壁碳纳米管薄膜，见图 4-1。采用真空抽滤具有如下优势：首先，容易获得厚度均匀的薄膜，抽滤过程存在一个自我反馈过程，即当某个区域厚度太厚时，对应区域的抽滤速度下降，从而有利于薄膜厚度的均一化；其次，由于滤膜的孔径极小，分散良好的碳纳米管之间会发生大量接触，从而有利于薄膜导电性的增加；最后，通过精确控制溶液中碳纳米管的浓度和溶液体积，可以精确控制碳纳米管薄膜的厚度。采用该方法制备出可转移至柔性基底上的单壁碳纳米管薄膜，其在可见光区的透光率达 70%以上、在近红外区的透光率高于 90%,方阻可以达到与 ITO 同等的数量级(30 Ω/□)。真空抽滤法的优点是操作方便快捷,而且成膜的均匀性和膜厚较容易控制。但是受限于抽滤装置的尺寸很难实现大面积成膜,这也是限制此方法发展的主要因素。

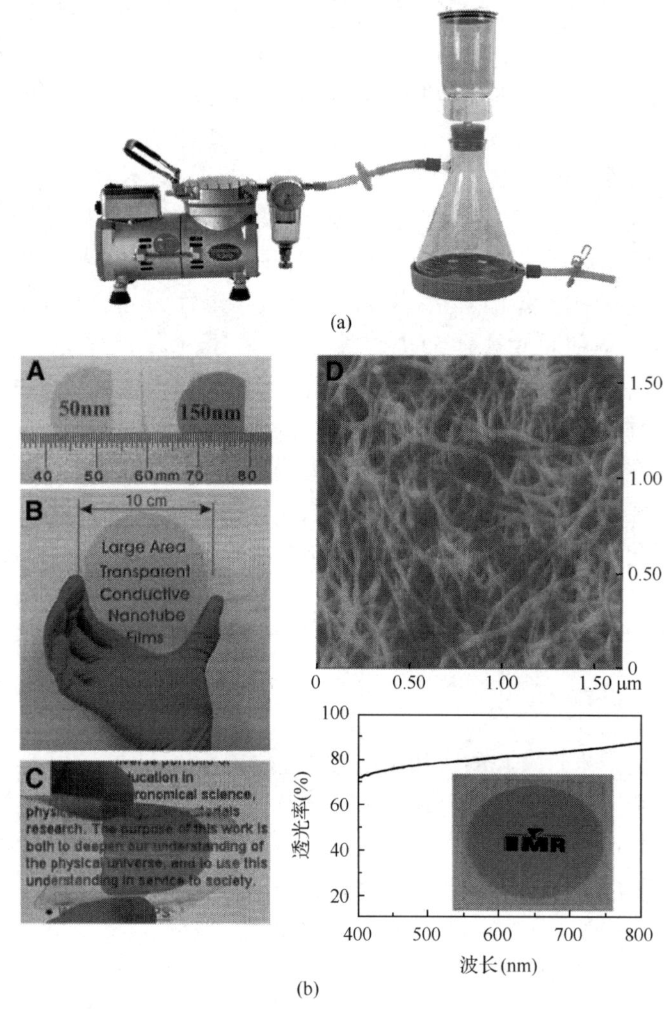

图 4-1 真空抽滤法制备碳纳米管电极

(a)真空抽滤装置;(b)采用真空抽滤法制备的碳纳米管柔性透明电极[1,2]

除了真空抽滤法外,旋涂法也是一种快速制备均匀薄膜的有效方法。旋涂法是一种常用的有机薄膜成膜工艺,现在也常用于制备碳纳米管薄膜(图 4-2)。该方法是将透明基底吸在高速旋转的转盘上,在转盘旋转的过程中将碳纳米管分散液滴在基底上,使溶液在离心力作用下在基底上铺展成膜,高效快捷,并可通过控制旋涂的转速和时间来控制薄膜厚度,然而该方法对溶液均匀性、稳定性、黏度、溶剂挥发性等的要求较高。碳纳米管由于彼此的范德华力作用而倾向于聚集，因此能否获得具有高分散性的碳纳米管溶液是采用该方法制备柔性透明电极的关键。可以通过选择表面活性剂的种类和浓度来改善碳纳米管的分散性而不影响导电性，如以聚三烷基噻吩作为表面活性剂。旋涂法能够简易地实现在各种基底上沉积柔性透明导电薄膜，可以得到均匀且厚度很小的薄膜，但大面积连续化的制备方式并不适用。

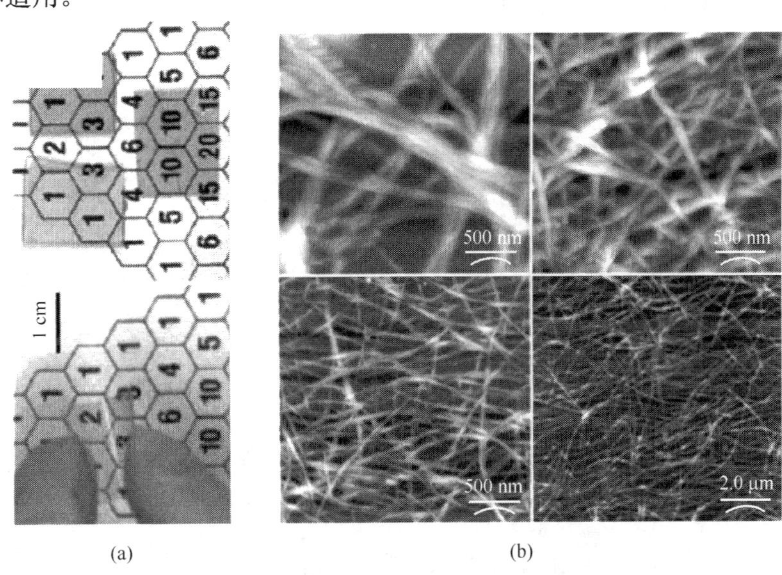

(a)　(b)

图 4-2　碳纳米管薄膜制备及其 AFM 图

(a)采用旋涂方法制备的碳纳米管薄膜；(b)该样品的 AFM 图[3]

相对于真空抽滤法和旋涂法，浸渍提拉法（即浸涂法）更适用于大面积薄膜的均匀制备，同时该方法对溶液的分散性要求不高。浸渍提拉法是将整个洗净的基板浸入预先制备好的溶胶中，然后以精确控制的均匀速度将基板平稳地从溶胶中提拉出来，在黏度和重力作用下基板表面形成一层均匀的液膜，紧接着溶剂迅速蒸发，于是附着在基板表面的溶胶迅速凝胶化而形成一层凝胶膜[图 4-3(a)]。薄膜的厚度取决于溶胶的浓度、黏度和提拉速度。

Mirri 等[4]报道了一种用浸渍提拉法制备高性能碳纳米管透明导电薄膜的研究，他们将超长碳纳米管（长度～10 μm）直接分散在氯磺酸中，不需要经过超声分散，减少了对碳纳米管的破坏。通过调节涂覆速度、碳纳米管溶液的浓度和后续掺杂的程度，可以很好地控制该透明导电薄膜的性能，实现了高性能透明导电薄膜的大面积制备。该导电薄膜的方阻约为 100 Ω/□，可见光透光率约为 90%。然而浸渍提拉法通常需要碳纳米管溶液对基底有良好的润湿性。因此在不能对碳纳米管溶液进行充分设计时，可优先选择对基底的表面进行改性。例如，采用 3-氨基丙

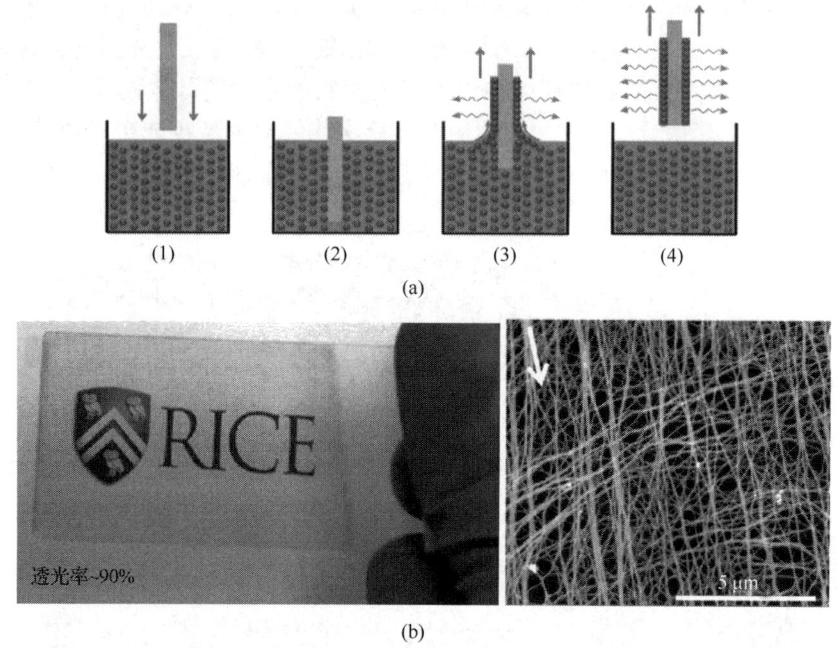

图 4-3 浸渍提拉法制备的碳纳米管电极

(a)浸渍提拉法示意图;(b)采用浸渍提拉法制备的碳纳米管透明电极与其 SEM 图

基三乙氧基硅烷(APTS)来改善聚对苯二甲酸乙二醇酯(PET)柔性基底的润湿性。

以上所述的方法对大面积连续化薄膜的制备并不适用。喷涂法是连续化制备透明导电薄膜的常用方法,对于制备碳纳米管柔性透明薄膜同样具有大面积、连续化作业的优势。喷涂法是将碳纳米管分散液直接喷于基底上的工艺,成膜效率非常高,适合制备大面积薄膜,薄膜厚度可以通过控制喷涂流量、时间和溶液浓度进行良好控制。Blackburn 等[5]制备了碳纳米管分散液,并首次将其用于喷涂法制备透明导电薄膜,他们还进一步将此方法改进为超声喷涂,得到了 10μm 范围内表面粗糙度小于 3 nm 的大面积超平整碳纳米管膜,且方阻小于 50 Ω/□。该方法对于卷对卷生产工艺也非常适用。研究表明,经过特殊处理,如经过硝酸处理,碳纳米管薄膜能够在水中自然脱离基底,形成 20～150 nm 厚的独立膜,并可以被转移至其他柔性基底,见图 4-4。

线棒涂膜法也是另外一种适于连续化制膜的方法,可以采用迈耶棒(Mayer rod)式涂布法大规模制备单壁碳纳米管透明导电薄膜,见图 4-5。这是一种最简便的涂布方法,在实验室、测试等方面应用,能够制备出各种涂布厚度的薄膜,以满足测试需求。通过调配出适合的表面活性剂,使膜液具有最理想的流变性和润湿性,

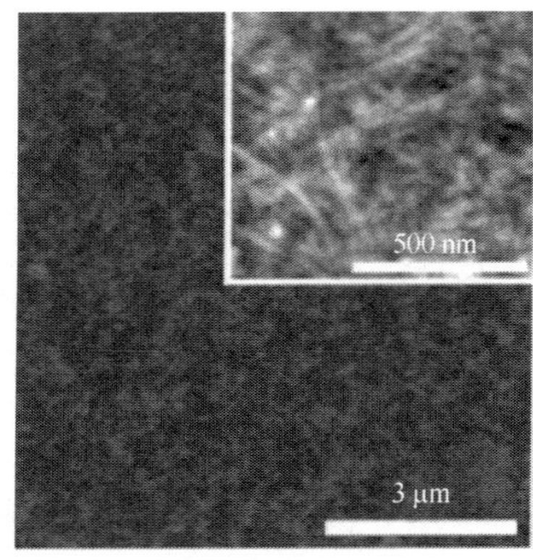

(a)

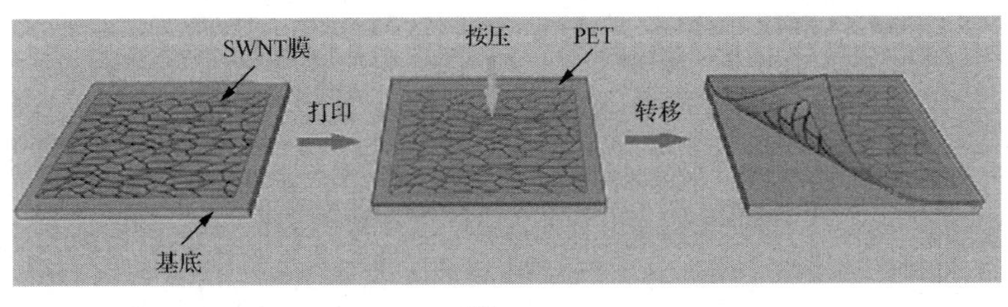

(b)

图 4-4　碳纳米管导电薄膜及其转移示意图

(a)基于喷涂工艺制备的碳纳米管导电薄膜；(b)利用转移印刷法将碳纳米管薄膜从基底转移到PET 过程示意图[6]

不仅有利于涂膜过程的进行，对于得到的碳纳米管薄膜的光电性质也有很重要的调节作用。采用该方法得到的碳纳米管薄膜的方阻约为 100 Ω/□，可见光透光率约为 70%[7]。

以上介绍的几种碳纳米管薄膜的制备技术可以较方便地实现整体薄膜的制备，如何制备具有图形的碳纳米管电极是电子器件制备过程中必须首先解决的问题，喷墨技术很好地解决了这个问题。喷头从微孔板上吸取探针试剂后移至处理过的支持物上，通过热敏或声控等形式喷射器的动力把液滴喷射到支持物表面。喷墨将细小的黑色或彩色墨滴喷射到纸面。喷墨打印技术由于具有不需经过光刻就能制备出各种复杂图案，并且对材料的利用率高等优点，近几年来受到了广泛关注。用喷墨打印机将多壁碳纳米管分散液打印在纸上，得到了导电性能良好且与纸的结合力牢固的碳纳米管膜[8]。随后，喷墨打印技术将聚乙烯醇功能化的单壁碳纳米管制成方阻仅为 225 Ω/□的薄膜，这为实现低成本电子产品的应用提供了机会[9]。

以上介绍的各种制膜方法均为湿法制备技术。湿法制备技术的关键是碳纳米

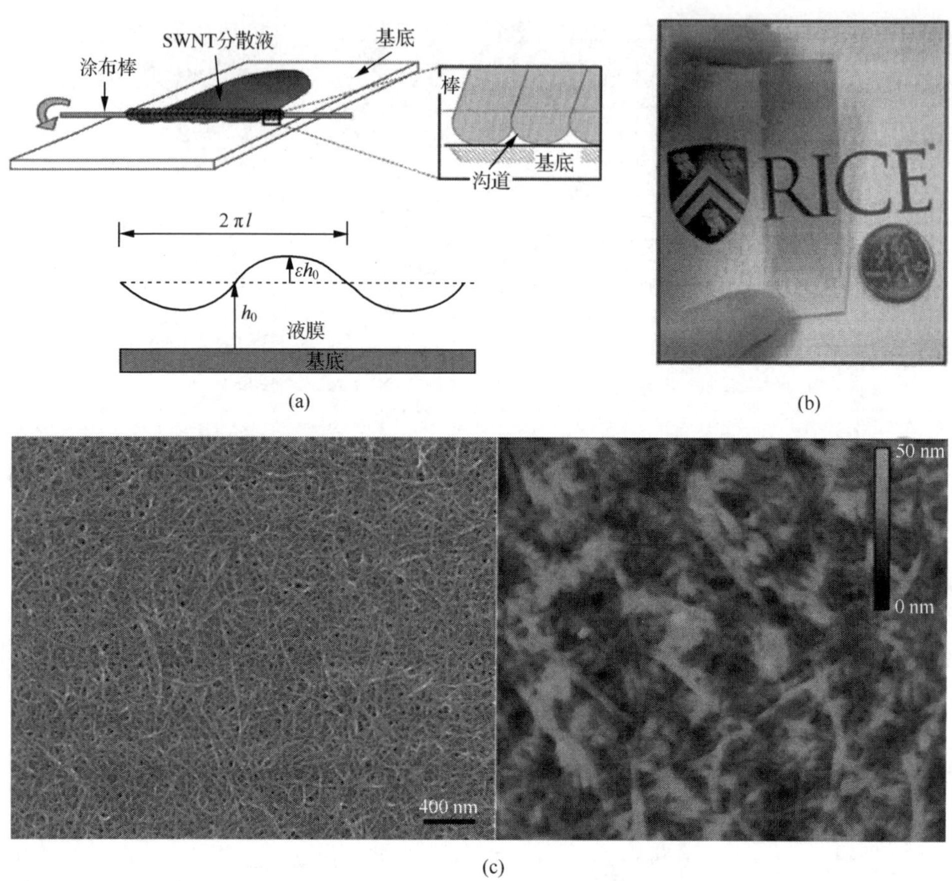

图 4-5 涂布法制备碳纳米管薄膜[7]

(a)涂布法示意图；(b)采用涂布法制备的碳纳米管薄膜；(c)采用涂布法制备的碳纳米管薄膜的 SEM 图和 AFM 图

h_0. 平均薄膜厚度

管的分散问题，其决定着薄膜后期的成膜质量以及最终薄膜的透明性及导电性，因此，分散剂的选择对制备高稳定性的碳纳米管分散液至关重要。虽然高极性的有机溶剂如 N,N-二甲基甲酰胺、N-甲基吡咯烷、六甲基磷酰胺和四氢呋喃等对碳纳米管有良好的溶解性，但是它们的溶解性与碳纳米管的制备方法有关，通常还是希望使用更加安全的水溶液为溶剂，此时使用合适的表面活性剂或聚合物对于改善分散性有良好效果。通过表面电荷排斥、空间位阻效应、长链分子缠绕等原理将碳纳米管相互隔开，实现碳纳米管的分散。但是，表面活性剂的使用对于薄膜的导电性有很大影响，需要进行后处理来消除表面活性剂的影响。

相比于采用湿法技术制备碳纳米管柔性透明电极，最近兴起的干法制备技术在获得碳纳米管薄膜的高导电性和高可见光透光率方面具有更为出色的潜在表现。其中，较成熟的制备方法是从碳纳米管阵列中“拉”出碳纳米管薄膜(图 4-6)。研究发现，只有被称为“超顺排”(superaligned arrays)的碳纳米管阵列才可以直接拉出线，拉出的线放大后是一层很薄的膜，由很多几百纳米粗的细丝平行排列组成。基于此项工作，纯粹由碳纳米管制成的货真价实的宏观器件已依稀可辨。采用该方法可以从多壁碳纳米管阵列中连续化抽拉得到宽度为 5 cm、长达 1 m 的平行排列的碳纳米管薄膜。这种碳纳米管柔性透明电极是利用化学方法生长的，通过拉丝处理，1 cm 宽的薄膜的生产速率可达 7 m/min，而商业毛纺织品的生产速率也为 7 m/min，由此可见其惊人的生长效率。对于干法制备的碳纳米管薄膜，其处理过程非常慢，然而该方法提出的固态生长法可以使用性能最优化的超长碳纳米管，同时还能编织规则的碳纳米管阵列，制备各向异性的高导电碳纳米管导电薄膜。此外，该多功能薄膜具有很高的机械强度，并且作为透明导电薄膜可以达到高于

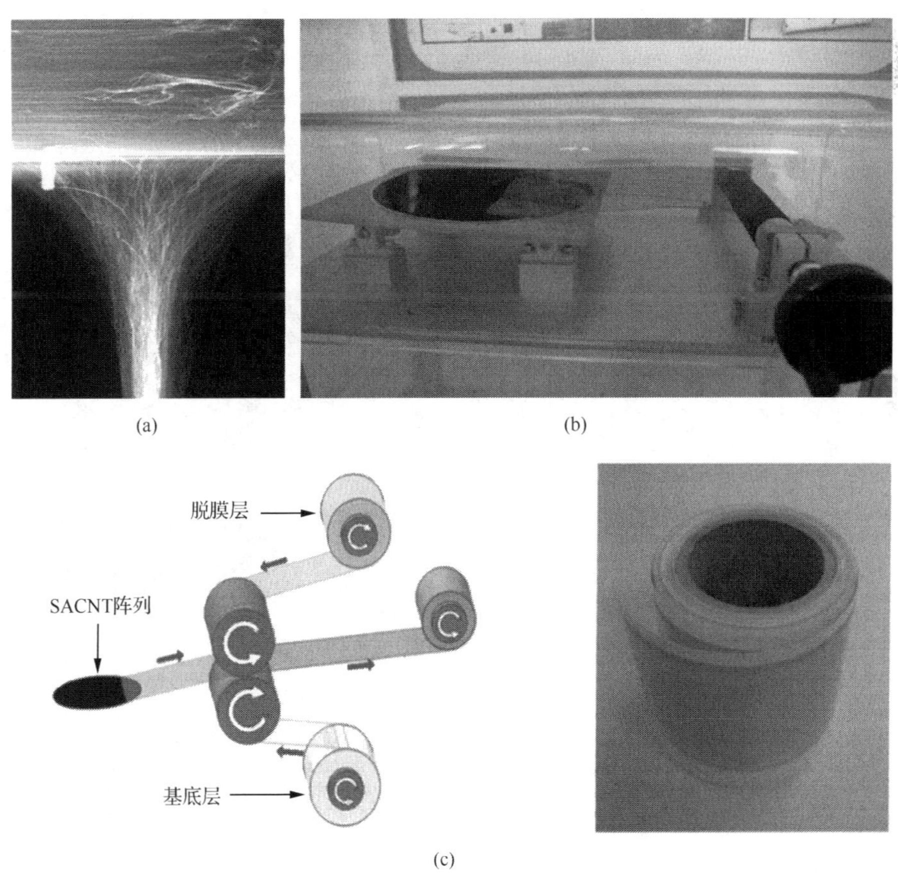

图 4-6　卷对卷方式制备碳纳米管透明导电膜

(a)从碳纳米管阵列中连续拉出的碳纳米管膜的 SEM 图；(b)实物图；(c)基于卷对卷方式制备透明导电膜

85%的透光率和 700 Ω/□的方块电阻[10]。这种对取向碳纳米管阵列进行“抽取”而得到透明导电薄膜的方法由于制备过程简单、可连续化制备而具有很高的实用价值。进一步，基于卷对卷技术制备了高柔性和耐磨损性的透明导电薄膜[11]。这种碳纳米管透明导电薄膜具有制备简单、廉价的优势，虽然单纯碳纳米管薄膜的性能相比 ITO 还稍有差距，但其性能还有进一步优化的空间。

此外，通过浮动催化剂化学气相沉积技术可以直接生长出自支撑的单壁碳纳米管薄膜。基于自支撑碳纳米管薄膜(厚度为 100 nm)的透明导电层具有 70%透光率和 50 Ω/□的方阻，并且该薄膜的机械性能比液相中形成的碳纳米管膜更优异[12]，这是因为碳纳米管束结合紧密。另外，可采用平版印刷技术将催化剂压到基底的特定区域上，并直接生长出碳纳米管网格，见图 4-7，这种方法大大提高了导电薄膜的电导率，明显改善了其透光率，透光率可达 94%[13]。

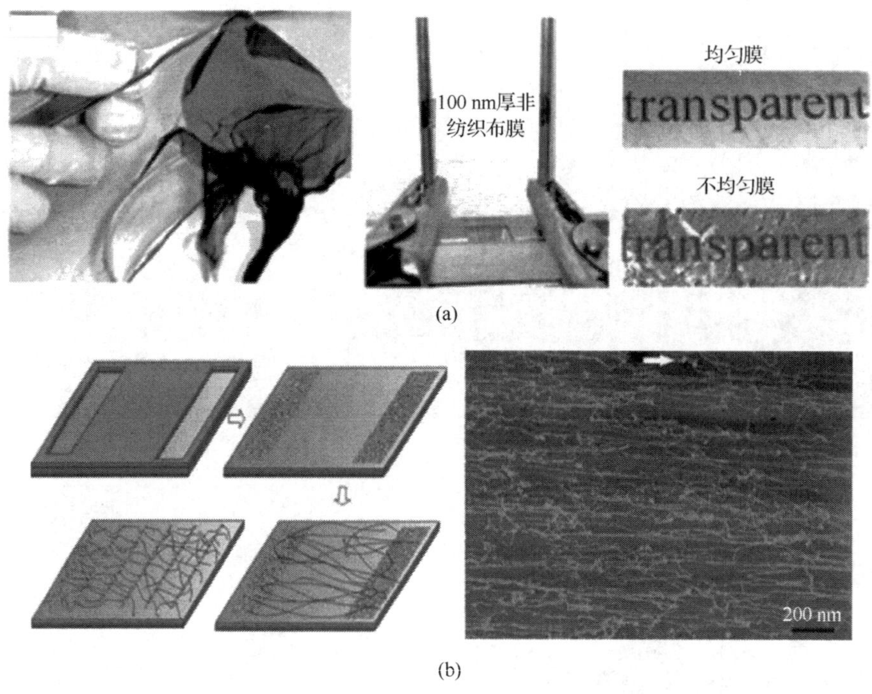

图 4-7　碳纳米管薄膜及网格的生长

(a)直接生长成的碳纳米管薄膜实物图；(b)碳纳米管网格的直接生长示意图与 SEM 图

干法制备技术目前还无法实现精确控制碳纳米管的手性和尺寸，并且受碳纳米管生长设备的限制也不能制备大面积的薄膜。但是由于其制备工艺简单、历时短、成本低，并且不会破坏碳纳米管的结构和长度而降低碳纳米管自身的电学性质，显示了其独特的优势。

4.1.2　碳纳米管/石墨烯复合薄膜

碳纳米管作为柔性透明导电膜近年来展示了很大的应用潜力，然而在性能上还有待进一步提高，除了对材料本身进行掺杂改性外，复合是一种很好的提升性能的手段。石墨烯具有高电子迁移率、高柔韧性、高化学稳定性和可见光范围内的高透光性，因此是制备柔性透明导电膜的理想材料。基于化学气相沉积法制备的石墨烯电极，由于大量缺陷及晶畴边界的存在，该电极难以同时获得高可见光透光率和高导电性；由于还原氧化石墨烯自身的导电性不足，基于该材料的透明电极同样无法表现出令人满意的光电性能。碳纳米管和石墨烯分别作为一维和二维碳纳米功能材料的代表在透光性和导电性上本身具有互补性，一维碳纳米管与二维石墨烯的复合将更具有实用价值，因此对基于二者的复合物薄膜的透光性和导电性进行了大量研究。

通过在还原石墨烯和多壁碳纳米管表面分别嫁接具有相反电极性的化学基团，可以使还原石墨烯和多壁碳纳米管在溶液中以静电结合的方式自发形成复合体，见图 4-8。该方法可以实现对复合薄膜导电性和可见光透光率的有效控制，此外进行一定的热处理可以进一步提升该复合薄膜的导电性[14]。采用自组装方法可以实现石墨烯-碳纳米管的层层自组装，该方法的独特之处在于当对表面进行图形化处理时，在形成叠层薄膜的同时可以实现电极的图形化。Yang 等[15]采用溶液法制备了还原石墨烯/碳纳米管叠层复合导电薄膜，碳纳米管作为桥梁，实现了石墨烯片之间的有效电学连接。该电极的透光率为 86%，方阻为 240 Ω/□。由于采用水合肼进行还原，因此该方法具有低温制备的优点，尤其适用于塑料柔性基底。

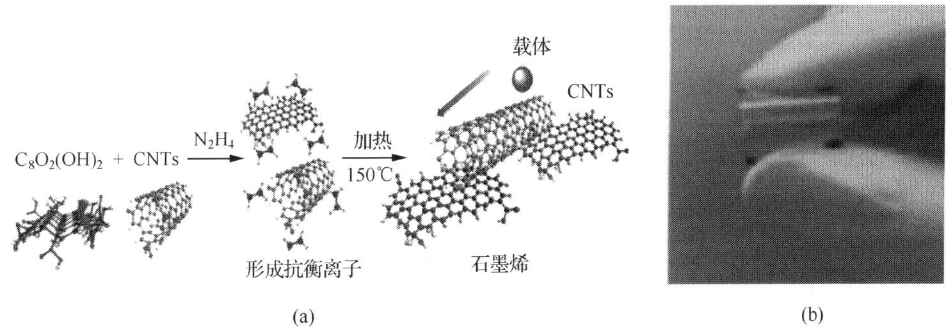

图 4-8　还原石墨烯/碳纳米管复合导电薄膜图

(a)制备示意图；(b)实物图

CVD 法能够制备出较高质量的石墨烯膜，然而通常高质量的石墨烯生长在不透明的金属基底上。因此将其作为柔性透明导电膜需要用到转移工艺。而该转移技术往往比石墨烯的生长技术更复杂。采用传统的转移技术将CVD石墨烯从金属基底表面转移至柔性基底上，需要将金属基底彻底溶解，因此在大规模应用中将增加制造成本，并造成资源的严重浪费。针对于此，科研人员开发出了可重复利用金属基底的新型转移技术，但由于转移过程中需要在石墨烯表面附着一层支撑层（如聚甲基丙烯酸甲酯、聚二甲基硅氧烷、热释胶带等），该支撑材料的残余将会影响石墨烯的导电性能，并造成石墨烯薄膜粗糙度的增加。尽管存在转移技术上的不足，CVD法制得的石墨烯相对于化学氧化还原制备的石墨烯具有更优越的物理化学性质，且可以大面积批量制备，因此实现高导电碳纳米管与CVD石墨烯复合有望获得高性能透明柔性电极。

图4-9(a)为CVD石墨烯/碳纳米管复合薄膜制备示意图[16]。首先采用常规的CVD技术在铜箔表面沉积单层石墨烯薄膜，其次将制备好的自支撑碳纳米管薄膜覆盖于石墨烯表面，通过在石墨烯和碳纳米管之间加入乙醇，并蒸发乙醇的过程，可以显著增加石墨烯与碳纳米管薄膜的附着力；然后在腐蚀液中去除铜箔，得到自支撑的石墨烯：碳纳米管复合薄膜；最后将该薄膜转移至柔性透明基板表面，形成柔性透明导电薄膜。该复合薄膜的可见光透光率达85%，方阻为220 Ω/□。

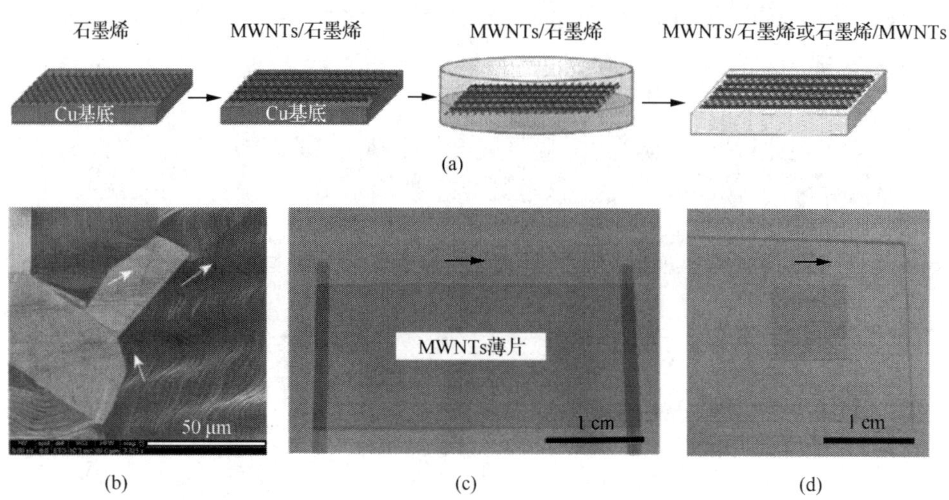

图4-9　CVD石墨烯/碳纳米管复合薄膜特性图[16]

(a)CVD石墨烯/碳纳米管复合薄膜制备示意图；(b)CVD石墨烯SEM图；(c)碳纳米管薄膜；(d)复合导电薄膜

4.1.3　碳纳米管/金属薄膜/氧化物叠层薄膜

CNTs薄膜因其自身优异的机械性能和光电性能而适用于透明导电领域的研究应用，尤其是其在经过数千次甚至上万次的弯曲后，仍能保持较好的光电性能，特别适合作为柔性材料。但由于目前研制出来的 CNTs 薄膜的电阻率相对较高，而且表面粗糙，限制了其应用范围。CNTs/Ag/AZO 叠层结构充分利用了碳纳米管、Ag 膜及 AZO(铝掺杂的氧化锌)薄膜各自的优点。该复合薄膜不仅具有良好的光电性能，而且能减少环境污染，降低制作成本，同时具备可挠性。由于金属 Ag 在薄膜厚度低于一定值时不仅能保持本身的高导电性，还具有较好的透光率，所以中间层 Ag 薄膜能很好地提高该多层薄膜的导电性能。AZO 薄膜具有与 ITO 薄膜相媲美的光电性能，AZO 薄膜能改善整个复合薄膜的透光性和表面形貌。尽管 AZO 薄膜在弯曲过程中容易破裂，但底层的碳纳米管和 Ag 薄膜可以起到“骨架”作用，从而保证复合薄膜的整体高导电性。

该复合薄膜的制备首先是通过喷涂法在柔性基板表面沉积 CNTs 薄膜，然后在 CNTs 薄膜上依次磁控溅射镀制 Ag 薄膜和 AZO 薄膜。经过 Ag 薄膜和 AZO 薄膜工艺参数优化后，可以得到性能优异的 CNTs/Ag/AZO 复合薄膜。碳纳米管及复合薄膜的 SEM 图见图 4-10。在可见光范围内复合薄膜取得的最高平均透光率为 72.3%；复合薄膜未弯曲时的方阻为 7.61 Ω/□，经过一定次数的弯曲后，方阻最终稳定在 9.6 Ω/□，且不再随弯曲次数的增加而变化。

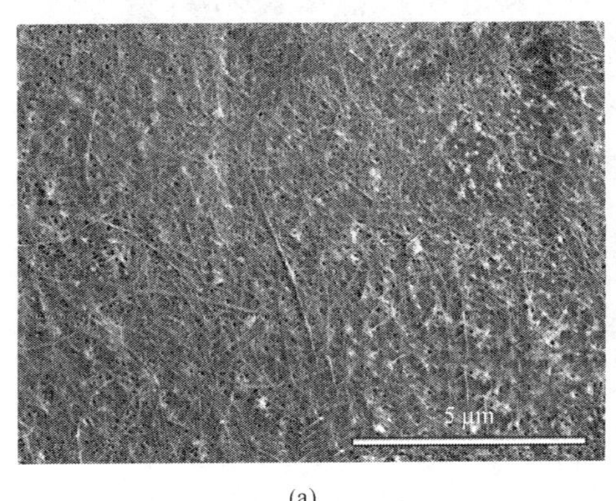

(a)

(b)

图 4-10　碳纳米管及其复合薄膜的 SEM 图

(a)碳纳米管薄膜的 SEM 图；(b)CNT/Ag/AZO 复合薄膜的 SEM 图

4.1.4　碳纳米管：导电聚合物复合薄膜

为了进一步提高碳纳米管薄膜的光电性能，必须对其做进一步的改善，包括表面方阻值、透光率、表面粗糙度等。碳纳米管透明导电薄膜的缺陷主要表现为以下几个方面：①碳纳米管交织形成的孔洞不仅影响了薄膜的导电率，且当其作为电子器件的电极时，与活性层的界面接触较差，在一定程度上影响了器件的载流子输运与复合；②网状碳纳米管膜层与基板的附着力较差，极易大面积脱落；③碳纳米管网状膜层容易对光形成散射，使得器件发光集中度降低，从而影响顶发射亮度。

导电聚合物具有一定的导电能力。通过在碳纳米管透明导电薄膜上继续沉积一层具有高电导率的聚合物，可制备成双层结构的柔性透明电极。这样，导电聚合物在填充碳纳米管交织形成的孔洞以平滑界面的同时，又可以对电极的表面逸出功进行修饰，从而较好地匹配了器件的能级结构。

最常用的导电聚合物是 PEDOT：PSS。通过在碳纳米管薄膜上继续沉积一层 PEDOT：PSS 薄层对其表面性能进行优化，可以获得多层结构的碳纳米管：PEDOT：PSS 透明导电薄膜。也可以配制碳纳米管：PEDOT：PSS 分散液，并直接制备成碳纳米管：PEDOT：PSS 复合薄膜，其 SEM 图及实物图见图 4-11。该复合薄膜具有优异的表面形貌、光电性能及机械性能，其表面方阻值为 220 Ω/□，透光率高达 84%，且在弯曲测试中依然保持稳定的电导率及透光率。

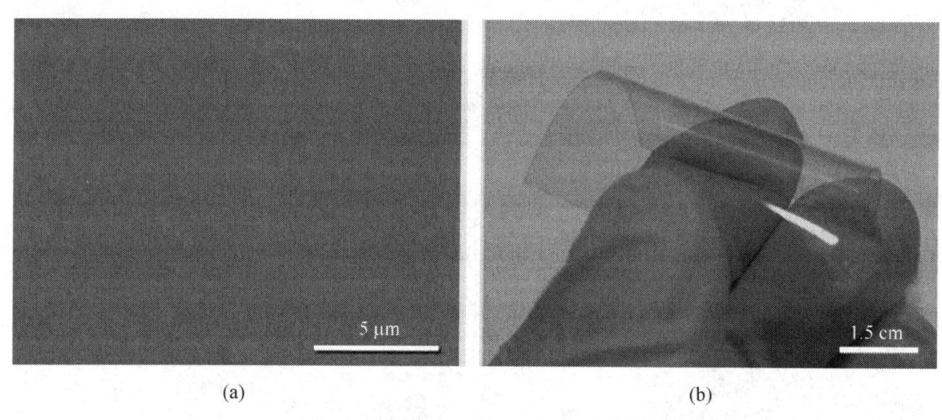

(a) (b)

图 4-11 碳纳米管：PEDOT：PSS 复合薄膜图

(a)SEM 图；(b)实物图

采用真空抽的方法分别将基于电弧法和一氧化碳法制备的单壁碳纳米管填充在 PEDOT：PSS 中。该复合薄膜的方阻为 80 Ω/□，可见光透光率为 75%。且经过 130 次弯曲后，电阻变化小于 1%[17]。

4.1.5 碳纳米管：纳米金属复合薄膜

金属是良好的导体，近几年来其纳米结构也常被用作碳纳米材料的复合组分，其中金属线由于是一维结构，对于透光性的影响较小而更受关注。此外，金属纳米材料与碳纳米管复合也可以获得具有高导电性、高可见光透光率的柔性透明电极。该金属纳米材料包括金属纳米颗粒及金属纳米线。对于金属纳米颗粒，最常用的办法是通过溶液法在碳纳米管薄膜表面包裹金属纳米颗粒，从而形成金属-碳纳米管异质结。原位生成的纳米颗粒可以有效地增加不同碳纳米管之间的电学连接

[图 4-12(a)],增加其导电性,从而提升薄膜的整体导电性。所采用的金属纳米颗粒可以是金、银、铂、镍、锡等,以及它们的复合材料[18]。此外,采用碳纳米管与金属纳米线的复合结构[图 4-12(b)]也可以显著提升材料的导电性能。经过优化,该电极的方阻仅为 4～24 Ω/□,可见光透光率达 82%。这是因为碳纳米管可以作为额外的导电通道,并起到连接金属纳米线的作用。同时,该碳纳米管网格可以起到支撑作用,从而提升薄膜的整体稳定性[19]。

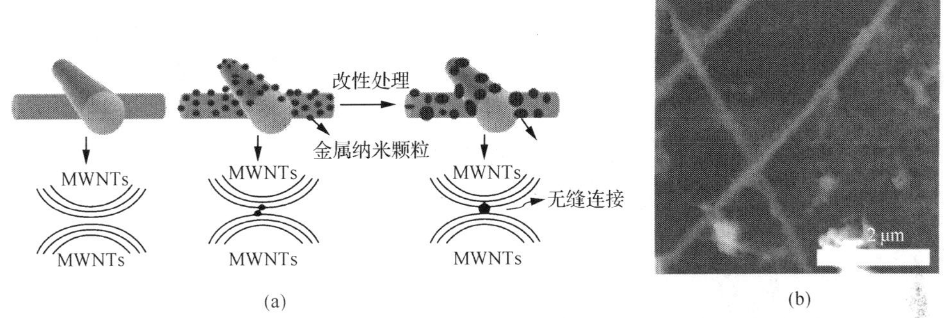

图 4-12　碳纳米管：纳米金属复合电学连接及结构图

(a)金属纳米颗粒增加碳纳米管之间电学连接的示意图[17];(b)碳纳米管/金属纳米线的复合结构的 AFM 图

综上所述,碳纳米管柔性透明电极的性能除了受成膜工艺的影响外,还受到碳纳米管自身类型、结构、缺陷、长度、网格排布以及碳纳米管网格之间的接触电阻等因素的影响。

一般认为单壁碳纳米管比多壁碳纳米管更适合于制备碳纳米管柔性透明电极,因为单壁碳纳米管相对来说缺陷较少,而且透光性更好。单壁碳纳米管的高导电率与其金属性单壁碳纳米管的含量紧密相关,但现有手段很难制备出纯金属性单壁碳纳米管,因此在提高柔性透明电极电导率的研究中,单壁碳纳米管的分离技术显得尤为重要。对于单壁碳纳米管的分离,至今已研制出了多种技术,如利用刻蚀、激光照射、大电流烧蚀等物理手段分离的金属性单壁碳纳米管法,进行化学修饰的导电结构转变法,根据介电常数不同的交流电泳分离法,利用分散剂对碳纳米管的选择性相互作用的分离法,利用琼脂糖凝胶电泳的分离法等。然而,基于碳纳米管的柔性透明电极要成为 ITO 的替代品,解决的不仅是电导率问题,还要考虑整个工艺的成本、产业化等问题。碳纳米管网格形成薄膜的电导率一般要低于单根单壁碳纳米管的轴向导电率 1～2 个数量级,这主要是来自碳纳米管网格之间的接触电阻,可以通过进一步纯化、分散、去除表面活性剂来提高碳纳米管的网格接触,降低接触电阻。

4.1.6 碳纳米管柔性透明导电薄膜的应用

1. 平板显示器

平板显示在电视、笔记本电脑、移动电话等领域都有着广泛的应用，随着产品器件的不断更新换代，便携式、可折叠式显示产品的研发受到了极大关注，这就对显示器在轻薄和柔性方面提出了更高的要求。碳纳米管柔性透明导电薄膜相比传统的ITO具有更多的优势：①很好的稳定性和弯曲性；②对湿度和高温呈现出较强的惰性；③弯曲薄膜对电阻产生的影响很小；④制作费用低。因此基于该电极的柔性显示、发光器件已开展了广泛的研究。碳纳米薄膜的高透光性、高导电性和柔性使其在平板显示器上拥有了很好的应用前景，但相比于目前大量应用于平板显示器上的ITO，其导电性能还有待于进一步提高，同时还需要探寻能够生产大面积薄膜的工艺。

2. 太阳能电池

太阳能电池是目前研究的热点，透明电极作为其必不可少的一部分也得到了越来越多的关注。制备工艺简单、成本低廉、性能稳定、转化效率高并具有柔性的太阳能电池是当今研究的热点方向。采用碳纳米管柔性透明导电薄膜代替传统的透明电极，一方面可以简化制作工艺、降低制作成本，另一方面可以制作具有高柔性的有机太阳能电池，是未来太阳能电池电极研究的一个重要方向。碳纳米管柔性透明导电薄膜在太阳能电池电极的应用上具有很大的优势，但目前其能量转化效率没有金属或金属氧化物电极的高，在高透光性下的导电性也不是很理想，这些都对其在太阳能电池上的应用产生了限制，需要进行更深入的研究以提高其性能。

3. 触控面板

目前采用传统的金属氧化物制作触控面板存在工艺复杂、价格相对昂贵等缺点，尤其不能应用于柔软易变形的场合。而碳纳米管柔性透明导电薄膜具有良好的柔性、导电性能和化学稳定性，并且不会对环境产生不良影响，是制作触控面板的理想材料。研究表明，碳纳米管柔性透明导电薄膜在触控面板上的应用表现出了良好的性能和巨大的优势，但目前都还处于实验室阶段。

4.2 基于石墨烯的柔性透明导电薄膜

石墨烯材料具有出色的导电性、优异的力学性能与机械延展性、良好的热稳定性与化学稳定性，是制备高性能柔性导电薄膜的优良替代品，大量研究工作致力于将石墨烯基导电薄膜应用于有机光电器件。当前主要有两个基础的技术路线用于制备石墨烯基导电薄膜：第一是基于(还原)氧化石墨烯及其衍生物的薄膜，或者基于(还原)氧化石墨烯与其他导电材料的复合薄膜[20-22]；第二是基于 CVD 制备的高质量大面积石墨烯薄膜[23,24]。在第一种技术方案中可以采用真空抽滤法、自组装法、旋涂法等制备导电薄膜。相对于真空抽滤技术和自组装技术，采用旋涂法制备的石墨烯薄膜的面积与厚度不受限制，薄膜面积由基底的尺寸进行控制，厚度也可以通过旋涂参数进行调节，制膜工艺简单、高效，因此是获得石墨烯薄膜的一种有效方法。Zheng 等制备了表面功能化的氧化石墨烯与导电聚合物聚乙撑二氧噻吩和聚苯乙烯磺酸(PEDOT∶PSS)的混合液，通过原位还原技术与简单的旋涂工艺制备了柔性透明电极。经过优化后，该电极的透光率为 79%，方阻为 120 Ω/□，且具有良好的抗弯曲特性。Chen 等[25]通过原位合成的方法在氧化石墨烯边缘嫁接 PEDOT，获得可溶于水和有机溶剂的石墨烯-复合材料，并制备了电导率为 0.2 S/cm、透光率为 80%(波长为 400～1800 nm)的柔性透明电极。然而由于(还原)氧化石墨烯表面存在大量缺陷，相对于理想石墨烯具有较低的电子迁移率，因此基于(还原)氧化石墨烯复合材料的电极难以达到较低的方阻。对于第二种技术方案，采用传统的转移技术将 CVD 石墨烯从金属基底表面转移至柔性基底上，需要将金属基底彻底溶解，因此在大规模应用中将增加制造成本，并造成资源的严重浪费。针对于此，科研人员开发出了可重复利用金属基底的新型转移技术，但由于转移过程中需要在石墨烯表面附着一层支撑层(如 PMMA、PDMS、热释胶带等)，该支撑材料的残余将会影响石墨烯的导电性能，并造成石墨烯薄膜粗糙度的上升[26-28]。尽管存在转移技术上的不足，CVD 法制得的石墨烯相对于化学氧化还原制备的石墨烯具有更优越的物理化学性质，且可以大面积批量制备，因此到目前为止 CVD 石墨烯仍是制备高性能透明柔性电极的最佳材料。综上所述，发展一种高效环保的、可获得大尺寸高性能石墨烯柔性透明电极的技术对于光电器件的发展显得尤为重要。

鉴于此，在本节中我们提出 CVD 石墨烯的液相剥离技术，利用该技术可以实现 CVD 石墨烯片的有效剥离，并保证金属铜基底的多次重复利用。剥离的 CVD 石墨烯可以与 PEDOT∶PSS 均匀稳定混合，进一步通过采用旋涂工艺可以制备高性能 CVD 石墨烯∶高导电性 PEDOT∶PSS 杂化复合柔性透明电极。

4.2.1　CVD 石墨烯的液相剥离与柔性透明电极的制备

1. CVD 石墨烯的液相剥离

通过 CVD 方法沉积在铜基底表面的石墨烯与铜基底之间具有一定的相互作用力。对于石墨烯中的每一个碳原子，其与铜基底的结合能约为 33 meV[29]，该值与石墨的碳层间碳原子的结合能接近(约为 25 meV)[30]。因此通过外力的作用,在不必溶解铜基底的前提下就有可能将 CVD 石墨烯从铜箔表面剥离。在这方面,研究人员已进行了一定的探索。例如,采用电化学"鼓泡"方法,即通过电化学反应使石墨烯与铜基底之间产生大量气体,在溶液环境中这些气体以微小气泡的形态出现。通过气泡的产生和增大过程将石墨烯膜层"顶起",从而最终脱离生长基底。如前所述,采用鼓泡法剥离石墨烯必须在石墨烯表面沉积一层支撑膜层,然而该膜层的残余会严重影响石墨烯的电学性能和表面粗糙度。

考虑到石墨烯与铜基底之间的弱相互作用,本工作首次提出采用液相超声剥离技术实现 CVD 石墨烯的无污染剥离。其原理为,超声波振动在液体中传播的音波压强达到一个大气压时,其功率密度为 0.35 W/cm^2,这时超声波的音波压强峰值就可达到真空或负压,因此在液体中产生一个很大的力,将液体分子拉裂成空洞,即空化核。此空洞非常接近真空,它在音波压强反向达到最大时破裂,由于破裂而产生的强烈冲击将物体表面的附着物撞击下来。因此采用超声方法将有可能实现石墨烯的剥离。图 4-13 为采用超声剥离法得到 CVD 石墨烯的示意图。将生长有单层石墨烯的铜基底放入无水乙醇中,以 300 W 的功率超声即可完成石墨烯的剥离。通过超声过程中产生的冲击力破坏石墨烯与铜基底之间的结合,进而实现石墨烯的剥离。

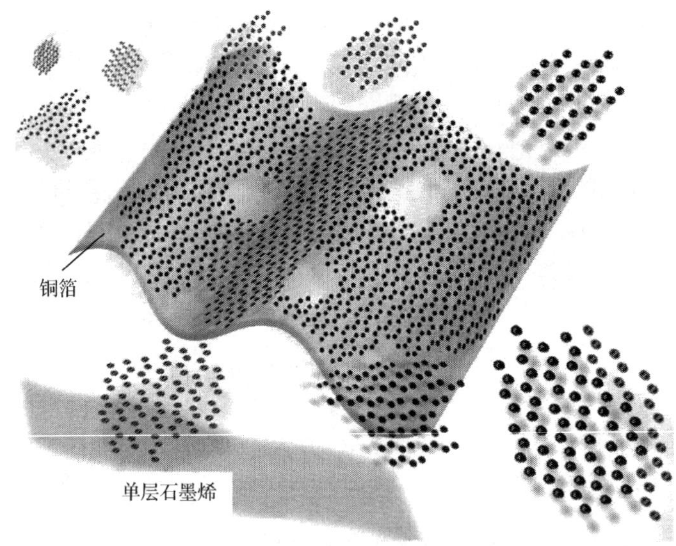

图 4-13　CVD 石墨烯的液相剥离示意图

图 4-14(a)为生长有石墨烯的铜基底 SEM 图,可以看出石墨烯均匀地覆盖在铜箔表面。图 4-14(b)为经过超声剥离 20 min 后铜基底的 SEM 图,经过 20 min 超声后铜箔表面的石墨烯大部分被剥离,仅剩下少量边缘翘起的石墨烯片仍附着在

基底表面。同时，经过超声处理后铜箔表面变得相对粗糙，这可能是由部分微小的铜晶畴脱落造成的。

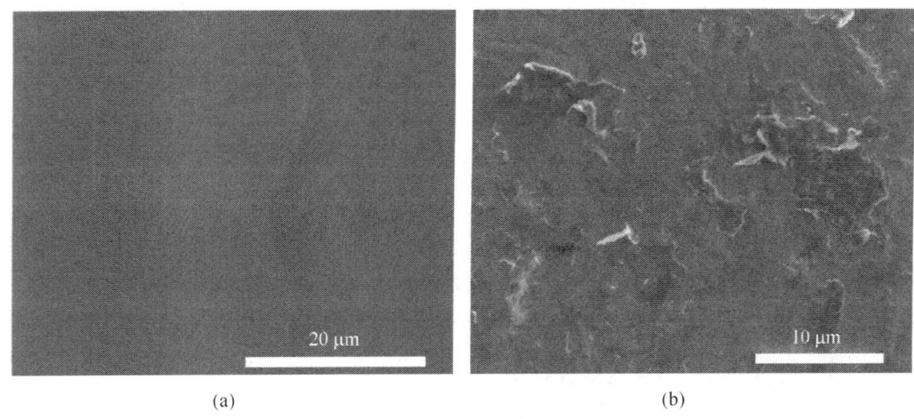

图 4-14　铜基片上的石墨烯及超声剥离 SEM 图
(a)生长有石墨烯的铜基片 SEM 图；(b)经过 20min 超声后的铜基片 SEM 图

实验表明，经过 30 min 的超声处理后，基本可以完全剥离石墨烯，如图 4-15 所示。我们对生长有石墨烯的铜基片进行拉曼测试，可以看出在超声剥离之前拉曼图谱上可以看到两个明显的峰，分别是位于 1580 cm^{-1}左右的 G 峰和 2700 cm^{-1}左右的 2D 峰，且两个峰叠加在铜背景峰上。经过 30 min 超声剥离后，样品的拉曼图谱上没有出现石墨烯的峰，只出现铜的背景峰，同时对样品的多个位置进行测试，均出现相同的结果，表明石墨烯已经被全部剥离。

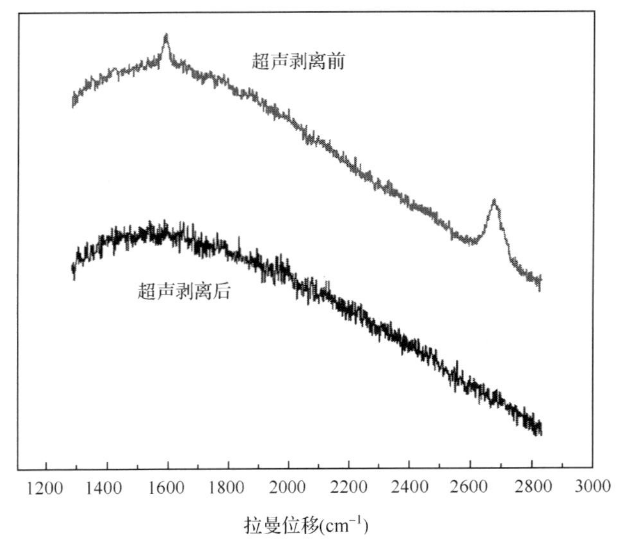

图 4-15　生长有石墨烯的铜基片在超声处理前后的拉曼图谱

图 4-16(a)为超声剥离后的石墨烯片的 SEM 图,内嵌图为分散于无水乙醇溶液中的超声剥离 CVD 石墨烯片的实物图,该溶液由原来的无色透明变为淡灰色。通过对剥离石墨烯的 SEM 图进行统计分析,可以得到石墨烯片的尺寸分布,如图 4-16(b) 所示。大部分剥离的石墨烯片的尺寸分布在 7~9μm,表明通过液相剥离制备的石墨烯的尺寸在微米级别,这有利于使用该材料制备柔性透明电极。

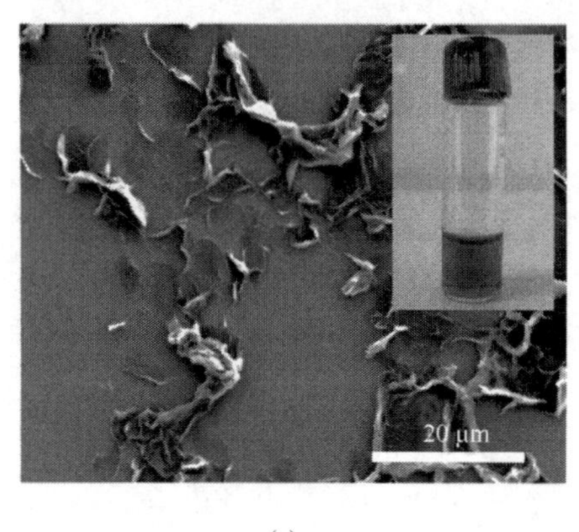

(a)

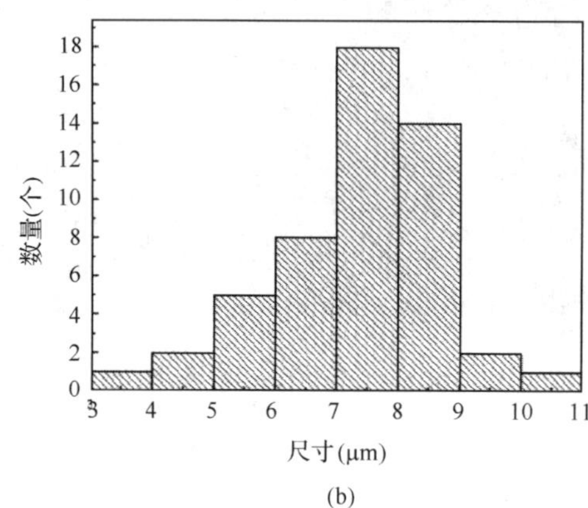

(b)

图 4-16　超声剥离的石墨烯片的 SEM 图及尺寸统计

(a)超声剥离的石墨烯片的 SEM 图,内嵌图为石墨烯的无水乙醇溶液;(b)石墨烯片的尺寸统计

尽管对采用液相剥离技术实现从石墨粉末中剥离出石墨烯的技术已经进行了广泛研究[31-33],本工作提出的采用液相超声剥离 CVD 石墨烯的技术具有明显的优点:

(1) 对于采用以石墨粉末为原材料的石墨烯液相剥离技术,剥离产物的成分复杂,包括单层石墨烯、少层石墨烯、多层石墨及石墨颗粒等。尽管采用多步离心分离和纯化技术可以提高单层石墨烯的含量,但不可避免地掺杂有大量的少层石墨烯。对于本工作提出的基于 CVD 石墨烯的液相剥离技术,由于所制备的附着于铜基底的 CVD 石墨烯基本为单层结构,因此经过剥离后的石墨烯也基本为单层结构,具有很高的纯度。

(2) 对于采用以石墨粉末为原材料的石墨烯液相剥离技术,为了获得单层石墨烯往往要进行数小时的超声处理,因此单层石墨烯的尺寸较小,仅为几百纳米,从而限制了石墨烯的应用。对于本工作提出的基于 CVD 石墨烯的液相剥离技术,仅经过 30 min 的超声即可完全剥离石墨烯。由于石墨烯基本为单层结构,因此无需长时间的超声处理,从而避免了对石墨烯片的粉碎。

(3) 对于采用以石墨粉末为原材料的石墨烯液相剥离技术,其制备周期长,后续处理步骤烦琐,不利于低成本产业化生产。对于本工作提出的基于 CVD 石墨烯的液相剥离技术,由于在超声处理过程中铜箔始终保持原有形状,因此有望结合石墨烯的卷对卷 CVD 生产技术，实现生长-剥离-铜箔重复使用的卷对卷自动化批量生产[34,35]。

除了以上优点外，采用液相剥离 CVD 技术可以高效地实现铜基底的重复使用，从而避免对原材料的浪费。在 CVD 石墨烯的预热处理和生长过程中，由于温度接近铜的熔点，因此铜箔厚度的损失速率约为 30 nm/min[36]，因此对于25μm 厚的铜箔，理论上可以重复使用上百次。然而在实际使用中发现，铜箔仅能重复使用十几次。经过十几次的反复生长-超声处理后，铜箔在超声过程中会破成小碎片。可以认为经过多次热处理后，多晶的铜箔进一步重结晶，且晶界处的铜蒸发得较快，从而造成铜箔的强度下降，因此在超声过程中铜箔会破裂。尽管采用液相剥离 CVD 技术仅可以使铜箔反复使用十几次，但是相对于原先一次性的转移技术，铜材料的利用率得到很大提高。

2. CVD 石墨烯：PEDOT：PSS 柔性透明电极的制备

采用 CVD 石墨烯的液相剥离技术可以获得具有微米尺寸的高质量石墨烯片，基于该材料可以制备具有高导电性的柔性透明电极。其制备过程如下：

(1) 采用化学气相沉积方法在铜箔表面生长大面积高质量石墨烯，详细过程见第 2 章。

(2) 将生长有石墨烯的铜箔浸泡在无水乙醇溶液中，在 300 W 功率下超声 30 min，将生长在铜基底表面的大面积石墨烯剥离，形成石墨烯片悬浮液。

(3) 将所获得的石墨烯片悬浮液以 8000 r/min 的转速离心浓缩，并加入 PEDOT：PSS，经超声分散后形成不同含量的富石墨烯：PEDOT：PSS 混合液。

(4) 采用磁控溅射技术在聚对苯二甲酸乙二醇酯(PET)表面沉积一层 20 nm 厚的 SiO_2，并用氧离子清洗 5 min 以形成亲水表面。

(5) 采用旋涂制备工艺在 PET 基片上以 3000 r/min 的转速沉积石墨烯：PEDOT：PSS 薄膜，后经过 150 ℃加热 30 min 形成石墨烯柔性透明薄膜。

至此，石墨烯复合柔性透明电极制备形成。由于单层石墨烯很轻，无法通过电子天平称得所添加的石墨烯的质量，然而通过控制所用铜箔的面积可以准确地知道分散在溶液中的石墨烯的面积。因此在富石墨烯：PEDOT：PSS 杂化混合溶液的配制过程中，添加适量的 PEDOT：PSS 溶液，使得所配制的混合溶液中 PEDOT：PSS 的含量为 5 mg/mL，石墨烯的含量为 250～500 cm^2/mL。

在形成石墨烯柔性透明电极的过程中，PEDOT：PSS 的加入有四个作用：

(1) 增加 CVD 石墨烯片在溶液中的分散性与稳定性。尽管乙醇是一种适合于超声分离石墨烯的溶剂，然而乙醇的表面能和石墨烯有较大的差别，因此石墨烯在乙醇溶液中的分散性较差。研究发现，在石墨烯溶液中添加盘状的表面活性剂可以增加石墨烯的分散稳定性[37,38]。我们经过反复试验发现，高导电聚合物

PEDOT∶PSS 对石墨烯的分散及稳定分布有促进作用。如图 4-17 所示，对于分散在乙醇中的石墨烯片，放置一段时间后石墨烯片聚集沉底，然而对于加入 PEDOT∶PSS 的样品，即使经过两周时间的静置，石墨烯仍可以在溶液中稳定存在。

图 4-17 添加 PEDOT∶PSS 对石墨烯分散稳定性的影响

(2) 考虑到石墨烯片将应用于导电薄膜，尽管在富石墨烯的复合电极中，石墨烯片起主要导电作用，但添加的稳定剂应对石墨烯复合薄膜的导电性的提高有促进作用。PEDOT∶PSS 具有高导电性，且 PEDOT∶PSS 的逸出功与石墨烯的逸出功接近，二者可以形成接触电阻较小的电学连接。因此 PEDOT∶PSS 可以连接石墨烯片，从而在石墨烯片的堆叠处和连接处形成导电通道，有利于提高复合薄膜的整体导电性，如图 4-18 所示。

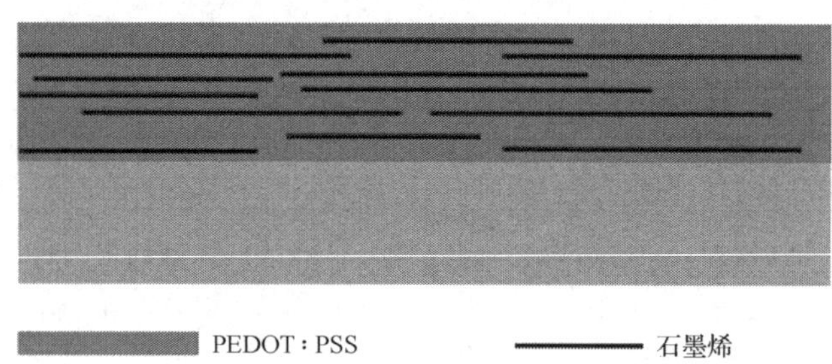

图 4-18 石墨烯复合电极结构示意图

(3) 为了采用旋涂工艺制备该复合薄膜，石墨烯溶液必须具有一定的黏性。PEDOT∶PSS 的加入可以增加混合溶液的黏稠度，从而便于将分散的石墨烯片旋涂在基底上。

(4) PEDOT：PSS 具有高逸出功，广泛应用于光电器件的阳极及阳极修饰层。因此，在石墨烯中复合 PEDOT：PSS 可以对石墨复合薄膜的逸出功进行调整，从而有利于该电极在有柔性电器件中的应用。

4.2.2 柔性透明电极的光电特性与抗弯折稳定性

1. 组分优化与光电特性调控

研究发现石墨烯的浓度对于该柔性透明电极的导电性能有直接的影响。图 4-19 为采用石墨烯浓度分别为 250 cm^2/mL、300 cm^2/mL、350 cm^2/mL、400 cm^2/mL、450 cm^2/mL、500 cm^2/mL 时的石墨烯：PEDOT：PSS 混合液制备的柔性透明电极的实物图。在这里为了后续描述的方便，将采用以上石墨烯浓度制备的样品分别定义为样品 A、B、C、D、E 及 F。

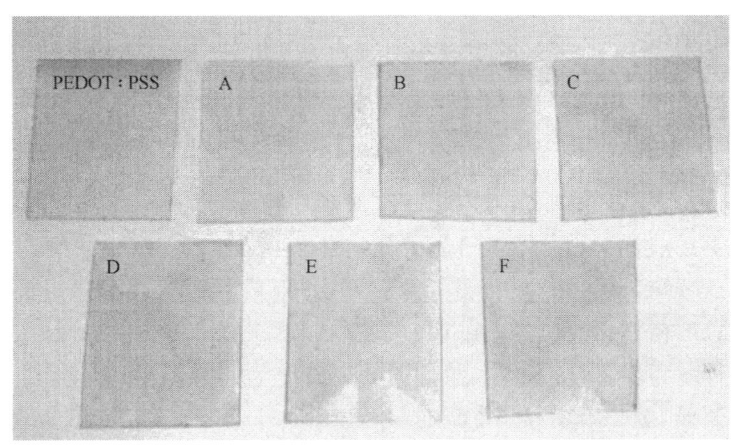

图 4-19 采用不同石墨烯浓度制备的柔性透明电极的实物图

图 4-20 为沉积在 SiO_2/PET 表面的纯 PEDOT：PSS 的样品以及样品 A～F 在 400～800 nm 波长范围内的透光率测试曲线。对于未掺有石墨烯的样品，其在 550 nm 处的透光率为 90.7%。随着石墨烯含量的增加，样品的透光率从 89.2% 下降至 81.1%。尽管单层石墨烯对光的吸收率仅为 2.3%，但是由于在所制备的样品中石墨烯是以多层堆叠的形式存在，这造成了对可见光的较强吸收。特别是随着石墨烯含量的增加，石墨烯堆叠层的厚度增加，从而对光的吸收增强，同时石墨烯片的堆叠形态可以增强复合薄膜对于入射光的散射，因此透光率下降。

随着石墨烯浓度的增加，样品的方阻明显降低，如图 4-21 所示。对于样品 F 其方阻仅为 8 Ω/□，这远小于高导电性 PEDOT：PSS 的方阻(860 Ω/□)。相比于文献报道的多层石墨导电薄膜[39,40]，本工作制备的电极具有更优异的导电性。在富石墨烯：PEDOT：PSS 复合薄膜中，石墨烯以堆叠的形式存在于薄膜中，由于

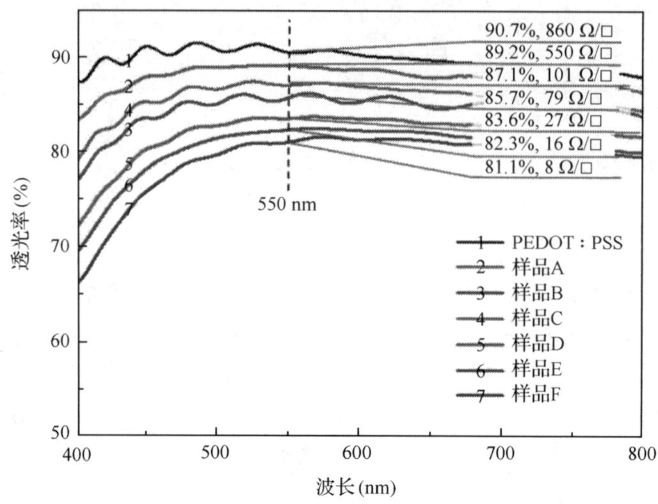

图 4-20 不同浓度石墨烯的柔性透明电极的透光率曲线

所采用的 CVD 石墨烯具有优异的导电特性，因此 CVD 石墨烯作为该薄膜的主要导电部分。对于其他仅采用还原氧化石墨烯片组成的导电薄膜，由于还原氧化石墨烯本身不具有优异导电性，且电子从石墨烯片输运至另一片石墨烯依靠的是片与片之间的隧穿过程，因此导电薄膜的整体导电性不佳。在本样品中，高导电性的 PEDOT：PSS 均匀地分布在石墨烯片之间，相邻的石墨烯之间通过高导电性的 PEDOT：PSS 相连接。同时，由于石墨烯与 PEDOT：PSS 匹配的逸出功促使 PEDOT：PSS 为相邻石墨烯片之间提供高效导电通道。因此，本工作所制备的石墨烯：PEDOT：PSS 具有优异的导电特性。

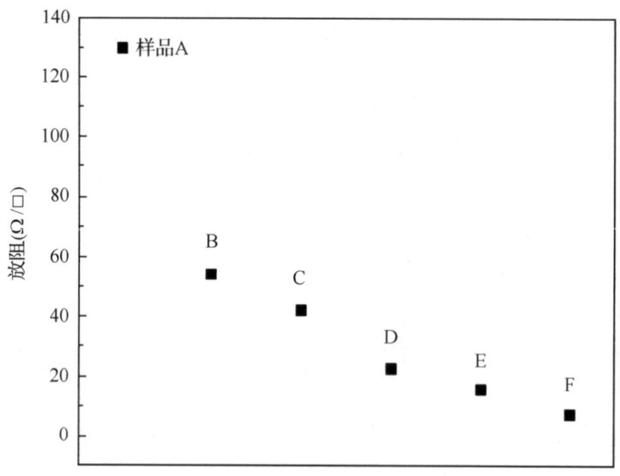

图 4-21 不同石墨烯浓度的柔性透明电极的方阻

2. 抗弯折稳定性

图 4-22 为不同样品的方阻随弯曲次数变化而变化的规律。在弯曲测试中，样品的弯曲曲率半径为 5 mm。每做一次弯曲测试时对样品同时进行两个方向的弯曲，即在每个弯曲测试周期内石墨烯复合电极同时受到了拉伸和压缩，如图 4-22 的内嵌图所示，然后再测试样品的方阻。从图中可以看出，随着石墨烯浓度的增加，样品的抗弯折能力增强。对于样品 A，经过 400 次的反复拉伸和压缩后，其方阻增加至原来的 8 倍，而对于样品 F，经过同样的弯曲测试后，其方阻仅增加至原来的 2.1 倍。

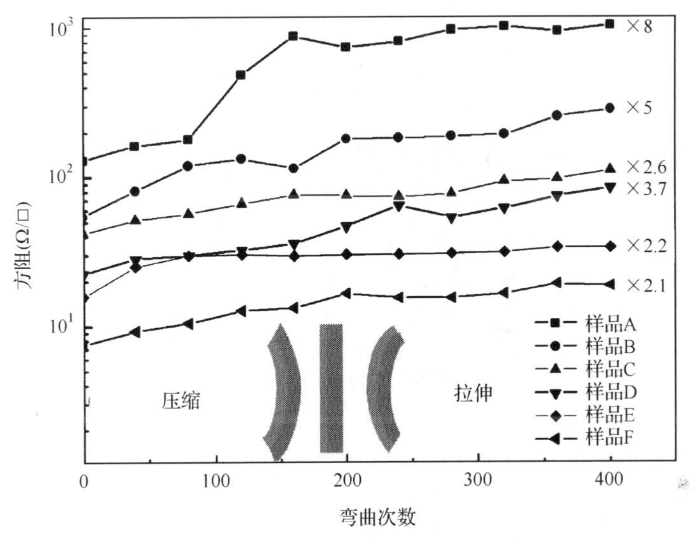

图 4-22　石墨烯柔性透明电极的抗弯曲能力测试

无论对于常规的基于金属氧化物的柔性透明电极，还是对于基于纳米材料的柔性透明电极，其往往具有一定的抗弯曲能力，然而较少进行抗折叠能力测试。在本工作中，我们对所制备的石墨烯复合柔性透明电极进行了抗折叠能力测试，如图 4-23 所示。为了直观地证明经过折叠后该薄膜仍具有优异的导电特性，将该导电薄膜串联至一发光二极管(LED)电路回路中。在本测试中选用导电性相对最好的样品 F，对于原始的未经过任何弯曲的样品，其电阻为 48 Ω，如图 4-23(a)所示。在折叠测试中，首先将石墨烯复合电极面朝内对折 180°，然后打开样品至 90°位置，如图 4-23(b)所示。经过 180°压缩折叠后，样品的电阻上升为 50 Ω。同样地，在拉伸折叠测试中，对于同一个样品将石墨烯复合电极面朝外对折 180°，然后打开样品至 90°，如图 4-23(c)所示。经过 180°拉伸折叠后，样品电阻仅上升至 62 Ω，且 LED 正常发光。

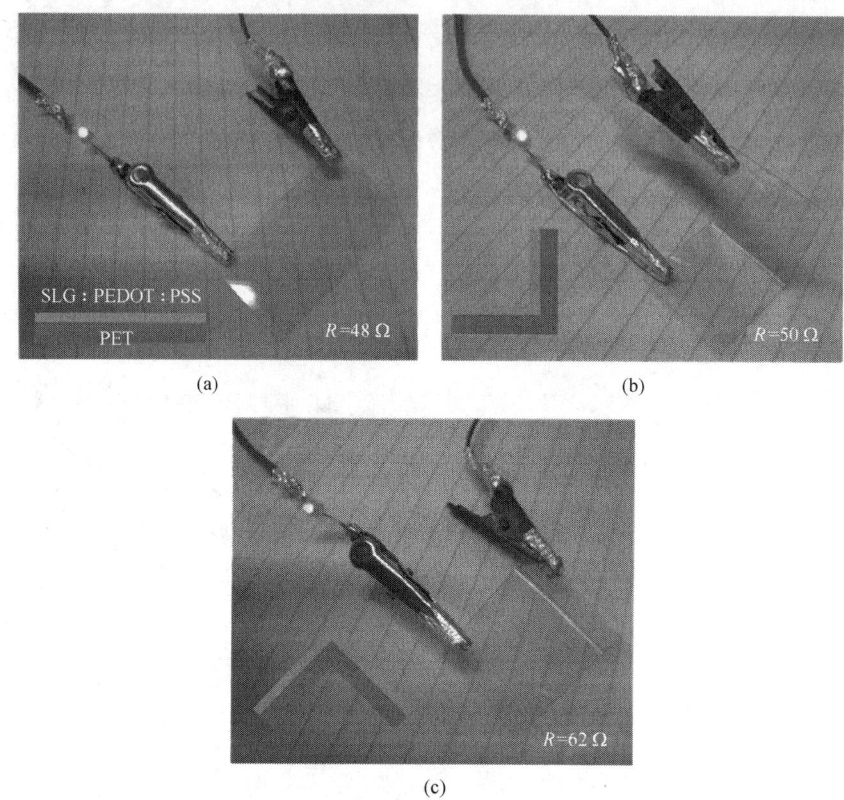

(a)　(b)　(c)

图 4-23　石墨烯柔性透明电极的抗折叠能力测试

PEDOT∶PSS 的加入对于提升石墨烯复合电极的抗弯折性能具有很大的作用,这主要是因为该导电聚合物可以增强石墨烯片之间的力学接触。该复合电极主要是由随机堆叠的石墨烯片组成,石墨烯片本身具有优异的导电性和抗弯折性能,因此石墨烯片之间的接触电阻就成为限制复合薄膜在弯折后电阻变化的关键性因素。对于常规的没有采用 PEDOT∶PSS 复合的纯石墨烯片电极,多次弯折会造成石墨烯片与片之间的接触性能变差,甚至导致石墨烯片脱落。然而导电聚合物的加入可以对石墨烯片起到锚定和封装作用,避免多次弯折后石墨烯片之间的接触性能下降。

4.2.3　柔性电子器件的应用

具有良好的导电性、可柔性以及合适的逸出功的柔性透明电极可以替代传统金属氧化物导电薄膜(如 ITO、FZO),有望应用于有机半导体器件领域。在有机半导体器件中,有机半导体二极管,如有机发光二极管、有机太阳能电池具有质量轻、可柔性制备、性能可设计性强以及价格便宜等优点。在本节中,我们将基于 CVD

石墨烯：PEDOT：PSS 柔性透明电极，探索以该电极作为阳极的有机电致发光二极管的原理性器件的制备与性能。

在之前制备的多个石墨烯复合电极样品中，样品 F 的方阻约为 8 Ω/□，透光率约为 81%(在波长为 550 nm 处)，已经基本符合作为有机光电器件阳极的要求。尽管进一步增加石墨烯的浓度可以在一定程度上增加薄膜的导电性，但薄膜的可见光透光率却显著下降；另一方面，随着石墨烯浓度的增加，复合薄膜表面的粗糙度也显著提高，如图 4-24 所示。可以看到当增加石墨烯的浓度时($600\ cm^2/mL$)，在复合薄膜的表面将出现大量立起的石墨烯片，这将会显著影响有机器件的性能。综合考虑导电性、透光率及表面平整度的要求，将选用样品 F 作为器件的阳极用以制备有机光电器件。

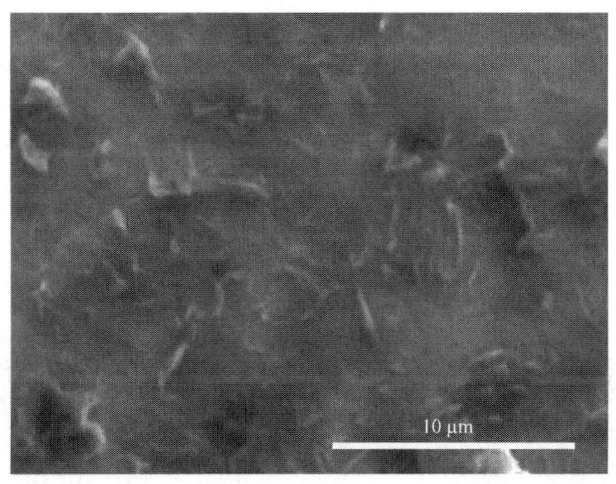

图 4-24　石墨烯：PEDOT：PSS 复合薄膜的表面 SEM 图

为了探索石墨烯：PEDOT：PSS 柔性透明电极在有机电致发光器件(OLED)中的原理性应用，我们选择了最经典的三(8-羟基喹啉)铝(Alq_3)绿光体系。该器件的结构示意图如图 4-25 所示，以石墨烯：PEDOT：PSS 复合薄膜作为器件的阳极，以 N,N'-苯基-N,N'-二(1-萘基)-1,1′-联苯-4,4′-二胺(NPB)作为器件的空穴传输层，以 Alq_3 作为发光层兼电子传输层，以 LiF/Al 作为器件的阴极。实验中使用的材料 NPB、Alq_3 均购自北京阿格蕾雅(Aglaia)科技发展有限公司。

该器件的详细制备过程如下：

(1) 在 PET/SiO_2 表面制备石墨烯：PEDOT：PSS 复合导电薄膜，详细过程见 4.2.1 节。

(2) 以 6000 r/min 的转速在石墨烯：PEDOT：PSS 复合导电薄膜表面制备一层 PEDOT：PSS，于 150 ℃加热 30 min。这一层 PEDOT：PSS 的引入一方面

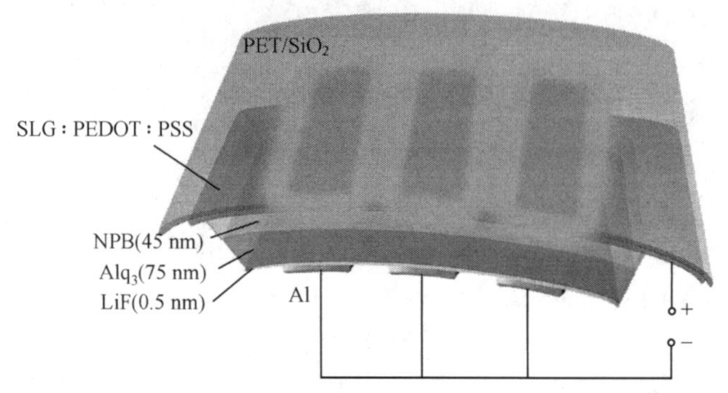

图 4-25　基于石墨烯：PEDOT：PSS 阳极的柔性 OLED 结构示意图

可以平滑复合薄膜表面，另一方面可以对复合薄膜的表面逸出功进行修饰。

(3) 把样品放入真空腔体中，当腔体真空度低至 5.0×10^{-4} Pa 时，蒸镀空穴传输层 NPB，沉积速率为 0.2 nm/s，膜厚为 45 nm。

(4) 蒸镀发光层兼电子传输层 Alq_3，沉积速率为 0.5 nm/s，膜厚为 75 nm。

(5) 蒸镀 LiF 修饰层和 Al 电极。首先蒸镀 LiF 修饰层，LiF 的蒸镀速率为 0.1 nm/s，膜厚为 0.5 nm，然后蒸镀 Al，Al 的蒸镀速率为 1 nm/s，厚度为 150 nm。

图 4-26 为所制备的绿光 OLED 的发光图，所制备的样品包含有三个发光区域，经过弯曲后，三个区域仍可以正常发光。

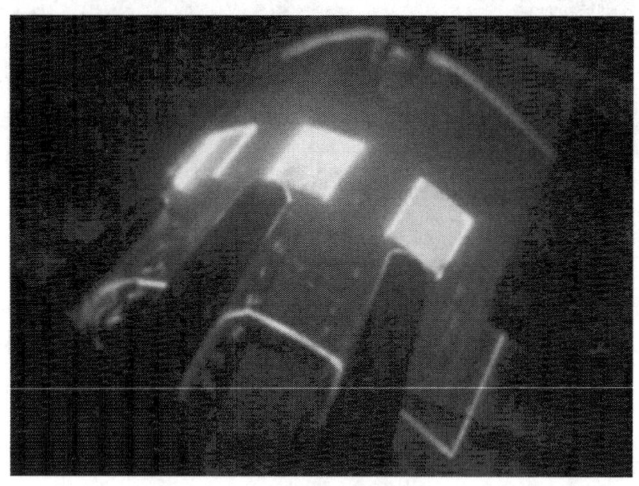

图 4-26　基于石墨烯：PEDOT：PSS 阳极的柔性 OLED

为了探索富石墨烯：PEDOT：PSS 在柔性 OLED 中的原理性应用，有必要研究其发光亮度随弯曲角度的变化，这将直接决定一个柔性 OLED 器件是否具有实用价值。在此我们重点关心的是该器件的抗弯曲性能，而不是追求 OLED 器件的高亮度和高稳定性。如图 4-27 所示，把柔性 OLED 器件固定在一个自制的夹具中，从而控制该器件的弯曲，其中弯曲角度 θ 定义为基板边缘方向与水平方向的夹角。为了证明柔性阳极对柔性 OLED 器件的重要性，以相同的工艺参数制备了基于 PED/ITO 阳极的绿光 OLED 器件。对于 ITO 器件，当弯曲角度达 75°时，器件的发光亮度已下降了 60%；对于石墨烯复合电极，即使弯曲角度到达 90°，仍可以保持 80%的亮度。这是由于 ITO 电极在弯曲状况下出现裂痕甚至破裂，从而造成器件的失效，而石墨烯复合电极具有优异的抗弯曲特性，可避免因阳极损伤对器件造成的破坏。

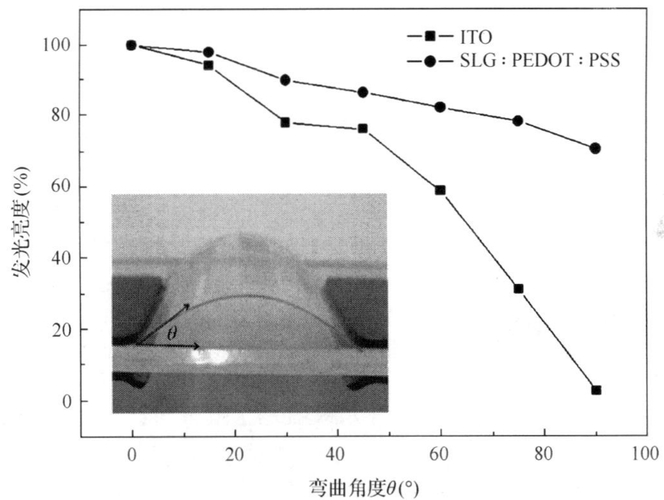

图 4-27　基于石墨烯：PEDOT：PSS 阳极的柔性 OLED 抗弯曲能力测试

参 考 文 献

[1] Wu Z C, Chen Z H, Du X, et al. Transparent, conductive carbon nanotube films. Science, 2004, 305: 1273-1276.

[2] Hou P X, Yu B, Su Y, et al. Double-wall carbon nanotube transparent conductive films with excellent performance. Journal of Materials Chemistry A, 2013, 2(4):1159-1164.

[3] Hellstrom S L, Hang W L, Bao Z. Polymer-assisted direct deposition of uniform carbon nanotube bundle networks for high performance transparent electrodes. ACS Nano, 2009, 3(6):1423-1430.

[4] Mirri F, Ma A W K, Hsu T T, et al. High-performance carbon nanotube transparent conductive films by scalable dip coating. ACS Nano, 2012, 6(11):9737-9744.

[5] Tenent R C, Barnes T M, Bergeson J D, et al. Ultrasmooth, large-area, high-uniformity, conductive transparent single-walled carbon nanotube films for photovoltaics produced by ultrasonic spraying. Advanced Materials, 2009, 21(31):3210-3216.

[6] Niu Z. A repeated halving approach to fabricate ultrathin single-walled carbon nanotube films for transparent supercapacitors. Small, 2013, 9(4):518-524.

[7] Dan B, Irvin G C, Pasquali M. Continuous and scalable fabrication of transparent conducting carbon nanotube films. ACS Nano, 2009, 3(4):835-843.

[8] Fan Z, Wei T, Luo G, et al. Fabrication and characterization of multi-walled carbon nanotubes-based ink. Journal of Materials Science, 2005, 40(18):5075-5077.

[9] Wei T, Ruan J, Fan Z, et al. Preparation of a carbon nanotube film by ink-jet printing. Carbon, 2007, 45(13):2712-2716.

[10] Zhang M, Fang S, Zakhidov A A, et al. Strong, transparent, multifunctional, carbon nanotube sheets. Science, 2005, 309(5738):1215-1219.

[11] Feng C, Liu K, Wu J, et al. Flexible, stretchable, transparent conducting films made from superaligned carbon nanotubes. Advanced Functional Materials, 2010, 20(6):885-891.

[12] Ma W, Song L, Yang R, et al. Directly synthesized strong, highly conducting, transparent single-walled carbon nanotube films. Nano Letters, 2007, 7(8):2307-2311.

[13] Lima M D, De Andrade M J, Skákalová V, et al. In-situ synthesis of transparent and conductive carbon nanotube networks. Physica Status Solidi (RRL)-Rapid Research Letters, 2007, 1(4):165-167.

[14] Hong T K, Dong W L, Choi H J, et al. Transparent, flexible conducting hybrid multilayer thin films of multiwalled carbon nanotubes with graphene nanosheets. ACS Nano, 2010, 4(7):3861-3868.

[15] Tung V C, Chen L M, Allen M J, et al. Low-temperature solution processing of graphene-carbon nanotube hybrid materials for high performance transparent conductors. Nano Letters, 2009, 9(5):1949-1955.

[16] Kholmanov I N, Magnuson C W, Piner R, et al. Optical, electrical, and electromechanical properties of hybrid graphene/carbon nanotube films. Advanced Materials, 2015, 27(19): 3053-3059.

[17] De S, Lyons P E, Sorel S, et al. Transparent, flexible, and highly conductive thin films based on polymer-nanotube composites. ACS Nano, 2009, 3(3):714-720.

[18] Ko W Y, Lin K J. Highly conductive, transparent flexible films based on metal nanoparticle-carbon nanotube composites. Journal of Nanomaterials, 2013, 1(47):15158-15166.

[19] Stapleton A J, Afre R A, Ellis A V, et al. Highly conductive interwoven carbon nanotube and silver nanowire transparent electrodes. Science & Technology of Advanced Materials, 2013, 14(3):35004-35011.

[20] Zhao J, Pei S, Ren W, et al. Efficient preparation of large-area graphene oxide sheets for transparent conductive films. ACS Nano, 2010, 4:5245-5252.

[21] Wu J, Agrawal M, Becerril H A, et al. Organic light-emitting diodes on solution-processed graphene transparent electrodes. ACS Nano, 2010, 4:43-48.

[22] Xu Y, Long G, Huang L, et al. Polymer photovoltaic devices with transparent graphene electrodes produced by spin-casting. Carbon, 2010, 48:3308-3311.

[23] Li X, Zhu Y, Cai W, et al. Transfer of large-area graphene films for high-performance transparent conductive electrodes. Nano Letters, 2009, 9:4359-4363.

[24] Kim K S, Zhao Y, Jang H, et al. Large-scale pattern growth of graphene films for stretchable transparent electrodes. Nature, 2009, 457:706-710.

[25] Xu Y, Wang Y, Liang J, et al. A hybrid material of graphene and poly (3,4-ethyldioxythiophene) with high conductivity, flexibility, and transparency. Nano Research, 2009, 2:343-348.

[26] Wang Y, Zheng Y, Xu X, et al. Electrochemical delamination of CVD-grown graphene film: toward

the recyclable use of copper catalyst. ACS Nano, 2011, 5:9927-9933.

[27] Gao L, Ren W, Xu H, et al. Repeated growth and bubbling transfer of graphene with millimetre-size single-crystal grains using platinum. Nature Communications, 2012, 3:1-7.

[28] Caldwell J D, Anderson T J, Culbertson J C, et al. Technique for the dry transfer of epitaxial graphene onto arbitrary substrates. ACS Nano, 2010, 4:1108-1114.

[29] Gao L, Guest J R, Guisinger N P. Epitaxial graphene on Cu(111). Nano Letters, 2010, 10: 3512-3516.

[30] Schabel M C, Martins J L. Energetics of interplanar binding in graphite. Physical Review B, 1992, 46: 7185-7188.

[31] Hernandez Y, Nicolosi V, Lotya M, et al. High-yield production of graphene by liquid-phase exfoliation of graphite. Nature Nanotechnology, 2008, 3:563-568.

[32] Lotya M, Hernandez Y, King P J, et al. Liquid phase production of graphene by exfoliation of graphite in surfactant/water solutions. Journal of the American Chemical Society, 2009, 131:3611-3620.

[33] Vadukumpully S, Paul J, Valiyaveettil S. Cationic surfactant mediated exfoliation of graphite into graphene flakes. Carbon, 2009, 47:3288-3294.

[34] Kobayashi T, Bando M, Kimura N, et al. Production of a 100-m-long high-quality graphene transparent conductive film by roll-to-roll chemical vapor deposition and transfer process. Applied Physics Letters, 2013, 102:023112-023115.

[35] Hesjedal T. Continuous roll-to-roll growth of graphene films by chemical vapor deposition. Applied Physics Letters, 2011, 98:133106-133108.

[36] Hernandez Y, Lotya M, Rickard D, et al. Measurement of multicomponent solubility parameters for graphene facilitates solvent discovery. Langmuir, 2010, 26:3208-3213.

[37] Green A A, Hersam M C. Solution phase production of graphene with controlled thickness via density differentiation. Nano Letters, 2009, 9:4031-4036.

[38] Liang Y T, Hersam M C. Highly concentrated graphene solutions via polymer enhanced solvent exfoliation and iterative solvent exchange. Journal of the American Chemical Society, 2010, 132: 17661-17663.

[39] Bae S, Kim H, Lee Y, et al. Roll-to-roll production of 30-inch graphene films for transparent electrodes. Nature Technology, 2010, 5:574-578.

[40] Wang Y D, Huang I S, Ho P H, et al. Clean-lifting transfer of large-area residual-free graphene films. Advanced Materials, 2013, 25:4521-4526.

第 5 章　碳纳米功能材料在场致发射器件中的应用

场致发射是指固体在外加强电场作用下表面发生电子发射的现象。它与热电子发射、光电子发射和二次电子发射的不同之处在于：热电子、光电子和二次电子的发射是由于固体内部电子获得外部给予的能量而被激发，当电子具有高于表面逸出势垒的动能时就逸出固体表面，而场致发射是利用加在物体表面的强电场削弱阻碍电子逸出物体的力，并利用隧道效应使固体向真空发射电子。作为一种电子发射装置，它已经被广泛应用于光电显示、扫描隧道显微镜等各种领域。

要实现具有优良性能的场致发射器件，关键是要使用能够高效、稳定发射电子的材料。这些材料应该具备特殊的尖端结构，以实现电场的局域增强和电子发射。因此，近年来各种纳米材料在场致发射器件中的应用受到了广泛关注。其中，碳纳米管和石墨烯两种碳族纳米材料尤其引人注目。

5.1　碳纳米管在场致发射器件中的应用

采用场发射冷阴极材料作为先进微电子器件的电子发射源的研究受到了人们的广泛关注。目前场发射冷阴极的研究应用主要集中在碳基材料包括金刚石、类金刚石和碳纳米管等领域，尤其是碳纳米管由于其独特的纳米结构和表现出的优良场发射性能，已引起了人们的广泛研究兴趣，当前，其作为新一代场发射冷阴极的研究相当活跃。

5.1.1　碳纳米管的场发射理论

1. 场发射的 Fowler-Nordheim 理论

场发射是一种建立在电子隧穿基础上，依靠很强的外部电场来改变物体表面的势垒，使势垒高度降低，并使势垒宽度变窄，物体内大量电子穿过表面势垒而逸出的电子发射现象。场发射现象在 1897 年由 Wood[1] 发现，随后 1928 年 Fowler 和 Nordheim 运用量子力学给出了科学的解释[2]，场发射电子能谱的测量结果[3] 也很好地支持了他们的理论。

在常温下，电子是无法从材料表面逸出的，除非通过某种途径增加材料中的电子能量。例如，可以通过加热、光照、电子或离子轰击以及电场加速等途径，使其得到足够的能量克服材料的表面势垒，使电子发射到真空中。由于外加强电场使表面势垒高度降低、宽度变窄，削弱阻碍电子逸出力，因此电子穿透势垒的概率增加。由动力学原理可知，电子可以经材料的表面势垒逸出而形成发射电流，这种电子发射的隧道效应由图 5-1 表示。

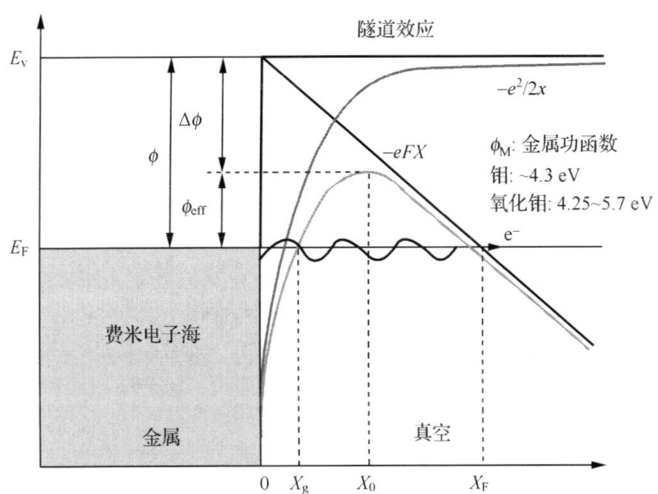

图 5-1　金属表面在加速场下势能的变化曲线

E_F. 费米能级；E_v. 价带顶；X_0. 电势能极大值的位置即势垒峰离开表面的距离；X_g 与 X_F 为电子的总能小于势能的区域分界点；X_F 为势垒边界

Fowler 和 Nordheim 利用量子力学隧道效应概念推导出 Fowler-Nordheim 场发射方程，如式(5-1)所示。

$$J_0 = 1.54 \times 10^{-6} \frac{\varepsilon^2}{\phi} \exp\left[-\frac{6.83 \times 10^7 \phi^{3/2}}{\varepsilon} \theta\left(3.79 \times 10^{-4} \frac{\sqrt{\varepsilon}}{\phi}\right)\right] \tag{5-1}$$

式中，J_0 为场发射电流密度(A/cm^2)；ϕ 为材料的表面逸出功(eV)；ε 为发射面的电场强度(V/cm)。且 $\varepsilon = \beta U$，U 为加速电压，β 为场增强因子，与发射体的形状和极间距离有关。由式(5-1)可知，降低材料表面逸出功或通过改变发射体形状可增大阴极表面的场增强因子，以此增大场发射电流密度。

2. 碳纳米管的场发射机理概述

由式(5-1)可知，发射体的场发射电流强烈地受其形状、周围环境和表面化学态的影响。电子场发射能量分布[4](field emission of energy distribution，FEED)可以获得发射电子态密度、材料逸出功以及电子发射的模式等信息，是研究电子发射机理的有效手段。CNT 的电子态密度同样制约着其场发射性能，目前已经测量出了多种 CNT 的场发射能量分布谱，由此推断出各种对应的发射模式。

1）管帽定域电子态

金属的典型 FEED 半高宽为 0.45 eV，而对 CNT 的测量则普遍显示 FEED 明显较窄，且附加信息表明其发射比金属要复杂得多。FEED 的测量首先由 De Heer[5] 等尝试，他们第一次报道了多壁 CNT 膜在发射开启点 0.21 eV 的窄峰，并观察到包含多个峰的谱。由于采用的是纳米管集合，因此也很难解释这些特征。多重峰既可能仅由单根碳管（将指向一非金属态密度）产生，也可能由多根碳管（沿管子或触点具有不同压降或者非金属态密度处于不同费米能级）产生。FEED 测量表明，发射从 0.2～0.4 eV 宽的能带产生[6]，如图 5-2(a)所示。Fransen 等[7]观察到单根多壁 CNT 发射体的两种行为，某些谱显示半峰宽约 0.3 eV 的峰随外加电场的变化而移动。这些峰移归因于管和基底接触区的压降或管中的电场穿透。其他几个由半高宽约 0.15 eV 的峰组成的谱并未随电压的变化而移动，较小的半高宽归因于管帽定域态密度中谐振态的存在。

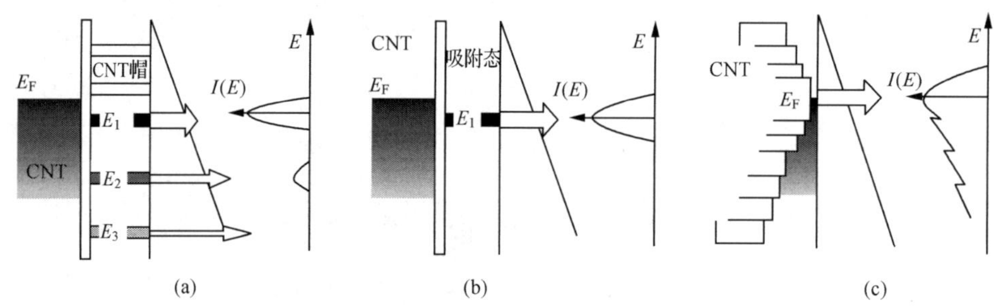

图 5-2 CNT 的 FEED 谱及其场发射模式

(a) 管帽定域电子态；(b) CNT 吸附谐振隧穿电子态；(c) 金属性单壁 CNT 电子态

E_F. 费米能级；E_1、E_2、E_3. 不同位置对应能级；$I(E)$. 隧穿电流

2）吸附谐振隧穿电子态

Dean 等[8]测量了单根单壁 CNT 室温下处于费米能级的一个峰，结果与费米能级处的金属定域态或吸附态一致，如图 5-2(b)所示。当温度上升到 600 ℃时，发射电流随 FEED 信号的增强而减小，他们认为是由于吸附物被去除了，同时温度的进一步升高导致费米能级上方出现附加峰。因为 FEED 是 CNT 隧穿势垒和电子态密度间的卷积，他们认为清洁的单根单壁 CNT 中存在高于费米能级的隧穿态。

3）态密度的奇点

Lovall 等[9]测量了单壁 CNT 室温下 FEED 谱低能端的反常特征：位于费米能级下方 0.64 eV 和 1.05 eV 的小肩形峰被认为是单壁 CNT 态密度的奇点，如图 5-2(c)所示。他们推测这可能与 CNT 的直径和手性角度有关。最近，许宁生小组[10]的研究证明了这种猜测，他们甚至可以进一步通过测量 FEED 随磁场的变化来区分金属性和半导体性的单壁 CNT。

3. CNT 的场发射机理

CNT 的阈值电场强度 E_{th} 小于 10 V/μm，而金属钼微尖锥的 E_{th} 为 103 V/μm，二者相差达两个数量级；CNT 的逸出功取 C_{60} 的值(5 eV)，比钼的逸出功(4.4 eV)还大。单凭场增强因子 β 和逸出功解释二者场发射能力上的巨大差别并不足以令人信服。对于多壁 CNT 而言，开口和闭口的 E_{th} 相差近一倍。CNT 的结构特性对场发射的影响目前尚未有清晰的认识，为何 CNT 具有如此奇异的场发射性能仍令人费解。对此，不少学者提出了一些模型进行解释：

(1) 有人基于 CNT 场发射伏安特性曲线符合 Fowler-Nordheim 理论，认为 CNT 与金属的发射机理相同，但这种解释不能说明 CNT 具有比金属低得多的发射阈值。

(2) Rinzler 等[11]解释了开口 CNT 的高效率及其在激光辐照下的行为，认为电子发射发生于管边拆开的单碳链，并产生非常高的场增强因子。但是此模型尚未被实验验证，而且该模型可能仅仅只对开口 CNT 有效。

(3) Obraztsov 等[12]提出 CNT 开口端石墨层形成锐弯，碳原子表现为类 sp^3 杂化而不是石墨典型的 sp^2 构型。这种配位变化将降低势垒高度，并可解释作者根据 F-N 曲线斜率估算出了极低逸出功的现象。该模型也只对开口多壁 CNT 有效。最近的研究表明，经等离子体处理的 CNT 上出现大量瘤状纳米颗粒，并具有一些 sp^3 杂化的特征，从而导致其极低的逸出功。

(4) Bonard 等[13]观察认为，电子从尖锐能级的发射归因于管帽定域电子态。电子发射可能导致发光，是因为两个参加场发射的能级间发生了辐射跃迁。更精确的理论计算预言了管帽上定域态的存在，其态密度明显不同于管体。这点最近已被实验[14](多壁 CNT 和单壁 CNT 的 STM 测试)所证实。

(5) 若 CNT 表面吸附一层气体分子，则认为电子是通过谐振隧道效应发射的。Dean 等[15]的研究彻底揭示了所谓“一次性补充”机理，并清楚地表明 CNT 的发射行为比人们预期的具有 5 eV 逸出功的金属尖锥要复杂得多。当温度升高到 600 ℃时，CNT 阵列的电子发射强度降低可用气体脱附来解释。

(6) 中国科学院张继华等[4]则提出了基于 CNT 与基底接触的双势垒模型，该模型具有一定的合理性：电子从基底发射到真空需要克服基底-CNT 界面势垒和 CNT-真空界面势垒，因为实验中发现 CNT 与基底的电接触也明显影响了场发射性能。双势垒模型如图 5-3 所示。

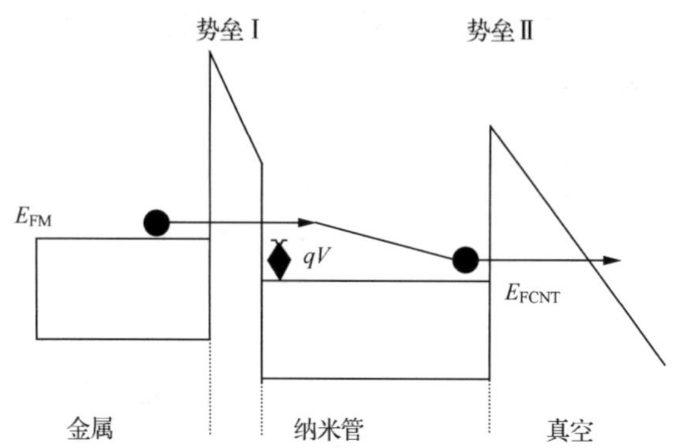

图 5-3　CNT 发射双势垒模型的能带结构

E_{FM}. 金属费米能级；qV. 外加能量；E_{FCNT}. CNT 费米能级

CNT 的发射机理非常复杂，与 CNT 种类、结构、缺陷和吸附态等因素有关，虽然有一些合理的解释，但尚未形成完整的理论。

5.1.2　碳纳米管阴极的制备工艺

研究表明，具备纳米级的尖端、大长径比、良好的热稳定性和导电性的碳纳米管，具有开启电场低、发射性能稳定和场发射电流密度高等优良的场发射特性，是一种理想的场致电子发射材料[16]。当前制备碳纳米管阴极的典型工艺有以下几种：化学气相沉积法、涂覆法、丝网印刷法、电泳沉积法（electrophoretic deposition，EPD）。

1. 化学气相沉积法

化学气相沉积法制备碳纳米管阴极一般采用 Fe、Co、Ni 及其合金做催化剂，将乙炔、甲烷、丙烯等作为碳源，在稀释气体和高温下催化裂解产生自由碳原子，进而沉积形成碳纳米管，CVD 法生长碳纳米管的示意图如图 5-4 所示。通常还采用等离子体加强化学气相沉积（plasma-enhanced chemical vapor deposition，PECVD）或微波等离子体化学气相沉积（microwave plasma chemical vapor deposition，MPCVD）的方法来保持碳原子的均匀分布，从而更有效地合成碳纳米管。利用 CVD 法制备碳纳米管阴极具有生长的碳纳米管产量高、纯度高、管径一致性好、定向性好、参数易于控制、易于形成图形化阴极等优点，同时碳纳米管阴极的场发射电流密度高、电子发射均匀性好、稳定性好等优良的场发射性能，适合场发射显示器的制作，可获得高的分辨率和画质。

但是，CVD 法制备碳纳米管阴极对设备和工艺的要求较高，往往含有较多的杂质，一方面影响了阴极场发射性能，另一方面又会污染微加工工艺环境。目前面临最大的问题在于生长温度较高，不能利用玻璃作为基底，也不利于集成电路的制

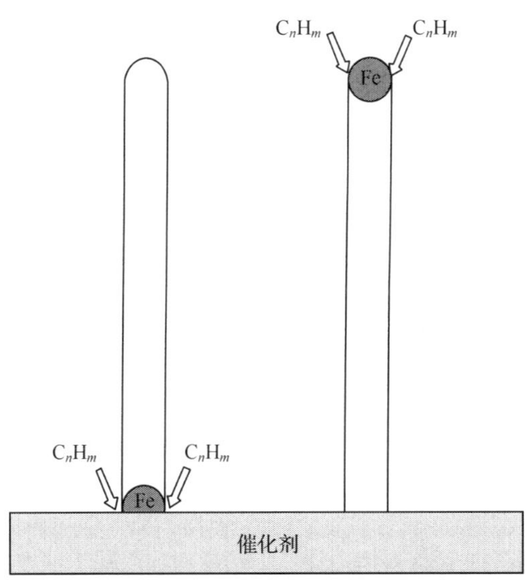

图 5-4　CVD 法生长碳纳米管的示意图

作。这种方法制作碳纳米管阴极的成本较高，只能应用于小尺寸的场发射阴极的制备，而不能制备大尺寸的碳纳米管阴极，不利于 CNT-FED(碳纳米管场发射显示器)向着产业化方向发展。

2. *涂覆法*

通常涂覆法制备碳纳米管阴极是将纯化后的碳纳米管配制成碳纳米管悬浮液或者将其与有机黏合剂等混合、研磨，再利用成熟的涂覆工艺将碳纳米管转移到基底上形成碳纳米管薄膜。目前报道的涂覆工艺有直接涂覆法、甩胶式涂覆法等。涂覆法制备碳纳米管阴极具有成本低、操作简单等优点，然而具有碳纳米管薄膜的厚度不易控制、重复性差等缺点。将裂解法制得的碳纳米管与有机黏合剂等混合、研磨，然后直接涂覆在 Si 基底上，制得碳纳米管阴极，测得开启电场强度为 1.25～1.5 V/μm，主要通过增加浆料中黏合剂的比例来增强碳纳米管在 Si 基底上的附着性，但是碳纳米管阴极的场发射性能会下降，发射性能不稳定[17]。

3. *丝网印刷法*

丝网印刷法制备碳纳米管阴极是将传统的厚膜工艺加以改进，将经过纯化处理的碳纳米管粉末加入有机浆料中，即经过球磨等一系列工艺将碳纳米管均匀地分散于有机浆料中，之后用丝网印刷工艺将碳纳米管浆料转移到玻璃基底上制作成大面积碳纳米管薄膜，使得大尺寸 CNT-FED 的制作成为可能。该方法的工艺简单，具有制作成本低、操作简单、大尺寸等优势，有助于推进场发射平板显示器的产业化发展。韩国 Samsung SDI 公司已经采用丝网印刷技术研制成功了 34 英寸 CNT-FED。

通过丝网印刷法制备的碳纳米管阴极具有碳纳米管的定向性差、发射电流密度低、开启场强高、亮度低等缺点。存在这些问题的主要原因包括以下几点：①碳纳米管的浆料成分及其配比等工艺直接影响碳纳米管阴极的场发射性能，碳纳米管与有机成分混合得不彻底以及碳纳米管在浆料中随机分布都会影响场发射电子的均匀性；②使用有机材料作为黏合剂必须通过高温烧结使有机材料挥发，残余的有机浆料包裹碳纳米管会影响碳纳米管阴极的场发射性能，同时，高温烧结会使碳纳米管和基底不可避免地产生氧化；③通常需要合适的后处理工艺才能提高碳纳米管阴极的场发射性能（如等离子体轰击、胶带法、机械刮划等），因此具有增加工艺复杂性、提高成本以及场发射性能的不确定性等缺点。

4. 电泳沉积法

电泳沉积法是指悬浮液中的带电悬浮粒子在电场力的作用下发生定向迁移并沉积在具有相反电荷的电极上的现象，其包括迁移过程（电泳）和电极表面的电极反应（电化学作用）两个步骤。

碳纳米管在水或有机溶剂中可以吸附带电离子，从而使碳纳米管带电。利用电泳沉积法制备碳纳米管阴极是指利用电场使碳纳米管悬浮溶液中的带电离子包裹碳纳米管，表面带有电荷的碳纳米管在电场力的作用下向着某一电极迁移，释放（或得到）电荷后，碳纳米管沉积在电性相反的电极板上，获得一层均匀的碳纳米管薄膜。碳纳米管吸附阴离子而沉积在阳极上称为阴离子阳极电泳，也称阳极电泳；碳纳米管吸附阳离子而沉积在阴极上称为阳离子阴极电泳，也称阴极电泳。

电泳沉积法制备碳纳米管阴极既可避免 CVD 生长碳纳米管所需的高温条件，又可避免丝网印刷法中有机浆料包覆碳纳米管的现象。与丝网印刷法制备碳纳米管阴极相比，此方法不但使碳纳米管分布更均匀，可以提高场发射点的均匀性，而且具有碳纳米管薄膜的厚度易控制、制备步骤简单、成本低、效率高、可以实现大面积场发射阴极阵列的制备等优点。

5.1.3　碳纳米管的表面改性

碳纳米管的管壁与石墨的结构一样，其表面光滑、反应活性低，悬挂键极少，与其他物质的浸润性很差、结合力弱。同时，碳纳米管的管与管之间具有较强的吸附力，其表面亲水性弱，这使得碳纳米管不溶于水和有机溶剂，并且成束难以分散，这些极大地降低了碳纳米管作为纳米功能材料的优越性能，限制了碳纳米管在各个领域中的应用。

为了改善碳纳米管的表面结构、降低表面能态、提高分散性能以及增加碳纳米管与其他物质的界面结合力，使碳纳米管的奇特性能在各个领域中得到广泛应用，需要对碳纳米管表面进行改性。碳纳米管的表面改性主要是利用物理、化学方法改变碳纳米管表面的状态和结构，实现对碳纳米管表面的控制，达到改变或改善碳纳米管的分散性和稳定性、提高表面活性、使表面产生新的官能团，并改善碳纳米管与其他物质的浸润性，赋予其新的物理、化学、机械性能以及新的功能。1996 年，Ebbesen 等[18]首次提出对碳纳米管表面进行化学修饰，之后掀起了对碳纳米管表面改性的研究热潮。碳纳米管表面改性可分为表面物理改性和表面化学改性两种。

1. 碳纳米管表面物理改性

碳纳米管表面物理改性是主要通过吸附、机械应力、紫外线等、等离子射线物理作用对碳纳米管进行表面改性。如利用球磨机对碳纳米管进行球磨处理，就是通过机械应力来对碳纳米管粉碎、摩擦，以及对碳纳米管表面进行激活以改变其表面物理化学结构，当碳纳米管的内能增大时，在外力作用下，活化的碳纳米管表面可以与其他物质发生反应和吸附，从而达到碳纳米管表面改性的目的。Lee 等[19]采用等离子轰击对阵列碳纳米管（vertically grown carbon nanotubes，VCNT）的结构进行改造。另外，通过超声细胞粉碎、超声分散或利用很大的剪切力来处理碳纳米管，防止其团聚，以提高其分散性能。

2. 碳纳米管表面化学改性

碳纳米管表面化学改性是通过碳纳米管表面与改性剂进行化学反应，在碳纳米管的端帽和侧壁处获得某些官能团，以达到改变其表面性质的作用。最典型的办法是浓 H_2SO_4 和浓 HNO_3 混酸氧化法，既可以对碳纳米管进行化学切割，又可以使碳纳米管的缺陷处和开口端产生大量羧基（—COOH）、羟基（—OH）等活性基团，这些活性基因也可进一步转换为另外几种基团，如酰氯基团（—COCl）、亚氨基（—NH）等。单燕君等[20]利用浓 HNO_3 对多壁碳纳米管进行酸化处理，然后使用十二烷基磺酸钠（SDS）活化后再用 γ-氨丙基-三乙氧基硅烷进行硅烷化改性处理，从而增加了碳纳米管的表面活性基团，改善了碳纳米管的分散性，增强了碳纳米管与聚合物的结合力。

通过化学方法可在碳纳米管内填充一些材料，如金属 Fe、Co、Ni 以及一些放射性材料等。Fu 等[21]在碳纳米管内部填充金属 Co。李换英等[22]采用蒙特卡罗方法研究了碳纳米管的直径、形貌以及与金属 Ni 之间的相互作用对填充 Ni 结构的影响。Qiu 等[23]通过气相法将二茂铁填充到双壁碳纳米管的纳米空腔内部，制备了二茂铁-双壁碳纳米管，双壁碳纳米管内部的二茂铁与管壁之间存在很强的电子相互作用，并伴有电子转移现象。

另外，通过化学方法对碳纳米管进行包覆改性，在其表面均匀包覆一层其他物质的膜层,也可以使碳纳米管的表面性质发生某些变化。

5.1.4 场发射性能及应用

碳纳米管韧性高、兼具金属性和半导体性,同时具备优良的场发射性能,成为目前研究应用最多的场发射阴极材料。1995 年,De Heer 等[24]首先通过实验发现碳纳米管具有发射电子的特性。研究表明,碳纳米管在场发射方面具有潜在的应用。其后,许多科技工作者被吸引到场发射性质的研究中,利用碳纳米管制作场发射阴极及器件成为真空微电子学发展的一个热点。1996 年,Collins 等[25]证实了碳纳米管具有稳定性好和抗离子轰击能力强等良好的场发射特性。1998 年,Saito 等[26]研究了碳纳米管阴极的寿命,预计将超过 10000h。

由于碳纳米管具有中空结构、纳米级的直径、微米级的长度、较高的长径比(>1000)、大的比表面积,而且具有良好的热稳定性及化学稳定性、良好的导电性、优异的机械性能等,在真空电场作用下可以发射电子,认为是一种理想的冷阴极发射纳米功能材料,可广泛应用于制作场发射显示器(field emission display,FED)、场发射荧光灯[27](field emission lighting tube,FELT)和 LCD 背光源(back light units,BLU),以及电子产生器,如微波放大器[28](microwave amplifiers)、三极管放大器[29](triode amplifier)、X 射线管[30](X-ray tubes)。

在各种场致发射器件上具有潜在应用前景的是场致发射显示器。其中碳纳米管场致发射显示器(CNT-FED)被认为是最有可能与等离子体显示器(plasma display panel,PDP)和液晶显示器(liquid crystal display,LCD)相竞争的新型平板显示器之一,具备阴极射线管显示器(cathode-ray tube,CRT)与液晶显示器两者的优点,被认为是最符合"绿色"环保要求的显示器。

谈到平板显示器是绝对避不开它的参照物阴极射线管(CRT)的,因为每种平板显示器的优缺点都要与 CRT 做对比。目前大部分平板显示器件的图像显示质量,特别是性能价格比和传统的 CRT 显示器件仍然有一定的距离。FED 是显示与真空微电子相结合的产物,在显示器行业内被认为是发光原理最接近 CRT 的一种平板显示器件。FED 与 CRT 相比,具有薄、轻、平板化等特点;与液晶显示器相比,FED 没有背景光源、滤波器及偏振片,制备流程简单,而且不受视角的限制。因此 FED 一直是各高校和研究机构关注的热点。FED 的开发历史虽起于 20 世纪 50 年代,国外许多知名公司都致力于 FED 的研究开发,但至今仍未产业化,主要是还存在寿命、可靠度、成本等方面的问题,而这些问题直接影响着显示器件的商业化。但是随着各种新技术的引进与突破,FED 的研究也取得了相应突破。

场致发射平板显示器是正在研究开发的几种平板显示器中的一种,它是一种固体真空平面显示装置,利用点阵排列式冷阴极场发射电子,以保证显示性能的稳定可靠、色彩鲜艳及高分辨率。其研究历史可以追溯到 1928 年,Fowler 与 Nordheim 共同提出解释金属场致发射现象的 Fowler-Nordheim 理论。虽然理论上得到解释，但直到 1968 年由 Spindt 提出可制备显示器的 Spindt 尖锥阴极后，才吸引了众多研发机构和高校的研究和开发。目前场发射技术主要有微尖式、纳米技术、表面电子传导型以及可印刷低逸出功型等，其中以纳米技术尤其是碳纳米管技术最为先进。

FED 的图像显示原理与 CRT 类似，都是阴极在外加电场作用下发射电子，电子在阳极电压的作用下加速，穿过真空轰击荧光粉而发光。两者所使用的荧光粉也是相同的，唯一的差别是电子的产生方式，CRT 是加热阴极而产生电子，一般称为热阴极电子(hot cathode electrons)；而 FED 则是利用外加电场将电子由阴极吸引出来，因此称为冷阴极电子(cold cathode electrons)。由于与 CRT 的发光机制相同，因此，FED 既保留了 CRT 优异的显示性能，又顺应着显示器向平板化方向发展的趋势，具备平板显示器的质量轻、厚度小等特点。但 FED 目前仍处于研发阶段，其结构、均匀性、稳定性、荧光材料、真空的获得与维持以及显示驱动等方面的技术还有待进一步研究和提高。

FED 的结构由前基板和后基板组成，中间由隔离子支撑，两基板之间的空间为真空，其真空度为 10^{-3} Pa 以下，一般需要 10^{-5} Pa。FED 结构原理示意图如图 5-5 所示。其前基板包含荧光粉、黑底、阳极电极，也称为阳极板。而后基板又称为阴极板，其结构一般有栅极和阴极两电极，阴极由可发射电子束的场发射阵列(field emission arrays，FEAs)组成，而在此阵列上方 1～2 μm 处形成直径为 1～1.5 μm 的孔状栅极。由于阴极和栅极之间用一层很薄的绝缘层隔开，阴栅之间加上一个很低的电压就能在阴极的尖端上形成很强的电场；在强电场的作用下，阴极表面的势垒高度降低且宽度变窄，阴极表面发射出的电子通过隧道效应发射到真空中，电子在阳极电压形成的外加电场作用下向阳极加速，从而轰击阳极面板上的三基色荧光粉层而发光显示。

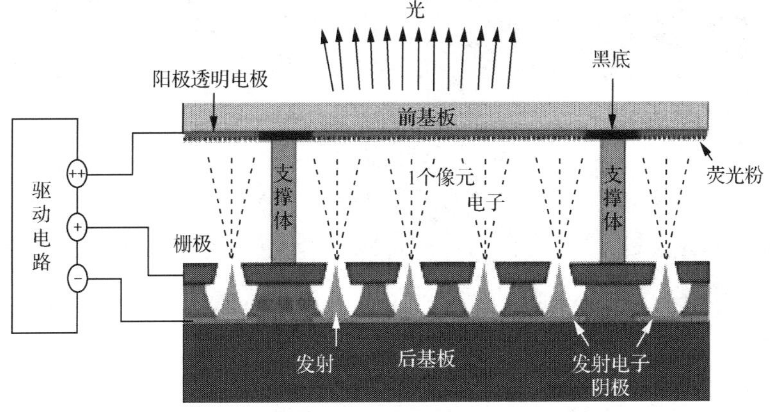

图 5-5　FED 结构原理示意图

目前，由于二极型 CNT-FED 受驱动电路的限制，器件的阳极电压不易提高，因此亮度较低，灰度再现性差，所以，二极型 CNT-FED 在实际应用中具有很大的局限性。实际应用中，CNT-FED 的结构大多采取三极结构的方式来构成。三极结构除了阴极和阳极之外，还有很靠近阴极的栅极电极，其功能是可以用很小的电压来调控阴极的电子发射。由于阴栅间距很小，因此仅需约数伏特到数十伏特的电压即可将电子从阴极发射体中拉出，再由阳极所施加的高电场收集电子流轰击阳极板上的荧光粉发光。其优点是发射效率高、系统驱动电压低，且容易制作大尺寸面板。

在三极结构 CNT-FED 的制造技术方面，依栅极所在位置大致可以区分为前栅式(normal-triode)和后栅式(under-gate triode)两大类，如图 5-6 所示。其中前栅式包括日本 ISE 特有的网格栅式(grid-triode)结构。从三种技术的发展程度上比较，目前以韩国 SDI 后栅式的发展较为成熟，已经有 38 英寸、分辨率为 1280×768 的成品展示，能实现视频图像的显示。日本 ISE 网格栅式结构虽然尺寸达到 40 英寸，但分辨率只有 342×68，实现了多色显示无视频图像。在前栅式结构方面，台湾东元纳米材料股份有限公司展示了 10 英寸、QVGA 分辨率视频图像样机，台湾工业研究院展示了 20 英寸、QVGA 分辨率并由 RGB 发光混合成白光的背光面板。

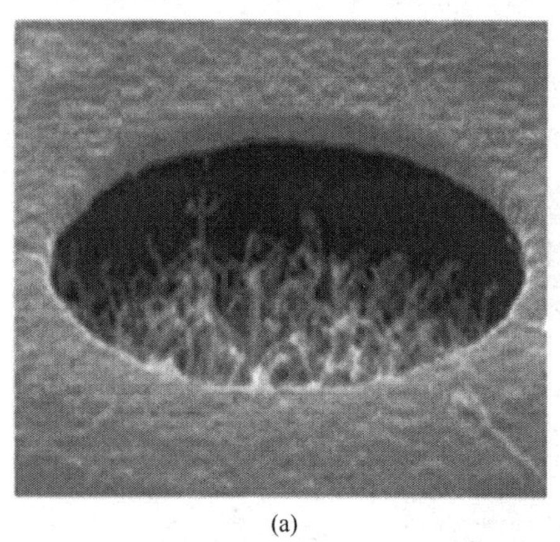

(a)

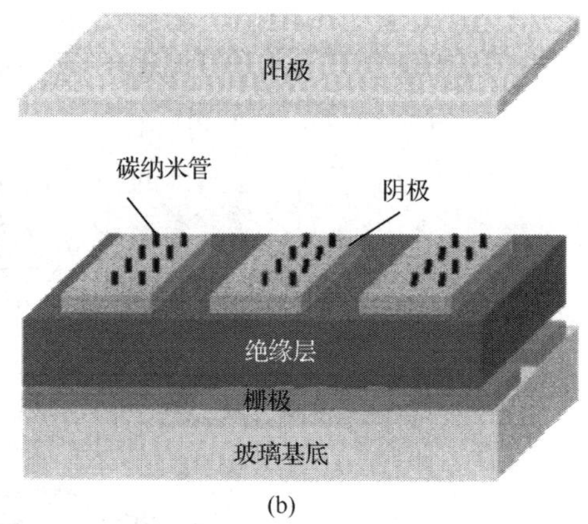

(b)

图 5-6 三极结构的 CNT-FED 图

(a) 前栅结构 SEM 图；(b) 后栅结构示意图

FED 三极结构的设计可以通过较小的驱动栅极电压来控制每个像素的开与关且 CNT-FED 工艺可以搭配便宜的厚膜工艺而实现大面积化，非常适合生产且易于降低成本。所以有许多研发团体(如韩国三星 SDI、LG 集团、美国 Motorola 公司、日本双叶电子工业株式会社、Applied Nanotech 公司、法国 LETI 公司以及台湾工业研究院)投入相当多的研究。福州大学、中国科学院上海微系统与信息技术研究所、中山大学、东南大学、兰州大学、郑州大学、电子科技大学等多家单位也在从事CNT 场发射方面的研究。主要研究单位的 CNT-FED 样机展示照片如图 5-7 所示。

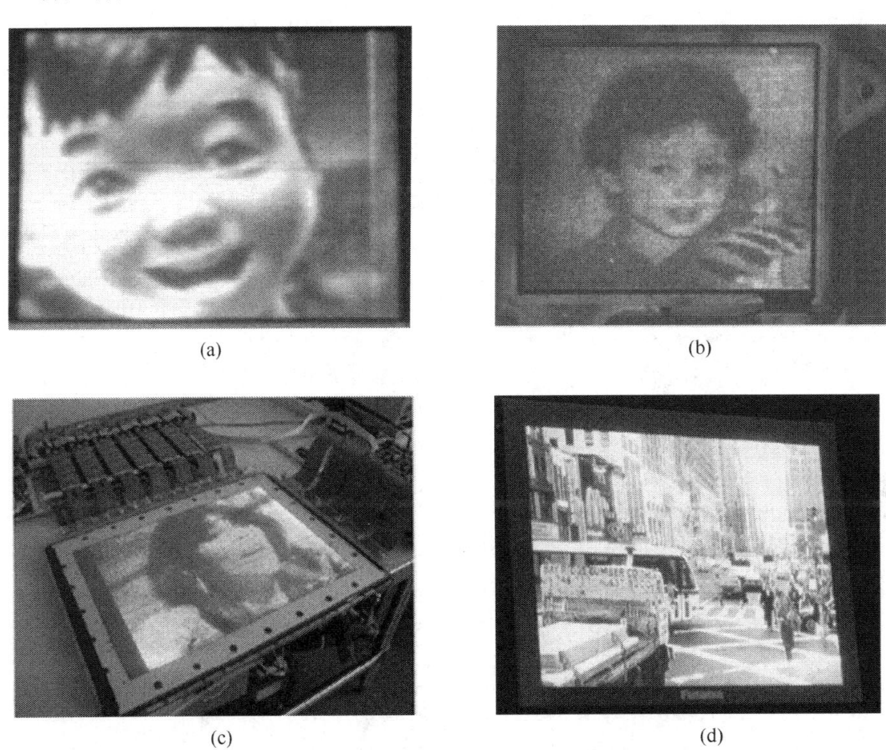

图 5-7　CNT-FED 样机展示照片

(a) 韩国三星 15 英寸彩色样机;(b) 法国 LETI 6 英寸彩色 NED(碳纳米管冷阴极场发射显示器)样机;(c) Applied Nanotech 25 英寸样机;(d) 日本双叶电子 14.4 英寸样机

2008 年 2 月,台湾东元纳米材料股份有限公司展示了一种透视型 CNT-FED,样机显示照片如图 5-8 所示。该系列显示板的穿透性≥88%,可显示信息但又不

(a)

(b)

图 5-8　台湾东元纳米材料股份有限公司制作的字符型透射式 CNT-FED

(a) 透视型样机侧面图;(b) 透视型样机正面图

影响视线，具有超广视角、反应时间迅速、超低功耗、环保省电等特点。该产品适合多种场合的信息发布、文字显示等。

除了作为电子源阵列应用于平板显示及发光器件，碳纳米管可代替钼针作为发射电极，在较低的发射电压下获得较高的场发射电流密度，可以作为强流电子束源，将在高能器件领域具有巨大的应用潜力。采用丝网印刷法和涂覆法制备了两种碳纳米管阴极，研究表明，碳纳米管阴极的最高场发射电流密度可达 260 A/cm^2，两种方法制备的碳纳米管阴极具有优异的强流脉冲发射性能和发射稳定性[31]。

利用碳纳米管的较高场发射电流密度，2002 年，美国北卡罗来纳大学（NCU）和应用纳米技术公司（ANI）[32]报道了用碳纳米管场发射阴极作为 X 射线源。射线管是 X 光机中的核心部分，是获得 X 射线的装置。它的基本结构是一具有高真空度的二极管。X 射线的产生机理是阴极钨丝加热到高温（2000 ℃以上）发射热电子，经加速电压加速后，热电子轰击阳极靶产生 X 射线。

常用的用于产生 X 射线的电子源是基于钨丝的热电子发射源。然而，该电子源存在一系列缺点。在非超高真空的条件下，被加热到高温的热钨丝易与管内的残余水蒸气和氧气反应形成氧化钨，降低钨丝发射电子的性能，并缩短 X 射线管的寿命。如果真空度太高，钨丝的蒸发温度降低，导致钨丝的蒸发速率增大，也使 X 射线管寿命缩短。另外，由于加热钨丝需要加热设备，一方面需要消耗一定能量，另一方面使得制备结构紧凑的电子束工具较困难。鉴于热阴极以上的缺点，研究者就一直考虑用场致电子发射源——冷阴极取代热阴极，但由于冷阴极发射电子时，电子的发射强烈地依赖发射面的表面电场，导致发射电流的不稳定性，因此冷阴极未得到实际应用。

与金属钨相比，碳纳米管不易被溅射，可延长发射源的寿命。同其他碳材料如非晶碳、金刚石等相比，碳纳米管具有高的长径比、低的场致电子发射开启电场强度、高的场致发射电流密度和良好的电流稳定性。同时，碳纳米管具有化学惰性，仅在高温条件下才与氧或氢发生反应，并且具有高的力学强度，使得用碳纳米管取代热阴极成为可能。碳纳米管场致发射 X 射线管由于不需要加热设备，可延长 X 射线管的寿命，减小 X 光机的体积和降低能耗，易于制备携带式 X 光机或最小的 X 光机，并降低成本。碳纳米管发射的电子能量分布比热电子的电子能量分布均匀，并且碳纳米管发射的电子可聚焦成能量展宽较小的电子束，提高了图像的分辨率。碳纳米管场致发射 X 射线管能够以连续和脉冲的模式产生 X 射线，满足医学和工业的应用。基于碳纳米管阴极的 X 射线管结构示意图及其应用如图 5-9 所示[32]。

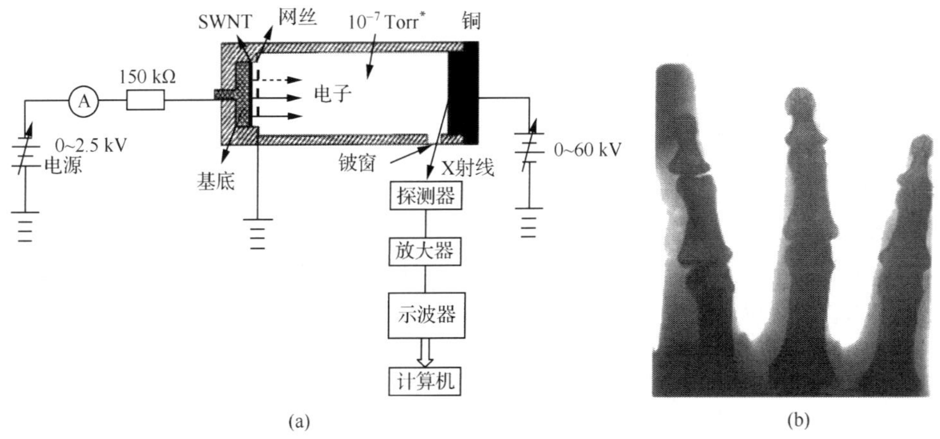

图 5-9　基于碳纳米管阴极的 X 射线管结构示意图及其应用[32]

(a) 碳纳米管场致发射二极管型 X 射线管结构示意图；(b) 采用该 X 射线管拍摄获得的人体骨骼照片

5.2　石墨烯在场致发射器件中的应用

场致电子发射是利用强电场在固体表面上形成隧道效应而将固体内部的电子拉到真空中，是一种实现大功率高密度电子流的方法。利用场致电子发射现象制备的电子源已经成功应用于场致发射扫描电镜，并有望应用于场致发射显示器、大功率微波管、太赫兹发生器等。石墨烯具有优良的导电性、导热性和物理化学稳定性，并且存在尖锐的单原子层边缘，另外还可以解决一维纳米材料阵列在场致发射过程中较强的屏蔽效应问题。这些都使得石墨烯有可能成为一种优异的场致发射材料。

直接在基底表面原位生长具有垂直取向的石墨烯是获得高性能石墨烯阴极的一个有效途径。Malesevic 等[33]采用直流等离子体增强化学气相沉积法制备了垂直于基底的定向石墨烯。他们发现该方法制备出的石墨烯阴极尽管开启场强低，但是稳定性不强，几个循环后开启场强会出现波动，场增强因子也会减小。Zhang 等[34,35]采用更为简便的射频磁控溅射方法制备出定向生长的石墨烯纳米片薄膜。Xu 等[36]使用微波等离子体增强化学气相沉积方法制备了垂直排列的少层石墨烯薄片，测试结果发现石墨烯的尖端形状、高度对其场发射性能有很大影响。Wang 等[37]优化了采用等离子体增强化学气相沉积方法制备石墨烯纳米片的参数，提高了其场发射性能，在电场强度为 18 V/μm 时，该材料的场致发射电流密度为 0.6 mA/cm^2。Qi 等[38]报道了用 Ar 等离子体刻蚀少层石墨烯纳米片的后处理技术，有效地降低了其开启场强。除了原位制备石墨烯阴极外，采用转移技术将石墨

* 1 Torr＝1 mmHg＝1.33322×10^2 Pa。

烯转移至电极表面有利于获得大尺寸的石墨烯阴极并降低制造成本。Qian 等[39]报道了采用丝网印刷法获得石墨烯薄膜，其具有低开启场强，电场强度为 1.5 V/μm 时，电流密度为 1 μA/cm²，经多次循环后仍具有稳定的场发射性能。Cheng 课题组[40]采用电泳方法制备了厚度均匀可控、大面积的石墨烯阴极，且具有较好的场致发射稳定性。本课题组对石墨烯的转移也开展了系统工作。例如，采用丝网印刷与曝光工艺结合技术获得了垂直取向、密度可控的石墨烯阴极；基于旋涂工艺，采用 ZnO 薄膜作为附着层，成功制备了可实现图形化的石墨烯阴极；基于喷涂和机械剥离处理技术可以大面积获得具有尖锐石墨烯边缘的阴极阵列[41-43]。

5.2.1 三维石墨烯复合阴极的制备与表征

石墨烯与半导体纳米材料的有效复合具有增强场发射性能的潜在优势，到目前为止关于这方面的相关报道仍然较少。Zheng 等采用等离子体增强化学气相沉积方法在氧化锌纳米线阵列的表面原位生长石墨烯，获得了具有垂直排列的石墨烯纳米片结构。在该复合结构中氧化锌纳米尖端和石墨烯片同时作为电子发射点，可以有效提高材料的场致发射电流密度，其开启场强仅为 1.3 V/μm。Ding 等[44]采用电泳沉积和射频磁控溅射方法在硅片表面制备了 SnO_2 纳米颗粒/石墨烯复合结构，有效提升了 SnO_2 的场发射性能。本工作采用氧化石墨烯微米片，增强四针状 ZnO 与底电极的电学和力学接触，从而有效提升四针状 ZnO 的发射电流密度和发射稳定性[45]。

如何高效利用石墨烯极强的边缘场增强效应是研发具有高场发射性能石墨烯阴极的关键。常规的技术路线是在电极表面沉积直立排列的石墨烯，然而在这些方法中，直立取向的石墨烯在平面电极表面是以一种二维的平面结构存在，其场增强因子直接取决于垂直取向石墨烯层的形貌，如石墨烯片密度、石墨烯片的尺寸等参数将显著影响石墨烯阴极的场增强因子。如图 5-10 所示，在平面结构的直立石墨烯层中，由于石墨烯间的相互电场屏蔽作用，该阴极的场发射性能将出现明显的下降。因此本工作提出一种以四针状氧化锌为模板，具有垂直取向的三维石墨烯氧化锌复合结构，以削弱电场屏蔽作用，获得具有低开启场强、低阈值场强、高场增强因子的场致发射阴极。

1. 三维石墨烯复合阴极的制备

四针状氧化锌(tetrapod-liked zinc oxide nanoneedles，T-ZnO)本身具有较大的场致发射电流密度以及高的场致发射稳定性，是一种理想的场致发射冷阴极材料[46-49]。四针状的三维几何结构可以保证 T-ZnO 始终有一个纳米针脚垂直于基底，从而形成一个优良的垂直尖端，因此该材料可以作为制备三维石墨烯结构的合适模板。详细的三维石墨烯/ZnO 复合阴极的制备过程如下：

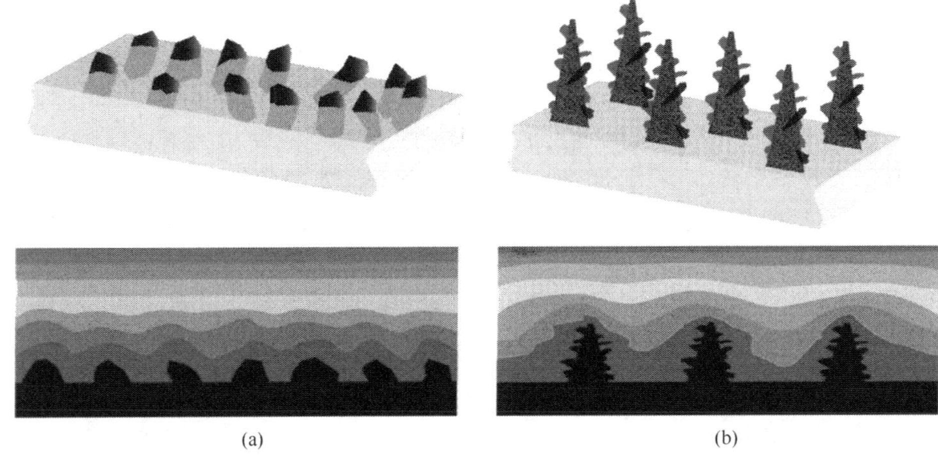

图 5-10　石墨烯阴极的结构示意图与电位分布示意图
(a) 二维结构；(b) 三维结构

(1) T-ZnO 的制备。取 5 g 锌粉原料，倒入浓度为 10%的 H_2O_2 溶液中，匀速搅拌 10～20 min，后放入超声波清洗机中超声 1 h，以保证锌粉和 H_2O_2 充分接触反应，在锌粉表面反应形成一层氧化锌薄膜。超声停止后使溶液静置 12 h，过滤后将锌粉放入洁净烘箱中，在 100℃下烘烤 5 h。将管式炉加热至 900℃，待温度稳定后，取一定量的预处理过的锌粉放入陶瓷舟中，迅速推到石英管的中心位置。反应 5 min 后，将陶瓷舟推出石英管，收集陶瓷舟内生成的白色絮状物质，即为 T-ZnO。所制备的 T-ZnO 晶须纯度高、形态均匀，适合作为三维石墨烯结构的自组装模板。

图 5-11 为 T-ZnO 晶须的 SEM 照片，通过高温气相氧化法制备的 T-ZnO 具有均匀的形貌，其纳米针脚的长度为 10～15 μm。

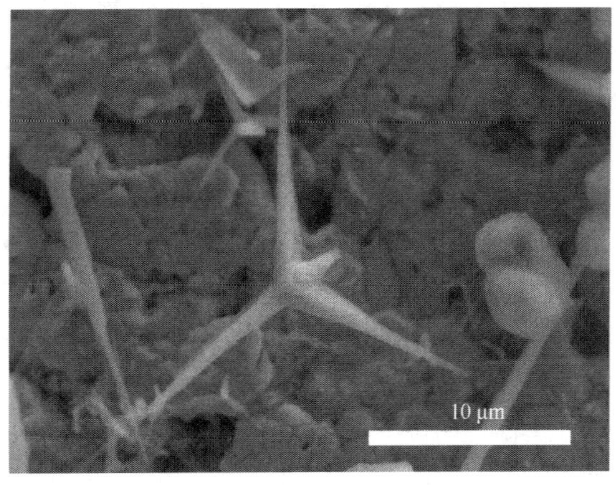

图 5-11　T-ZnO 的 SEM 照片

(2) T-ZnO 阵列模板的制备。采用质量比为 97.5∶2.5 的松油醇和乙基纤维素混合液作为有机溶剂与氧化锌混合，均匀搅拌 12 h，将 T-ZnO 配制成可用于印刷的浆料。通过丝网印刷的方法将 T-ZnO 浆料印刷到银浆电极表面。经过 400 ℃烧结 30 min 去除有机溶剂和黏合剂，获得 T-ZnO 模板。

(3) 三维石墨烯/ZnO 复合结构的自组装制备。如图 5-12 所示，将印刷有 T-ZnO 的基板放入聚四氟乙烯反应釜内，加入适量的氧化石墨烯悬浮液，使得 T-ZnO 全部浸泡在溶液中。将反应釜放入马弗炉内，经 30 min 加热至 230 ℃，并保温 1 h。反应结束后，待反应釜温度降至室温，取出印刷有 T-ZnO 的基板，用去离子水清洗，烘干后获得具有垂直取向的三维 ZnO/石墨烯复合结构。

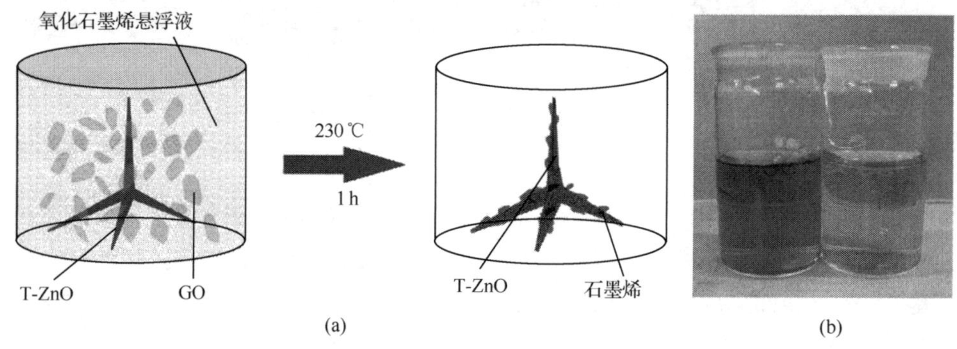

图 5-12 三维 ZnO/石墨烯结构的自组装制备及分散液

(a) 三维 ZnO/石墨烯结构的自组装制备示意图；(b) 反应前后的石墨烯分散液

由图 5-12 可知，反应前氧化石墨烯的水分散液为淡黄色，氧化石墨烯在水溶液中分散均匀；经过水热反应后，水溶液变成无色透明，且水中存在着许多黑色悬浮颗粒状石墨烯团聚物。在水热反应过程中，高温高压环境可以造成氧化石墨烯的部分还原，还原后的氧化石墨烯由于和水存在较大的表面能差异，因此石墨烯通过范德华力吸附在一起，形成黑色悬浮物。可以采用拉曼光谱测试来进一步确认氧化石墨烯的还原。图 5-13 为原始氧化石墨烯和经过水热反应后的石墨烯的拉曼图谱。样品存在两个明显的峰，分别是 G 峰（1596 cm^{-1}）和 D 峰（1322 cm^{-1}）。D 峰是氧化石墨烯存在不规则区域的体现，如缺陷、掺杂、晶界、其他碳原子杂化形式等，因此通过 D 峰和 G 峰的信号强度比值可以判断石墨烯的氧化程度。对于氧化石墨烯，D 峰和 G 峰的强度比值为 1.65，对于经过水热反应的氧化石墨烯，该比值下降至 1.11。这表明，经过水热反应后，氧化石墨烯获得了一定程度上的还原，将具有较好的电学特性。

经过水热还原后，氧化石墨烯被部分还原，在水中的分散性变差，但其边缘的残留羟基、羧基等使其仍带有负电荷，由于氧化锌表面带部分正电，因此石墨烯以 T-ZnO 为模板，通过静电自组装方式吸附在 T-ZnO 表面，从而形成具有垂直取向

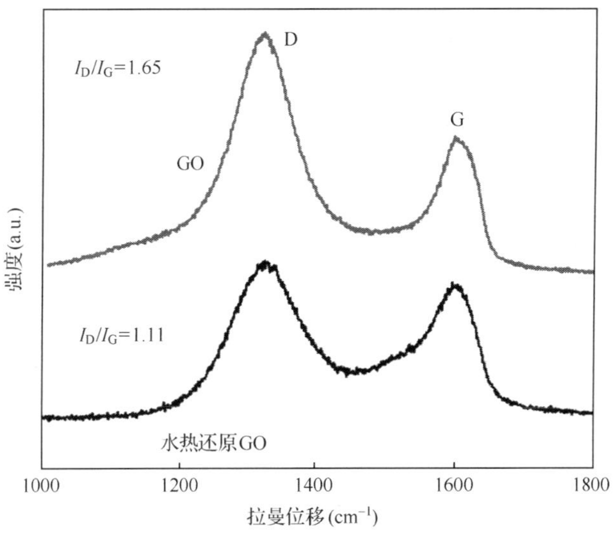

图 5-13　氧化石墨烯和经过水热还原的氧化石墨烯的拉曼图谱

的三维石墨烯/ZnO 复合结构。图 5-14 为三维石墨烯/ZnO 复合结构的低倍率和高倍率 SEM 图。从图中可以看出,石墨烯片致密地覆盖在 ZnO 晶须表面,且最表面的石墨烯凸出于晶须表面。这些具有原子层厚度的凸起具有高场增强因子,可以作为优异的场发射位置。

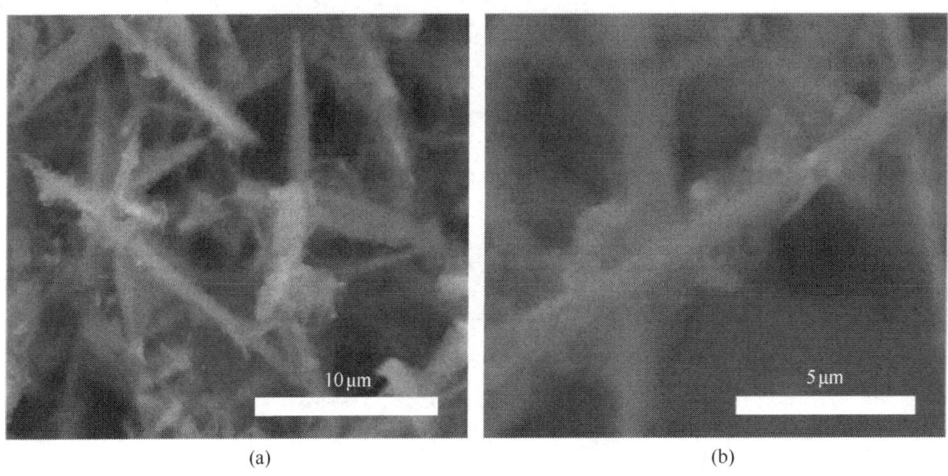

图 5-14　三维石墨烯/ZnO 复合结构的 SEM 图

为了研究 T-ZnO 与其表面的石墨烯是否存在电荷转移,可以对 T-ZnO 和包覆有石墨烯的 T-ZnO 样品进行光致发光测试,其光致发光(photoluminescence,PL)图谱如图 5-15 所示,所用的激发光波长为 325 nm。两个样品在 388 nm 位置出现一个发光峰，其对应于 ZnO 的近带发射[50]。除此之外，样品在 500 nm 附近还有一个宽蓝光发射峰，其对应声子激发的空穴与氧空位的复合发光[51]。这两个样品具有相同的发光峰位置，但对于包覆有石墨烯的 T-ZnO，其发光强度明显较弱。此种荧光猝灭现象同样出现在如碳纳米管/ZnO、石墨烯/ZnO 复合材料中[52,53]。这是由于在石墨烯/ZnO 复合结构中，石墨烯可以作为电子受体，材料发生了电子从 ZnO 向石墨烯的转移现象[53,54]。从 ZnO 到石墨烯的电子转移过程表明 ZnO 可以为包覆在其表面的石墨烯提供电子，从而有利于场致电子发射的进行和高发射电流密度的获得。

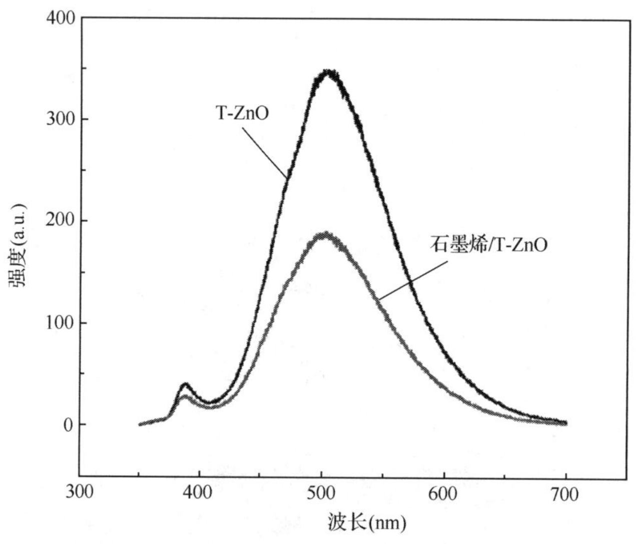

图 5-15 T-ZnO 和石墨烯/T-ZnO 的 PL 图谱

2. 场发射性能研究

采用场致发射测试系统对样品的场发射性能进行测试，测试系统的真空度为 1.0×10^{-3} Pa，场致发射器件采用传统的二极结构，其示意图如图 5-16 所示。阳极板为涂覆有电子激发荧光粉的 ITO 玻璃，阴极板为制备有三维石墨烯/ZnO 复合结构的基板，两基板的间距为 500 μm。阴阳电极间串联一个 10 MΩ 的电阻，起限流作用并避免样品的击穿。通过在 ITO 阳极施加高电压可以在石墨烯阴极表面形成强电场，从而促使电子的发射。当受到阴极发射电子的轰击时，阳极基板的荧光粉层可以发光，从而可以通过阳极板的发光区域分布判断阴极的电子发射均匀性。样品的场致发射电流-电压特性由 Agilent 34401A 型万用表记录。

对于场致发射阴极，阴极微观形貌的精确控制可以直接影响到阴极的场发射性能。研究发现，对于三维石墨烯/ZnO 复合阴极的制备，氧化石墨烯分散液的浓

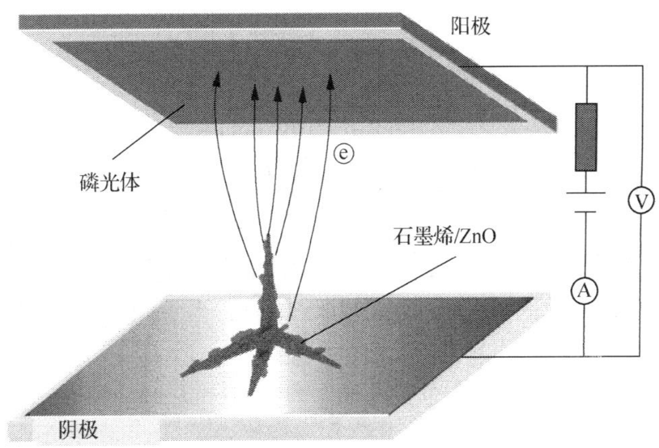

图 5-16　三维石墨烯/ZnO 复合阴极的场发射性能测试示意图

度对三维石墨烯/ZnO 复合结构的形貌取决定性作用。氧化石墨烯的浓度决定了组装于 T-ZnO 的石墨烯数量,以及突出于 ZnO 晶须表面的直立石墨烯片的数量。图 5-17 为采用不同浓度的氧化石墨烯分散液制备的三维石墨烯/ZnO 复合结构的 SEM 照片,其浓度分别为 2 mg/mL、4 mg/mL、6 mg/mL 和 10 mg/mL。随着氧化石墨烯分散液浓度的增加,组装于 T-ZnO 表面石墨烯的含量增加。当反应液的浓

(a)

(b)

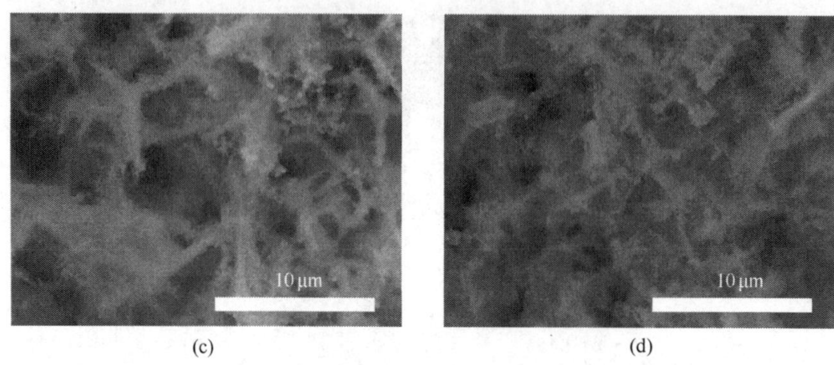

(c)　　(d)

图 5-17　不同氧化石墨烯分散液浓度下制备的三维石墨烯/ZnO 复合结构的 SEM 图
(a) 2mg/mL；(b)4 mg/mL；(c)6 mg/mL；(d)10 mg/mL

度为 2 mg/mL 时，T-ZnO 表面仅附着少量的石墨烯片，且石墨烯片分散而未能连在一起；当反应液的浓度为 4 mg/mL 时，T-ZnO 表面形成一层连续的石墨烯膜层，该石墨烯膜层的厚度较小，且石墨烯/T-ZnO 复合结构仍保持原有的四针状结构；随着反应液浓度的进一步增加，T-ZnO 表面覆盖较厚的一层稀疏状石墨烯层，当浓度达到 10 mg/mL 时，已经基本无法辨认其四针状结构。

图 5-18 为 T-ZnO 阴极与三维石墨烯/ZnO 复合阴极对应的场致发射电流密度-电场强度（*J*-*E*）特性曲线。其中样品 A 为 T-ZnO 阴极，样品 B、C、D、E 分别为采用浓度为 2 mg/mL、4 mg/mL、6 mg/mL、10 mg/mL 的氧化石墨烯溶液制备的三维石墨烯/ZnO 复合阴极。在这里，用开启场强（E_{on}）、阈值场强（E_{th}）、场增强因子

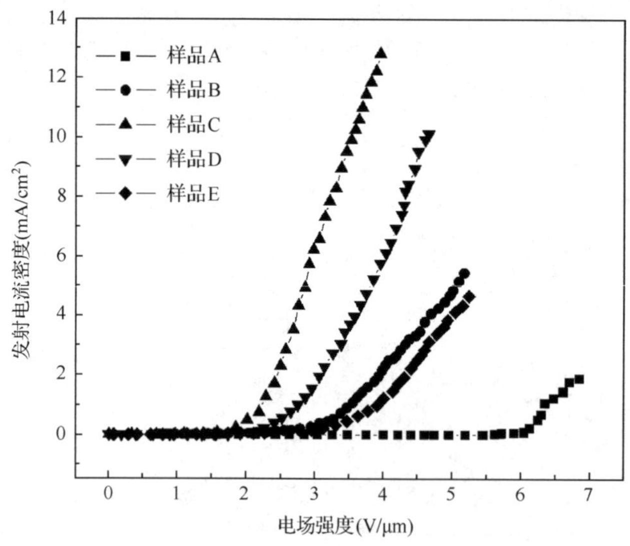

图 5-18　不同场致发射阴极的发射电流密度-电场强度特性曲线

(β)等参数来评价场致发射阴极的场发射性能。其中，开启场强和阈值场强分别表示当发射电流密度达到 10 μA/cm² 和 10 mA/cm² 时所需要的电场强度，它们的大小表明了材料在外加电场作用下发射电子的难易程度。E_{on} 和 E_{th} 越小，说明材料的场致发射越容易发生，即器件的工作电压越低。

相比于纯 T-ZnO 阴极，三维石墨烯/ZnO 复合阴极均具有更优的场发射性能，即具有更大的发射电流密度。对于 T-ZnO 阴极，其开启场强为 5.65 V/μm，对于样品 B、C、D、E，其开启场强分别下降至 1.46 V/μm、1.25 V/μm、1.49 V/μm、1.75 V/μm。由于样品 A、B、E 的场发射性能较差，在我们的测试电压范围内其发射电流密度没有达到 10 mA/cm²，因此无法测得其阈值场强。对于样品 C 和 D，其阈值场强分别为 3.53 V/μm 和 4.61 V/μm。以上测试表明采用氧化石墨烯浓度为 4 mg/mL 的前驱液制备的三维石墨烯/ZnO 复合阴极具有最优的场发射性能。

图 5-19 分别为 T-ZnO 阴极及三维石墨烯/ZnO 复合阴极在发射电流密度为 1 mA/cm² 时的阳极板荧光粉层的发光情况。T-ZnO 场致发射阴极的发射点密度小且分布不均匀；三维石墨烯/ZnO 复合阴极在发射点密度和均匀性方面均有较大改善。这是由于三维石墨烯/ZnO 复合阴极表面具有大量的石墨烯凸起结构，增加了可发射电子的数量，有效地改善了发射均匀性。相比于样品 D，样品 E 具有较高的发射均匀性。

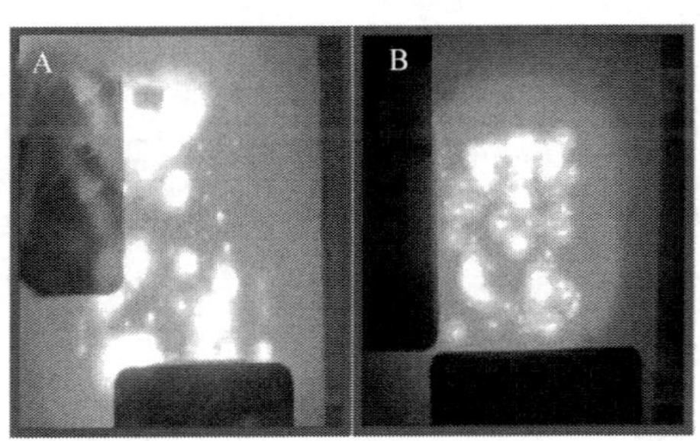

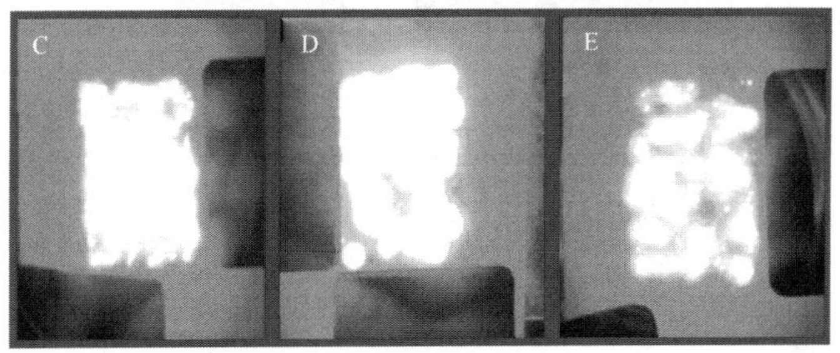

图 5-19　T-ZnO(样品 A)及样品 B、C、D、E 的发光图

以下从场增强效应和电荷输运效应方面讨论样品场发射性能存在差异的原因。

根据金属的场致电子发射理论可获得以下 F-N 方程[55]：

$$\ln\left(\frac{J}{E^2}\right)=\ln\left(\frac{A\beta^2}{\phi}\right)-\left(\frac{B\phi^{3/2}}{\beta E}\right) \tag{5-2}$$

式中，E 为电场强度；J 为场致发射电流密度；β 为场增强因子；ϕ 为阴极材料的表面逸出功，A、B 分别为 $1.56\times10^{-10}\,A/(V^2\cdot eV)$ 和 $6.83\times10^3\,V/(eV^{3/2}\cdot\mu m)$。图 5-20 为不同场致发射阴极对应的 F-N 曲线，线性的线性关系表明该阴极的电子发射方式为场致电子发射。近似认为 ZnO 的逸出功为 5.3 eV，石墨烯的逸出功为 5 eV，且对于三维石墨烯/ZnO 复合阴极主要是石墨烯进行电子发射，而 T-ZnO 的发射电流可以忽略。通过对 F-N 曲线进行线性拟合可以近似得到场致发射阴极的场增强因子。对于以上样品，β_A、β_B、β_C、β_D、β_E分别为 2204、8983、36362、10755、5454。一般来说，场增强因子的增加是阴极表面形貌变化的结果。例如，较高的长径比，合适的发射点密度都有利于场增强因子的提高。对于纳米线结构，场增强因子 $\beta\propto L/d$，其中 L 为纳米线的长度，d 为纳米线的直径。对于 T-ZnO，尽管其具有微米级的长晶须，但相对较大的尖端直径使其场增强因子较小。对于三维石墨烯/ZnO 复合结构，其具有比 T-ZnO 更高的场增强因子，这是因为三维石墨烯/ZnO 复合结果的场增强效应是石墨烯的场增强效应与 T-ZnO 四针状结构场增强效应的叠加。由于石墨烯具有单原子层的厚度，因此其具有较高的场增强因子。在三维石墨烯/ZnO 复合结构中有大量的石墨烯片直立于 ZnO 晶须表面，它们作为电子发射区域，再结合 T-ZnO 独特的几何结构，因此三维石墨烯/ZnO 复合结构具有较高的场增强因子。相对于样品 C，其具有比样品 B 更多的场发射尖端，因此其具有更优的场发射特性和更强的场增强因子。对于样品 D 和 E，如图 5-17 所示，由

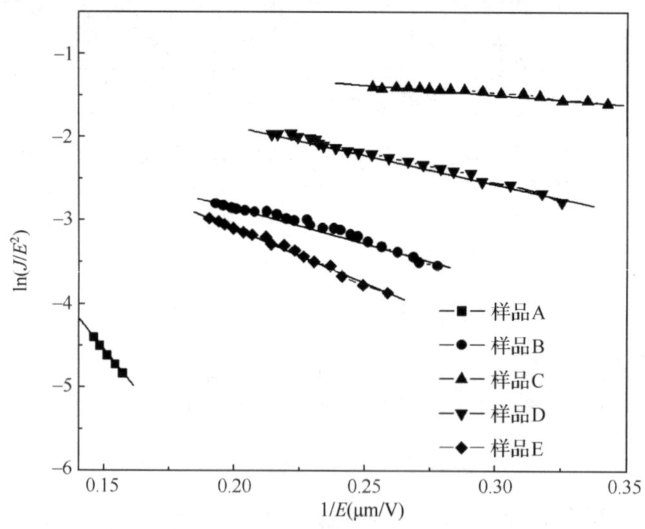

图 5-20　不同场致发射阴极的 F-N 曲线

于 T-ZnO 表面附着有大量的石墨烯，这造成表面的石墨烯几乎处于同一平面上，从而使四针状三维结构的场增强叠加效应减弱。同时由于石墨烯片较多，发射点之间的电场屏蔽效应同样降低了器件的场增强因子。因此样品 D 和 E 的场发射性能不如样品 C。

除了表面形貌造成场增强因子存在差异，样品的电输运性能对于阴极的场发射也有显著的影响。场致电子发射的过程包括：①基底电极上的电子注入发射材料；②电子在发射材料内输运并最终发射到真空。对于样品 B，由于表面的石墨烯未能形成连续的膜层，因此在电场的作用下，电子是从电极输运到 ZnO，再从 ZnO 输运到石墨烯，最后发射到真空。研究表明石墨烯与 ZnO 之间的接触为欧姆接触，且前文中的 PL 测试表明，在该复合结构中存在着从 ZnO 到石墨烯的电子转移。因此对于样品 B，电子可以较高的效率从 ZnO 传导至石墨烯。然而由于 ZnO 是一种 N 型半导体，不具有优良的导电特性，因此电子在 T-ZnO 内的输运能力不足，将最终降低样品 B 的场致发射性能。对于样品 C，如 SEM 所示，石墨烯连续地覆盖在 T-ZnO 表面，因此电子可以直接从电极传输到石墨烯薄膜，再从石墨烯边缘发射至真空，从而具有高效的电子输运。为了验证包裹石墨烯对于该复合结构的电输运性能的增强效应，我们做了如下测试。

在玻璃表面制备间距为 50 μm 的银电极对，在电极间隙沉积 T-ZnO，然后再以相同的工艺在 T-ZnO 表面组装石墨烯，见图 5-21(a)。通过测试电极对之间导电性的变化，可以从侧面反映出 T-ZnO 及 T-ZnO 支撑的三维石墨烯/ZnO 复合结构的导电特性。图 5-21(b)为不同样品的电流-电压特性曲线。对于纯的 T-ZnO（样品 A），其电阻约为 $10^9\,\Omega$。在浓度为 2 mg/mL 的氧化石墨烯悬浮液中组装石

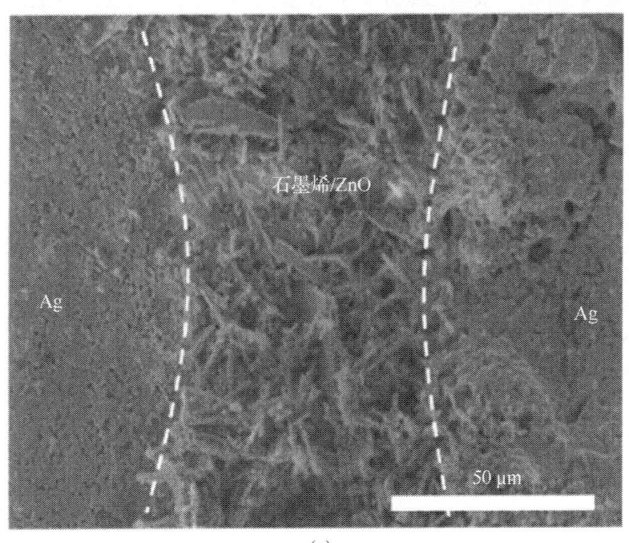

(a)

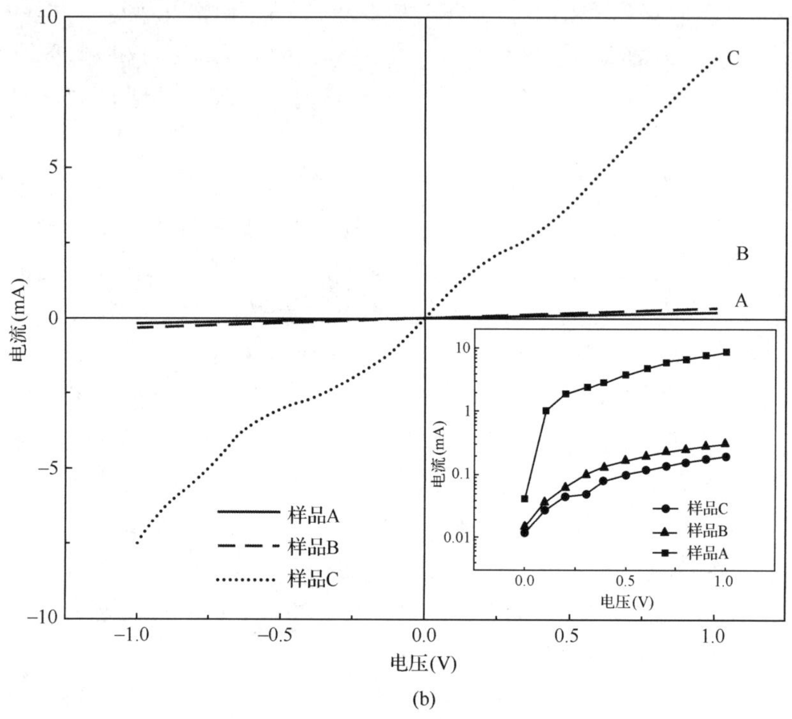

图 5-21　T-ZnO 表面组装连续石墨烯平行电极结构 SEM 图及样品电流-电压特性曲线
(a) 平行电极结构的 SEM 图;(b) 不同样品电流-电压特性曲线

墨烯后(样品 B),其电阻约为 10^9 Ω,与纯的 T-ZnO 保持在同一数量级,这表明在 T-ZnO 表面组装少量不连续石墨烯后对整个复合材料的导电性能没有明显影响。在浓度为 4 mg/mL 的氧化石墨烯悬浮液中组装石墨烯后(样品 C),其电阻约为 10^8 Ω,这表明在 T-ZnO 表面组装连续石墨烯后可以提升整个复合材料的导电性能,ZnO 晶须表层的连续石墨烯膜层可以为电子输运提供额外的传输通道。

5.2.2　石墨烯/ZnO 纳米棒二级结构

石墨烯的单原子层结构及高电子迁移率使其具有优异的场发射性能,包括低工作场强、高场增强因子。然而作为二维纳米结构,其电子发射仅在边缘进行,且由于发射点之间的相互屏蔽作用,单一石墨烯片的发射点往往只集中在单一区域,这造成石墨烯的电子发射点密度较低;尽管石墨烯的物理化学性质稳定,但单层碳原子在离子的轰击下容易氧化和分解,从而造成发射稳定性的下降。因此如何在有效利用石墨烯优异场致发射优势的同时克服其不足,将对推动石墨烯在场发射电子源中的应用有重要价值。在本工作中我们提出在石墨烯的表面和边缘复合

ZnO 纳米棒，形成石墨烯/ZnO 纳米棒二级结构，结合石墨烯和 ZnO 纳米棒在场致发射应用中的优点，有效提高石墨烯阴极的场发射点密度和发射稳定性。

1. 二级结构的制备与表征

在本部分工作中重点研究石墨烯/ZnO 纳米棒的场致发射增强效应。因此可以仅采用简单的提拉方法获得具有丰富边缘的石墨烯薄膜，以此作为石墨烯阴极。石墨烯/ZnO 纳米线复合阴极的制备过程如下：

(1) 将还原氧化石墨烯分散在去离子水中，浓度为 0.2 mg/mL，于超声清洗机中超声分散 2 h，得到均匀分散的石墨烯悬浮液。

(2) 采用浸渍提拉法进行石墨烯的转移，即将制备有银浆电极的基板浸在石墨烯悬浮液中，缓慢提拉基板直至其离开液面，在 90 ℃烘箱中烘干。石墨烯片均匀地黏附在电极表面，形成具有丰富原子层厚度边缘的石墨烯阴极，如图 5-22 所示。

(a) (b)

图 5-22 沉积在电极表面的石墨烯 SEM 图

(3) 在石墨烯膜层表面采用 CVD 方法生长 ZnO 纳米线，形成石墨烯/ZnO 纳米线二级结构。在该步骤中，样品的制备是在水平的管式炉中进行的。首先将纯度为 99.9%的锌粉放在陶瓷舟中，并将该陶瓷舟放在一细石英管中。然后将上述制备的附着有石墨烯膜层的基片推放至距离陶瓷舟 10 cm 的下风口处。将放有锌粉和石墨烯基片的细石英管推入管式炉的大石英管中，并使盛有锌粉的陶瓷舟位于管式炉的高温区。对整个系统进行抽真空，当本底气压达到 20 Pa 后，将氩气以 60 sccm 的流量通过管式炉，经 30 min 将管式炉升温至 550 ℃(蒸发源温度)，并通入流量为 3 sccm 的氧气。反应一段时间后关闭加热电源，使整个系统自然冷却至室温。在整个加热、保温和冷却的过程中始终将氩气以 60 sccm 的流量通过石英管。最后得到石墨烯/氧化锌的复合材料。

经过 CVD 过程后，石墨烯膜层的表面沉积了一层灰白色的薄层，对该样品进行 X 射线衍射测试，如图 5-23 所示。该衍射峰分别对应（100）、（002）、（101）、（102）、（110）、（103）、（112）面的衍射，这表明所合成的灰白色材料为具有纤锌矿结构的 ZnO。

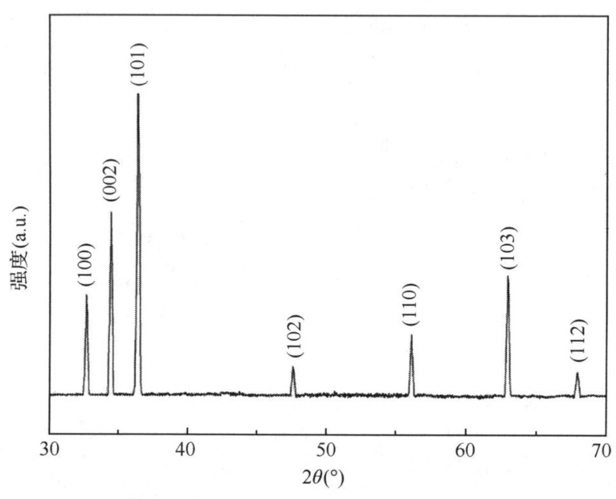

图 5-23　石墨烯/ZnO 纳米棒的 XRD 图谱

通过扫描电子显微镜进一步研究 ZnO 的形貌。通过调整 ZnO 的生长时间可以控制生长于石墨烯表面的 ZnO 的结构。当反应时间为 10 min 时可以获得生长密度较小的 ZnO 纳米棒，如图 5-24 所示。该 ZnO 纳米棒垂直于石墨烯生长，其直径为 20～30 nm，长度为 200～300 nm。

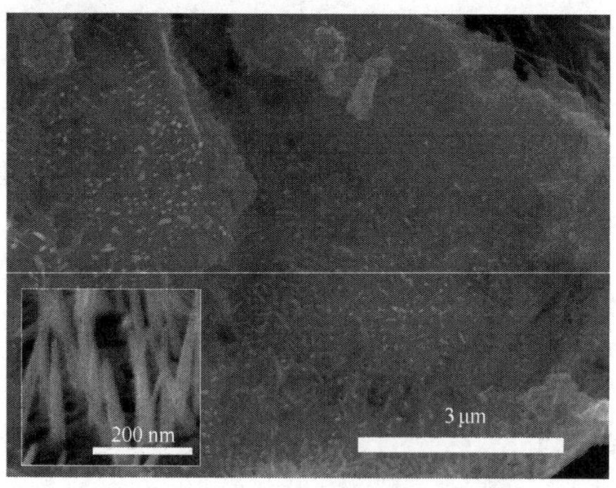

图 5-24　石墨烯/ZnO 纳米棒的 SEM 图

2. 二级结构的场致发射增强效应

采用二极器件结构测试样品的场发射性能，其场致发射电流密度(J)-电场强度(E)曲线及F-N曲线如图5-25所示。从图中可以看出，通过在石墨烯阴极表面沉积ZnO纳米棒，样品的场致发射性能明显提高，发射电流密度增大。对于未沉积ZnO的石墨烯阴极，其开启场强(定义为电流达到10 μA/cm^2 时的电场强度)为4.4 V/μm，对于石墨烯/ZnO纳米棒复合阴极，其开启场强下降至2.9 V/μm。这里需要指出的是，该石墨烯/ZnO纳米棒阴极相对于5.2.1节中的三维石墨烯/ZnO阴极具有更大的开启场强，这是因为在这里采用的是二维平面结构的石墨烯阴极，此处重点是研究复合ZnO纳米结构对阴极的场增强效应。图5-25(b)为石墨烯阴极和石墨烯/ZnO纳米棒阴极的F-N曲线。通过对F-N曲线的拟合，可以算出石墨烯阴极的场增强因子为1273，石墨烯/ZnO纳米棒的场增强因子为4028。

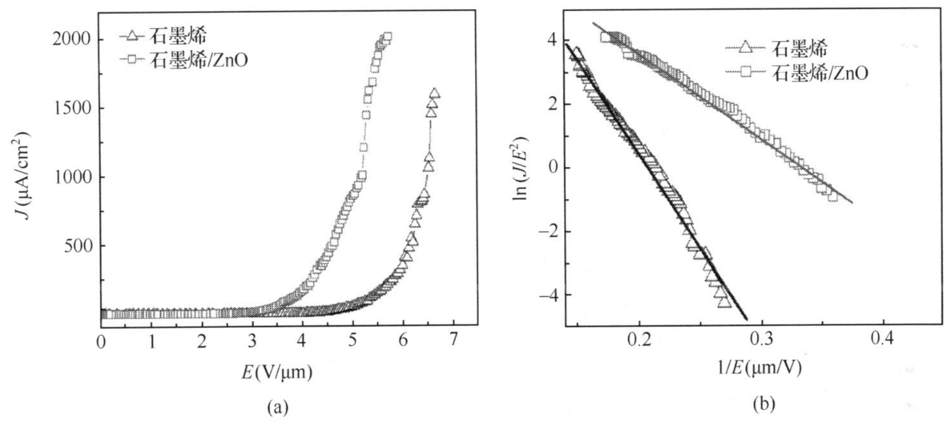

图5-25　石墨烯阴极和石墨烯/ZnO纳米棒阴极场发射性能

(a) 电流密度-场强曲线；(b)F-N曲线

在该器件中所用的荧光粉为电子激发荧光粉，电子的轰击可以导致荧光粉的发光，因此通过荧光粉层的发光点密度和分布，可以在一定程度上判断场致发射阴极的电子发射点密度和发射点分布情况。图5-26的内嵌图为石墨烯阴极和石墨烯/ZnO纳米棒复合阴极的阳极板荧光粉层发光图，此时电场强度均为4.5 V/μm。可以看出相对于石墨烯阴极，石墨烯/ZnO纳米棒复合阴极具有更大密度的光斑和更均匀的光斑分布。因此可以判断石墨烯/ZnO纳米棒复合阴极具有更大密度的场致发射区域，且该发射区域的分布更为均匀。

固定场强下发射电流密度随时间的变化情况可以反映出电子发射阴极的发射稳定性。图5-26为石墨烯阴极和石墨烯/ZnO纳米棒复合阴极在初始电流密度为1.5 mA/cm^2 时的稳定性曲线。对于两种场致发射阴极，在2 h的测试时间内发射

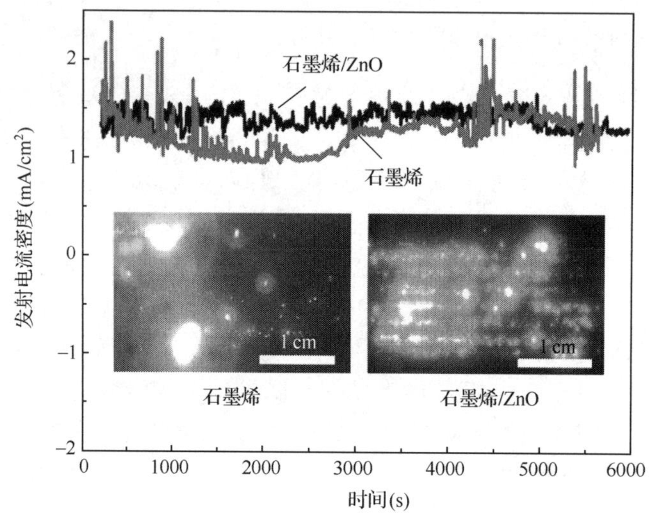

图 5-26 石墨烯阴极和石墨烯/ZnO 纳米棒阴极的场发射发光图和稳定性曲线

电流密度整体上并未表现出明显的衰减现象。但对于石墨烯阴极，其发射电流密度的波动性很大，而石墨烯/ZnO 纳米棒复合阴极则未出现大幅的波动，发射电流密度表现出更高的稳定性。

经过以上分析，可以认为在石墨烯表面沉积 ZnO 纳米棒对于阴极场发射性能的提升及其机制主要表现为以下方面：

(1) 提高场发射点密度。对于直立排列的石墨烯，由于只有边缘具有场增强效应，因此电子发射区域集中在石墨烯的边缘。并且由于发射点之间的相互屏蔽作用，单一石墨烯片的发射点往往只集中在某一微小区域，这造成石墨烯的电子发射点密度较低。由于石墨烯本身具有高场增强效应，通过在石墨烯表面及边缘生长具有高长径比的 ZnO 纳米棒，可以使石墨烯边缘及表面的大量 ZnO 纳米棒获得足够大的表面局部电场，从而可以作为额外的电子发射区域。

(2) 提高发射电流密度。ZnO 纳米棒的引入可以增加发射点密度，这在一定程度上可以增加发射电流密度。更重要的是石墨烯和 ZnO 之间的能级匹配关系，石墨烯和 ZnO 可以形成几乎无接触电阻的欧姆接触[61]。在电场作用下电子可以从石墨烯的费米能级转移到 ZnO 的导带，ZnO 在高场强下具有负电子亲和势，因此 ZnO 纳米棒可以实现低电场高电流发射。

(3) 增强发射稳定性。ZnO 纳米棒的引入对于提升复合阴极的场致发射稳定性的机制主要有两个方面。首先，对场发射电流的记录是一个对所有微观发射点的发射电流的积分过程，ZnO 纳米棒可以增加发射点密度，这在宏观上可以提高场发射电流的稳定性。其次，ZnO 纳米棒阵列可以保护石墨烯边缘免受残余气体离子的轰击。在场致发射器件中，真空环境中残留的气体分子被电离而成为正离子，正离子在电场的作用下会轰击阴极材料，从而造成场发射性能的退化。研究表明单壁碳纳米管的场致发射衰减速度是多壁碳纳米管衰减速度的 10 倍[62]，这是因为相对于多层的碳原子结构，碳原子单层对离子的轰击更敏感，更容易发生氧化和破坏。类似地，石墨烯边缘的众多单原子层对于离子的轰击更敏感，因此在离子的轰击下容易发生电子发射点的转移，从而造成发射不稳定。在石墨烯边缘生长 ZnO 纳米棒后，ZnO 纳米棒可以保护石墨烯免受残余离子的轰击。由于 ZnO 具有稳定的化学性能，在离子轰击下仍可以保持稳定的发射，因此石墨烯/ZnO 复合阴极具有优良的场致发射稳定性。

为了进一步证明 ZnO 纳米结构对于石墨烯/ZnO 纳米复合阴极场发射性能的重要作用，可以通过控制 CVD 的生长时间调整 ZnO 的结构，获得具有不同 ZnO 形貌的石墨烯/ZnO 纳米复合阴极。图 5-27 为不同石墨烯/ZnO 复合材料的 SEM 图，其生长时间分别为 5 min(样品 A)、10 min(样品 B)、15 min(样品 C)。

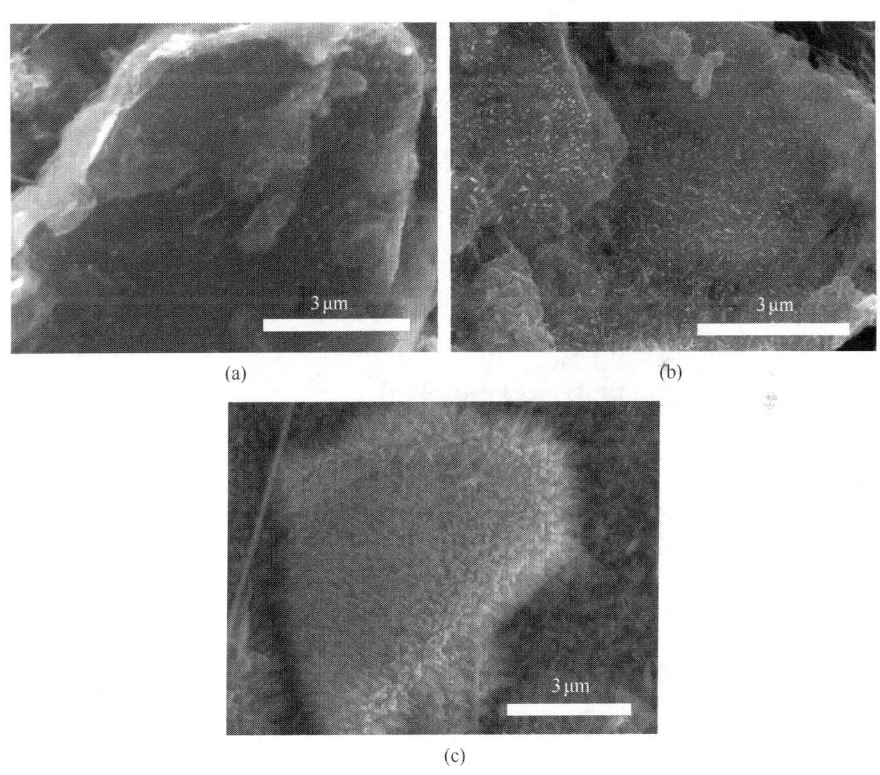

图 5-27　不同生长时间制备的石墨烯/ZnO 纳米复合材料的 SEM 图
(a) 5 min；(b) 10 min；(c) 15 min

当生长时间为 5 min 时，石墨烯表面生长有 ZnO 纳米颗粒，其直径为 20～30 nm；当生长时间为 10 min 时，石墨烯的表面为稀疏 ZnO 纳米棒结构；当进一步延长生长时间时可以发现,石墨烯表面生长有致密的 ZnO 纳米棒,其密度比样品 B 的 ZnO 纳米棒密度更大,其纳米棒的直径更粗。对三个样品进行场致发射测试,其发射电流密度-电场强度特性曲线及 F-N 曲线如图 5-28 所示。对于样品 A、B、C,其开启场强分别为 3.6 V/μm、2.9 V/μm、3.1 V/μm。根据 F-N 曲线的拟合结果获得样品的场增强因子,分别为 2451、4208、3788。可以看出,生长有稀疏 ZnO 纳米棒的样品具有最优的场致发射性能。由于样品 B 的纳米棒相对于样品 A 的纳米颗粒具有更大的长径比,因此石墨烯/ZnO 纳米棒具有更强的场增强效应。对于样品 C,高密度 ZnO 纳米棒之间的电场屏蔽效应会显著降低复合阴极的场增强效应,从而需要更大的工作场强。以上测试结果表明,改变石墨烯表面的 ZnO 纳米结构会对石墨烯/ZnO 复合阴极的场致发射性能产生显著影响,这进一步证明了 ZnO 纳米棒对石墨烯的场增强作用。

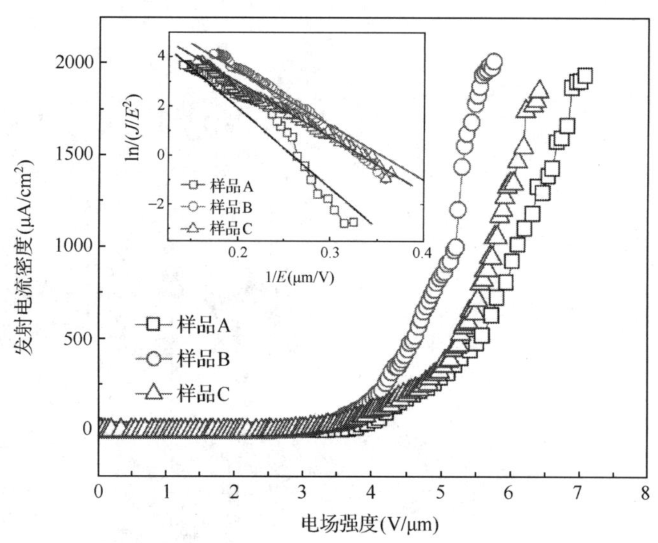

图 5-28 样品 A、B、C 的场发射电流密度-电场强度特性曲线与 F-N 曲线(内嵌)

5.2.3 低压调控——ZnO 支撑-增强型石墨烯平行栅结构

在 5.2.1 节和 5.2.2 节中针对石墨烯阴极的场发射性能的增强开展了研究,其前提是必须使石墨烯片或其边缘沿着电场的方向,以便充分利用石墨烯的单原子层结构而获得足够的场增强效应。基于传统的二极、前栅极、后栅极结构[图 5-29(a)、(b)、(c)][56-58],电场主要沿垂直于基板的方向,因此沉积在阴极上的石墨烯必须处于直立排列的形态。对于具有单原子层厚度的二维纳米材料,要获得直立形态显然需要克服很多制备技术难关。因此开发出适用于石墨烯的场致发射器件结构对于充分利用石墨烯的优异性能具有重要意义。在本工作中我们充分利用石墨烯倾向于平行电极排列的形态特征，提出基于石墨烯阴极的平行栅型场致发射器件，如图 5-29(d)所示。在该结构中，我们创新性地使用四针状氧化锌(T-ZnO)阵列作为支撑层，获得平躺结构的悬浮石墨烯，并利用 T-ZnO 的电子散射与二次电子发射作用制备具有较高发射效率的石墨烯平行栅场致发射器件。

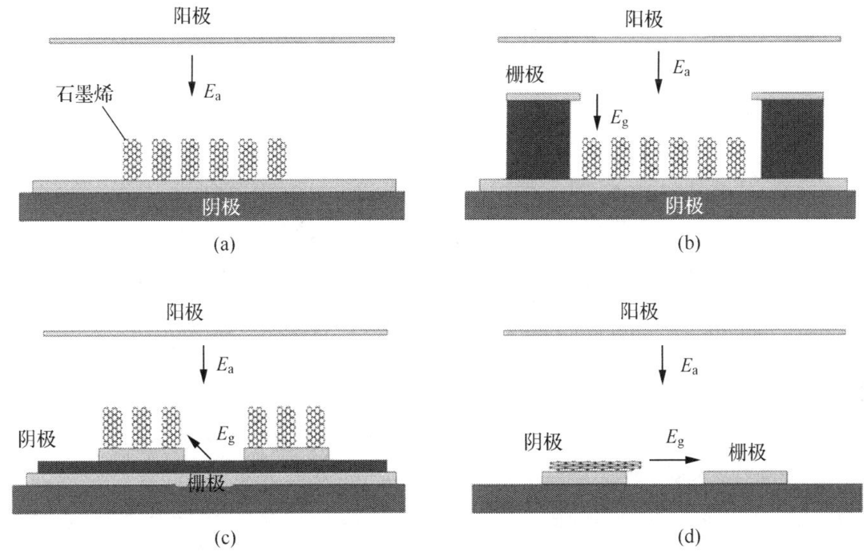

图 5-29　场发射器件示意图

(a) 二极结构；(b) 前栅结构；(c) 后栅结构；(d) 平行栅结构场发射器件示意图

E_a. 阳极电压形成的分电场；E_g. 栅极电压形成的分电场

1. 器件的设计与制备

平行栅结构场致发射器件包括三种电极，分别为阳极、栅极、阴极。栅极和阴极处在同一基板上(阴极基板)，平行排列，并且它们之间存在一个微小的间隙。场致发射材料沉积在阴极边缘，通过在阳极施加足够高的电压使阴极电子场致发射材料处于电子发射的临界状态，当在栅极施加一定的小电压时，足以使阴极表面电场达到场致发射的工作状态，从而实现了以低栅压调控场致发射的效果。平行栅器件的特殊结构适合应用石墨烯场致发射电子源，因为石墨烯可以稳定地平躺在阴极表面，且二维结构自然地沿着栅极电场的方向。然而为了使平躺的石墨烯获得足够的场增强效应，应将石墨烯悬空，即石墨烯片悬浮于阴极的外沿。在本工作中，我们利用 T-ZnO 的独特结构，通过简单的图形化印刷技术实现阴极、栅极间隙区域的竖直 ZnO 纳米线阵列的制备，利用该 ZnO 纳米线阵列实现对石墨烯薄膜的支撑。同时，利用 ZnO 纳米线对石墨烯发射的电子束的散射和二次电子发射作用，实现高效率的电子发射。本工作中 T-ZnO 支撑-增强型石墨烯平行栅器件的制备示意图如图 5-30 所示，详细制备过程如下：

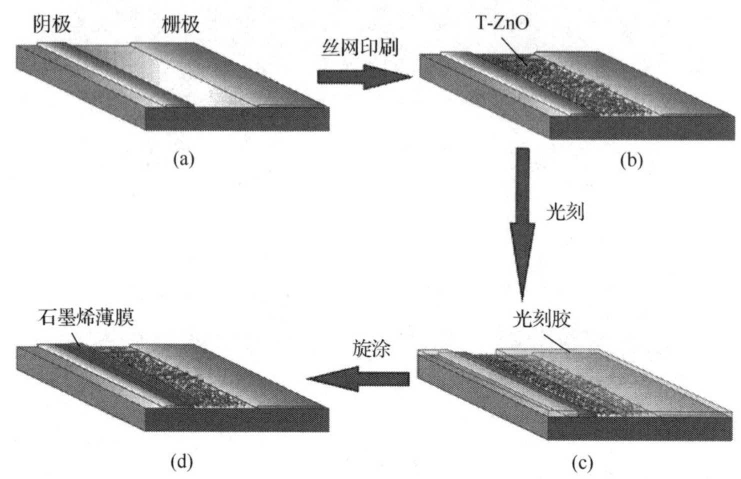

图 5-30　T-ZnO 支撑-增强型石墨烯平行栅器件的制备示意图

(1) 平行阴极、栅极的制备[图 5-30(a)]。通过丝网印刷技术在玻璃基板表面印刷一层感光银浆薄膜，在烘箱内 110 ℃烘 20 min。采用曝光技术制备图形化的阴极、栅极，并于 580 ℃加热 30 min 进行固化，其中阴极电极宽度为 100 μm，栅极电极宽度为 200 μm，阴栅电极间隙为 100 μm。

(2) 在阴栅电极间隙沉积 T-ZnO 膜层[图 5-30(b)]。采用 CVD 方法生长 T-ZnO，并配成印刷浆料，其制作过程详见前文 5.2 节。通过丝网印刷技术在阴栅电极间隙印刷 T-ZnO，400 ℃加热 30 min 除去残余的有机溶剂和添加剂。

(3) 制备图形化的感光胶掩膜层[图 5-30(c)]。在步骤(2)所制作的基片表面旋涂感光胶，在 110 ℃烘 20 min 后，曝光显影获得图形化的区域。该掩膜层覆盖基板的大部分，仅留下朝向栅极方向的阴极边缘区域及部分阴栅间隙区域。

(4) 石墨烯发射层的制备[图 5-30(d)]。将氧化石墨烯配成浓度为 10 mg/mL 的去离子水分散液，以 1000 r/min 的转速在基板表面旋涂一层氧化石墨烯层，放置 24 h 使之自然成膜，并于 200 ℃加热 1 h 以去除氧化石墨烯膜层中残余的水分。将基片浸在丙酮溶液中，除去感光胶层，通过剥离工艺去除感光胶表面的石墨烯，剩下沉积在阴极边缘及阴栅部分间隙的石墨烯层。最后于氩气氛围 500 ℃热处理 1 h，以便进一步对氧化石墨烯进行还原。

图 5-31(a)为通过丝网印刷法沉积在阴栅间隙的 T-ZnO 膜层的 SEM 图，T-ZnO 的晶须长度为 10～15 μm，其独特的四针状三维结构使得该膜层表面存在大量的 ZnO 纳米晶须凸起，从而可以为悬浮石墨烯膜层提供支撑。图 5-31(b)为基于 T-ZnO 支撑的石墨烯平行栅器件的 SEM 俯视图，剥离工艺可以制备出长条状的石墨烯薄膜，该石墨烯薄膜的一侧贴在阴极电极表面，另一侧覆盖在 T-ZnO 膜

层的表面。通过侧视 SEM 图可以更为清晰地看到该器件的结构[图 5-31(c)]。由于 T-ZnO 具有较长的晶须，因此 T-ZnO 膜层具有比阴极电极更大的厚度。长条形石墨烯薄膜的一侧紧贴在阴极电极表面，与电极形成良好的接触。除了部分贴在电极表面，其余的石墨烯薄膜平铺在 T-ZnO 膜层表面，且 T-ZnO 膜层有效地支撑起石墨烯薄膜。通过局部放大的 SEM 图可知[图 5-31(d)]，由于石墨烯薄膜具有一定的刚性，被 T-ZnO 支撑的石墨烯薄膜在边界存在大量的悬浮石墨烯边缘。这些悬浮石墨烯与基板方向平行，其沿着栅极电场方向将具有足够大的场增强效应，从而有利于电子的发射。

图 5-31　T-ZnO 支撑的石墨烯结构图

(a)沉积在阴栅间隙的 T-ZnO 膜层的 SEM 图；(b)平行栅器件的俯视 SEM 图；(c)平行栅器件的侧视 SEM 图；(d)悬浮石墨烯薄膜的 SEM 图

2. 电子发射的低压调控

图 5-32 为该石墨烯平行栅器件的场致发射测试结构示意图。上基板为涂覆有荧光粉的 ITO 玻璃，下基板为沉积有阴栅电极及发射材料的基板，两基板的间距为 500 μm，阳极和阴极间接一个电压可调的高压直流电源，其间串联一个 10 MΩ 的电阻，起限流作用并避免样品的击穿。栅极和阴极之间接一个电压可调

的高压直流电源，其中栅极电压高于阴极电压，且串联一个 10 MΩ 的电阻。采用 Agilent 34401A 型万用表测量器件的阳极电流、栅极电流随栅极电压的变化。

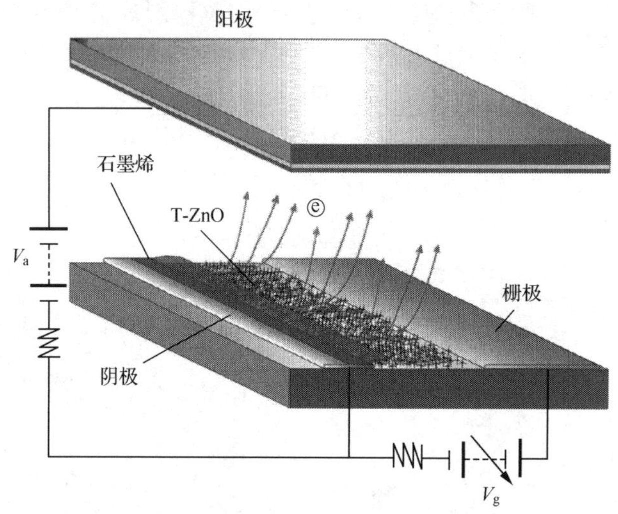

图 5-32　石墨烯平行栅器件的场致发射测试结构示意图

图 5-33 为该器件在不同栅极电压下的阳极基板荧光粉层发光图，其中阳极电压固定为 1500 V，栅极电压从 0 V 逐步增加至 180 V。由于在测试过程中仅对一列栅极施加电压，因此阳极基板的发光区域呈现出线性形状。可以看出栅极电压对于阴极的电子发射具有良好的调控作用。

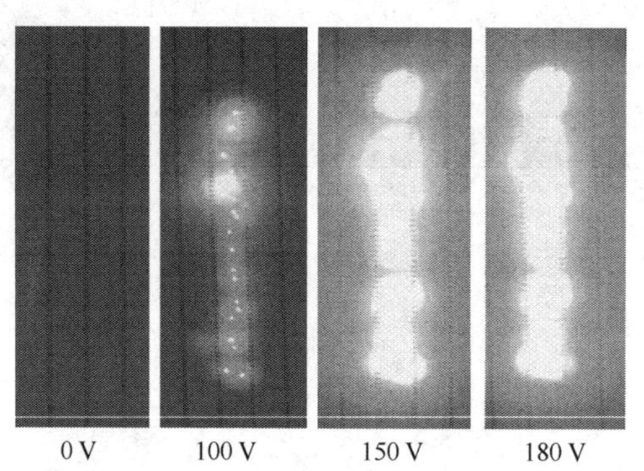

图 5-33　器件在不同栅极电压下的阳极基板荧光粉层发光图

图 5-34(a)研究了器件在阳极电压固定时，阳极电流、栅极电流随栅极电压的变化情况。在低栅压区域，阴栅间具有较大的漏电流，这是由于 T-ZnO 膜层本身具有一定的导电性。然而栅极电流与栅极电压并不呈线性关系，其中一个原因是在高场强下 ZnO 的导电率是变化的[59]。另一方面，随着栅极电压的增加，石墨烯发射的部分电子会被 T-ZnO 膜层吸收，从而使栅极电流增加。对于三极结构场发

射器件，其电子发射效率是器件的一个重要工作参数。此处，我们定义电子发射效率为阳极电流 I_a 与阴极电流（I_a+I_g）的比值。图 5-34(b)为器件的电子发射效率随栅极电压的变化曲线。随着栅极电压的增加，电子发射效率从 4.6%下降至 1.2%，当电压增至 120 V 时器件的电子发射效率最低。之后，随着栅极电压的增加，电子发射效率随之升高。当栅极电压为 180 V，电子发射效率达 12.6%。

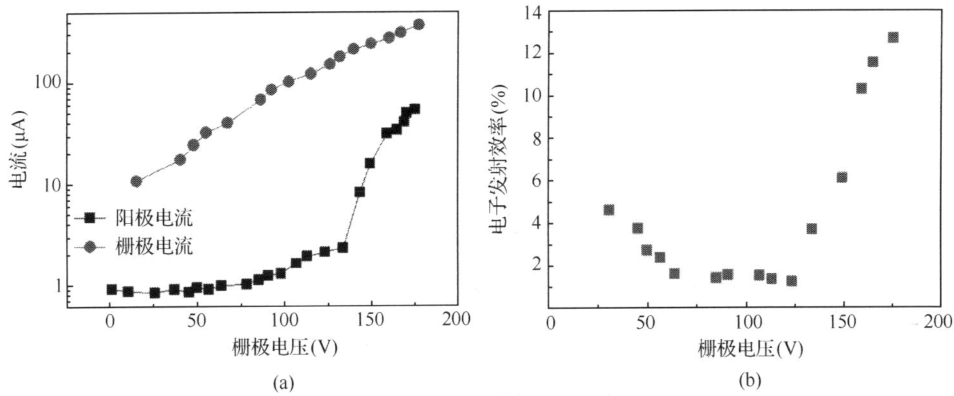

图 5-34　采用 T-ZnO 膜层的器件栅极电流、阳极电流以及电子发射效率与栅极电压关系曲线
(a) 栅极电流、阳极电流随栅极电压的变化曲线；(b) 电子发射效率随栅极电压的变化曲线

悬浮的水平石墨烯具有优异的场致发射增强效应，因而具有优良的场致发射性能，且电子主要沿水平方向发射。在低栅极电压下，如图 5-35(a)所示，由于纵向阳极电场占主导作用，从石墨烯发射的电子大部分被阳极收集，因而电子发射效率较高。随着栅极电压的增加，水平方向的电场强度增强，发射出的电子部分沿水平方向运动，电子碰撞 ZnO 晶须的概率增加，从而在 T-ZnO 膜层中成为传导电子，最终被栅极收集，如图 5-35(b)所示。另一方面随着栅极电压的提高，T-ZnO 固有的传导电流增加，因此电子发射效率下降。如图 5-35(c)所示，随着栅极电压的进一步增加，水平运动的电子的动能增加。电子在碰撞 T-ZnO 晶须后有足够的能量产生二次电子和发生散射，从而有更多的电子被阳极收集[60]。因此在高栅极电压区域，电子发射效率随电压的提升而增加。

根据以上分析可知，该器件的高电子发射效率源自于沉积在阴栅间隙的纳米材料对电子的散射与二次电子发射，增加该纳米材料的二次电子发射性能将可以显著增加器件的电子发射效率。由于 MgO 具有较高的二次电子发射系数，因此可以在 T-ZnO 膜层表面沉积一层 MgO 薄膜以提高器件的电子发射效率。该器件的制备工艺与上述器件的制备工艺基本一致，不同之处在于在沉积 T-ZnO 膜层后通过电子束蒸发蒸镀一层 10 nm 的 MgO 薄膜。图 5-36 为蒸镀有 MgO 薄膜的 T-ZnO 膜层 SEM 图及 X 射线电子能谱图。

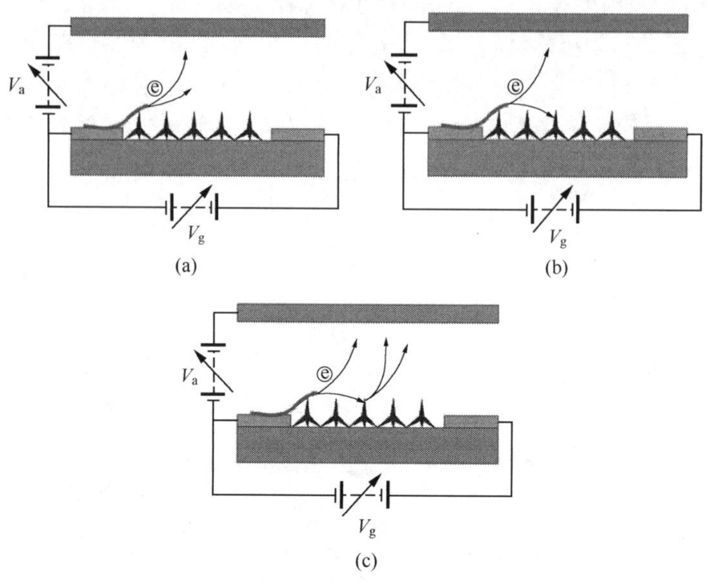

图 5-35　器件在不同栅极电压下的工作原理示意图

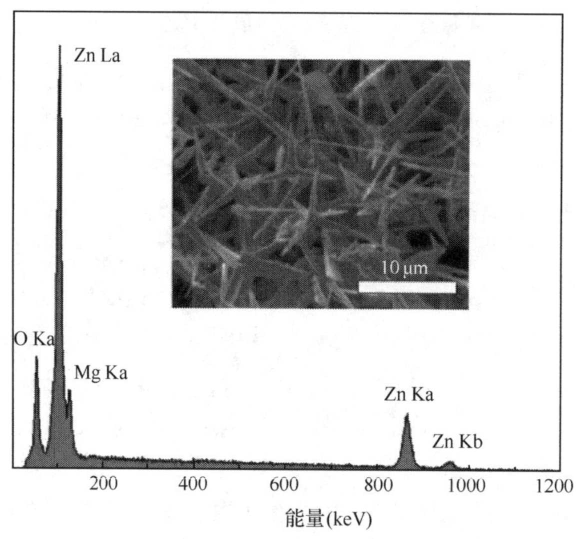

图 5-36　T-ZnO/MgO 膜层的 SEM 图与 X 射线电子能谱图

图 5-37(a)为该器件的栅极电流、阳极电流随栅极电压的变化曲线，此时阳极电压仍然固定为 1500 V。相对于未沉积 MgO 薄膜的器件，该器件的阳极电流显著增加，当栅极电压为 150 V 时阳极电流达到 128 μA，几乎是未沉积 MgO 薄膜的器件在同等栅极电压下阳极电流的 10 倍。通过沉积 MgO 薄膜，器件的电子发射

效率也显著增加，在栅极电压为 130 V 时电子发射效率达到 30%。

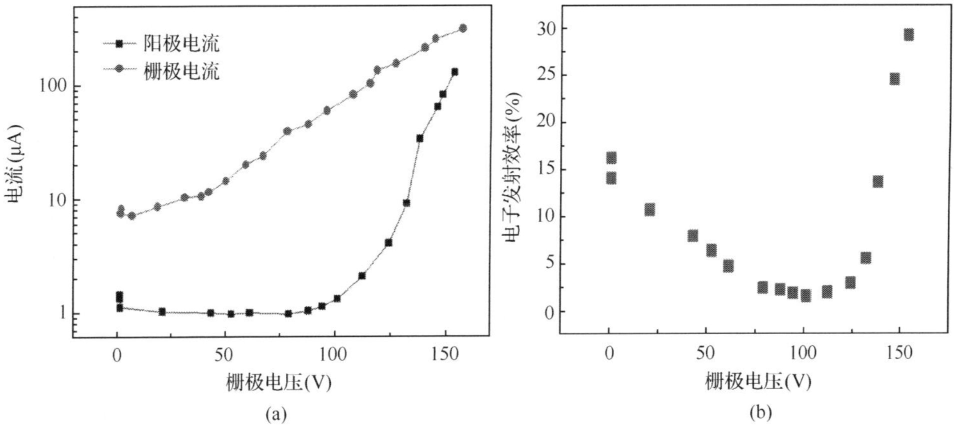

图 5-37　采用沉积有 MgO 薄膜的 T－ZnO/Mg 膜层的器件栅极电流、阳极电流以及电子发射效率与栅极电压关系曲线

(a) 沉积有 MgO 薄膜的平行栅器件的栅极电流、阳极电流随栅极电压的变化曲线；

(b) 电子发射效率随栅极电压的变化曲线

参考文献

[1] Wood R W. A new form of cathode discharge and the production of X-rays, together with some notes on diffraction. Preliminary communication. Physical Review (Series Ⅰ), 1897, 5(1): 1-10.

[2] Fowler R H, Nordheim L W. Electron emission in intense electric fields. The Royal Society, 1928, 119(781): 173-181.

[3] Henderson J E, Dahlstrom R K. The energy distribution in field emission. Physical Review, 1939, 55(5): 473-481.

[4] 张继华，杨传仁，王曦. 碳纳米管场发射机理述评. 材料导报，2006，20(2)：13-16.

[5] De Heer W A, Bonard J M, Fauth K, et al. Electron field emitters based on carbon nanotube films. Advanced Materials, 1997, 9(1): 87-89.

[6] Bonard J M, Salvetat J P, Stockli T, et al. Field emission from carbon nanotubes: perspectives for applications and clues to the emission mechanism. Applied Physics A, 1999, 69(3): 245-254.

[7] Fransen M J, Rooy T L V, Kruit P. Field emission energy distributions from individual multiwalled carbon nanotubes. Applied Surface Science, 1999, 146(1-4): 312-327.

[8] Dean K A, Groening O, Kuttel O M, et al. Nanotube electronic states observed with thermal field emission electron spectroscopy. Applied Physics Letters, 1999, 75(18): 2773-2775.

[9] Lovall D, Buss M, Graugnard E, et al. Electron emission and structural characterization of a rope of single-walled carbon nanotubes. Physical Review B, 2000, 61(8): 5683-5691.

[10] Liang S D, Huang N Y, Deng S Z, et al. Chiral and quantum size effects of single-wall carbon nanotubes on field emission. Applied Physics Letters, 2004, 85(5): 813-815.

[11] Rinzler A G, Hafner J H, Nikolaev P, et al. Unraveling nanotubes: field emission from an atomic

wire. Science, 1995, 269(5230): 1550-1553.

[12] Obraztsov A N, Volkov A P, Pavlovskii I Y, et al. Role of the curvature of atomic layers in electron field emission from graphitic nanostructured carbon. Journal of Experimental and Theoretical Physics Letters, 1999, 69(5): 411-417.

[13] Bonard J M, Stockli T, Maier F, et al. Field-emission-induced luminescence from carbon nanotubes. Physical Review Letters, 1998, 81(7): 1441-1444.

[14] Carroll D L, Redlich P, Ajayan P M, et al. Electronic structure and localized states at carbon nanotube tips. Physical Review Letters, 1997, 78(14): 2811-2814.

[15] Dean K A, Chalamala B R. Current saturation mechanisms in carbon nanotube field emitters. Applied Physics Letters, 2000, 76(3): 375-377.

[16] Zhang Y A, Lin J Y, Wu C X, et al. Stable field emission from planar-gate electron source with MWNTs by electrophoretic deposition. Solid-State Electronics,2012,67(1):6-10..

[17] 王琪琨,朱钧,朱长纯. 涂敷法制备的碳纳米管阴极的场发射研究. 电子器件,2005,28(2):239-241.

[18] Ebbesen T W, Hiura H, Bisher M E, et al. Decoration of carbon nanotubes. Advanced Materials, 1996, 8(2): 155-157.

[19] Lee B J, Shin E C, Jeong G H. Structure modifications of vertically grown carbon nanotubes by plasma ion bombardment. Vacuum, 2010, 84(12): 1398-1401.

[20] 单燕君,张顺花. 多壁碳纳米管的化学功能化改性及分散性研究. 浙江理工大学学报,2010,27(5): 725-728.

[21] Fu Q, Gisela W B, Su D S. Selective filling of carbon nanotubes with metals by selective washing. New Carbon Materials, 2008, 23(1): 17-20.

[22] 李换英,任秀彬,郭向云. 碳纳米管性质对填充镍结构的影响. 新型炭材料,2008,23(1):81-85.

[23] Qiu H X, Wang Z Y, Shi Z J, et al. Synthesis and infrared spectroscopy characterization of ferrocene-filled double-walled carbon nanotubes. Acta Physico-Chimica Sinica, 2007, 23(9): 1451-1453.

[24] De Heer W A, Chatelain A, Ugarte D. A carbon nanotube field-emission electron source. Science, 1995, 270(5239): 1179-1180.

[25] Collins P G, Zettl A. Unique characteristies of cold cathode carbon-nanotube-matrix field emitters. Physical Review B, 1997, 55(15): 9391-9399.

[26] Saito Y, Uemura S, Hamaguchi K. Cathode ray tube lighting elements with carbon nanotube field emitters. Japanese Journal of Applide Physics, 1998, 37: 346-347.

[27] Jung Y J, Son G H, Park J H, et al. Fabrication and properties of under-gated triode with CNT emitter for flat lamp. Diamond and Related Materials, 2005, 14(11-12): 2109-2112.

[28] Han J H, Lee T Y, Kim D Y, et al. Field emission properties of carbon nanotubes grown on Co/TiN coated Ta substrate for cathode in microwave power amplifier. Diamond and Related Materials, 2004, 13(4-8): 987-993.

[29] Wong Y M, Kang W P, Davidson J L, et al. Field emission triode amplifier utilizing aligned carbon nanotubes. Diamond and Related Materials, 2005, 14(11-12): 2069-2073.

[30] Heo S, Ihsan A, Cho S. Development of super miniature X-ray tube for brachytherapy using carbon nanotube field emitters. Brachytherapy, 2009, 8(2): 149-149.

[31] 廖庆亮,张跃,夏连胜,等. 碳纳米管阴极的强流脉冲发射性能研究. 物理学报,2007,56(9):5335-5339.

[32] Yue G Z, Qiu Q, Gao B, et al. Generation of continuous and pulsed diagnostic imaging X-ray radiation

using a carbon-nanotube-based field-emission cathode. Applied Physics Letters, 2002, (81): 355-357.

[33] Malesevic A, Kemps R, Vanhulsel A, et al. Field emission from vertically aligned few-layer graphene. Journal of Applied Physics, 2008, 104(8): 084301.

[34] Zhang H, Yoshimura I, Kusano E, et al. Formation of carbon nano-flakes by RF magnetron sputtering method. Journal of the Vacuum Society of Japan, 2004, 47: 82-86.

[35] Zhang H, Kikuchi N, Kogure T, et al. Growth of carbon with vertically aligned nanoscale flake structure in capacitively coupled RF glow discharge. Vacuum, 2008, 82(8): 754-759.

[36] Zhang Y, Du J, Tang S, et al. Optimize the field emission character of a vertical few-layer graphene sheet by manipulating the morphology. Nanotechnology, 2012, 23(1): 15202-15207.

[37] Wang J, Zhu M, Zhao X, et al. Synthesis and field-emission testing of carbon nanoflake edge emitters. Journal of Vacuum Science & Technology B, 2004, 22(3): 1269-1272.

[38] Qi J L, Wang X, Zheng W T, et al. Ar plasma treatment on few layer graphene sheets for enhancing their field emission properties. Journal of Physics D: Applied Physics, 2010, 43(5): 55302-55307.

[39] Qian M, Feng T, Ding H, et al. Electron field emission from screen-printed graphene films. Nanotechnology, 2009, 20(42): 425702.

[40] Wu Z S, Pei S F, Ren W C, et al. Field emission of single-layer graphene films prepared by electrophoretic deposition. Advanced Materials, 2009, 21:1756-1760.

[41] Wu C, Li F, Zhang Y, et al. Field emission from vertical graphene sheets formed by screen-printing technique. Vacuum, 2013, 94: 48-52.

[42] Wu C, Li F, Zhang Y, et al. Formation and field emission of patterned zinc oxide-adhering graphene cathodes. Vacuum, 2013, 89: 57-61.

[43] Wu C, Li F, Zhang Y, et al. Effectively improved field emission for graphene film by mechanical surface modification. Thin Solid Films, 2013, 544: 399-402.

[44] Ding J, Yan X, Li J, et al. Enhancement of field emission and photoluminescence properties of graphene-SnO_2 composite nanostructures. ACS Applied Materials & Interfaces, 2011, 3(11): 4299-4305.

[45] Wu C, Li F, Zhang Y, et al. Enhanced field emission performance of tetrapod-liked zinc oxide nanoneedles by coating with graphene oxide sheets. Current Nanoscience, 2012, 8(1): 23-25.

[46] Wan Q, Yu K, Wang T H, et al. Low-field electron emission from tetrapod-like ZnO nanostructures synthesized by rapid evaporation. Applied Physics Letters, 2003, 83(11): 2253-2255.

[47] Yu K, Zhang Y, Xu R, et al. Efficient field emission from tetrapod-like zinc oxide nanoneedles. Materials Letters, 2005, 59(14): 1866-1870.

[48] Li Q H, Wan Q, Chen Y J, et al. Stable field emission from tetrapod-like ZnO nanostructures. Applied Physics Letters, 2004, 85(4): 636-638.

[49] Leung Y H, Djurišić A B, Gao J, et al. Changing the shape of ZnO nanostructures by controlling Zn vapor release: from tetrapod to bone-like nanorods. Chemical Physics Letters, 2004, 385(1): 155-159.

[50] Huang M H, Wu Y, Feick H, et al. Catalytic growth of zinc oxide nanowires by vapor transport. Advanced Materials, 2001, 13(2): 113-116.

[51] Lin B, Fu Z, Jia Y. Green luminescent center in undoped zinc oxide films deposited on silicon substrates. Applied Physics Letters, 2001, 79(7): 943-945.

[52] Zou W, Zhu J, Sun Y, et al. Depositing ZnO nanoparticles onto graphene in a polyol system. Materials Chemistry and Physics, 2011, 125(3): 617-620.

[53] Zhang N, Sun J, Jiang D, et al. Anchoring zinc oxide quantum dots on functionalized multi-walled carbon nanotubes by covalent coupling. Carbon, 2009, 47(5): 1214-1219.

[54] Vietmeyer F, Seger B, Kamat P V. Anchoring ZnO particles on functionalized single wall carbon nanotubes. Excited state interactions and charge collection. Advanced Materials, 2007, 19(19): 2935-2940.

[55] Wu C, Li F, Zhang Y, et al. Improving the field emission of graphene by depositing zinc oxide nanorods on its surface. Carbon, 2012,50:3622-3626.

[56] Wu C, Li F, Zhang Y, et al. Field emission arrays fabricated utilizing conjugated ZnO quantum dot/carbon nanotube hybrid nanocomposite. Applied Surface Science, 2011, 257(9): 4539-4542.

[57] Lee N S, Chung D S, Han I T, et al. Application of carbon nanotubes to field emission displays. Diamond and Related Materials, 2001, 10(2): 265-270.

[58] Choi Y S, Kang J H, Park Y J, et al. An under-gate triode structure field emission display with carbon nanotube emitters. Diamond and Related Materials, 2001, 10(9): 1705-1708.

[59] Moll J L. Physics of Semiconductors. New York: Mc Graw-Hill, 1964, 1:198-210.

[60] Wei L, Zhang X, Wang B, et al. A stable field-emission light source with ZnO nanoemitters. Electron Device Letters, IEEE, 2008, 29(5): 452-455.

[61] Hwang J O, Lee D H, Kim J Y, et al. Vertical ZnO nanowires/graphene hybrids for transparent and flexible field emission. Journal of Materials Chemistry, 2011, 21(10): 3432-3437.

[62] Bonard J M, Kind H, Stöckli T, et al. Field emission from carbon nanotubes: the first five years. Solid-state Electronics, 2001, 45(6): 893-914.

第 6 章　碳纳米功能材料在太阳能电池中的应用

自从 1985 年 C_{60} 被发现及 1990 年其通过电弧蒸发石墨实现量产以来，研究人员对这种笼状的碳分子进行了大量研究。目前为止已有大量各种不同种类的功能富勒烯被合成出来。同时，富勒烯高成本和低产率的问题也通过不断提高工业化生产 C_{60} 的能力而得到改善。

功能型富勒烯不但可以保持富勒烯本身的特性(如高电子亲和势、低重组能和优异的电子传输能力)，同时还可以满足所需的加工性能。例如，通过在富勒烯上添加合适的有机附加物，可以调节其溶解性、能级、分子间相互作用、固态时的取向以及它的表面能。这些优点使功能型富勒烯作为优秀的电子材料被用于有机太阳能电池中。

有机太阳能电池具有机械柔韧性好、质量轻以及容易制备等优点。在过去的二十多年中，它作为低成本的可再生能源体系之一经历了快速发展。聚合物太阳能电池是有机太阳能电池中的一个主要研究方向。它采用了一种体异质结的结构，即将聚合物给体和富勒烯受体夹在一个透明电极(如 ITO)和一个金属电极之间。其结构可以是传统结构(ITO 做阳极)或反型结构(ITO 做阴极)，如图 6-1 所示。器件工作的基本原理可以简要描述如下：在光激发有机半导体后，激发的激子扩散到给体和受体的界面，并在界面势能差 $\Delta E_{\mathrm{LUMO(D)\text{-}LUMO(A)}}$ 的作用下分离成电子和空穴。分离的电荷在不对称电极所产生电场的作用下做漂移运动，并最终被相应的电极收集。理想的能级结构如图 6-1 所示。

事实证明除了体异质结中给体和受体本身的性能，异质结和电极间的界面也同样重要，因为它们决定了器件的相关参数，如短路电流密度(J_{sc})、开路电压(V_{oc})和填充因子(FF)，从而获得高的能量转换效率。太阳能电池中的串联电阻是由每个功能层的体电阻和它们之间的接触电阻所组成。有机/电极界面的欧姆接触和有机半导体的高迁移率是减小串联电阻并提高填充因子的关键。为了获得高的 J_{sc}，体异质结中的给体和受体要有最优的电荷分离、高载流子迁移率、平衡的电荷传输以及体异质结和电极界面的欧姆接触。V_{oc} 的优化则可通过同时增加能级差 $\Delta E_{\mathrm{LUMO(D)\text{-}LUMO(A)}}$ 以及分别匹配有机半导体的光激发准费米能级(受体 $E_{\mathrm{F,e^-}}$，给体 $E_{\mathrm{F,h^+}}$)和阴极、阳极的费米能级来实现。聚合物太阳能电池中另一个重要的方面是器件的长期稳定性。这就需要稳定的材料、体异质结的形貌、电极以及合适的封装。随着该领域的不断发展，新的材料需要被设计和合成来满足器件应用中的相应需求。

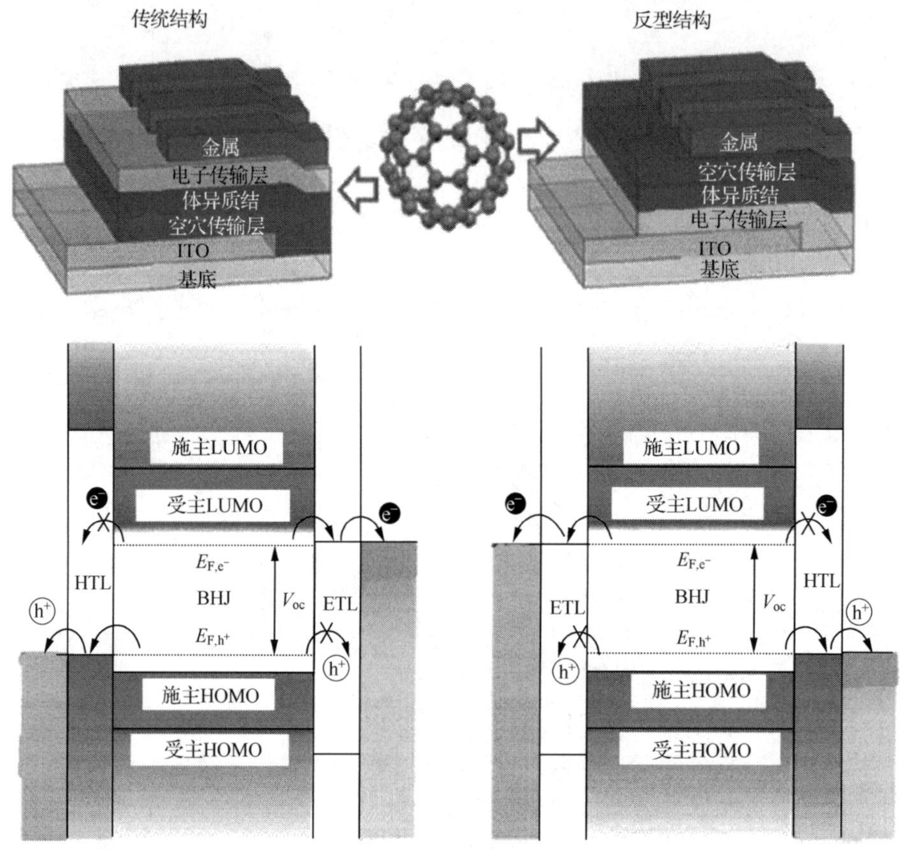

图 6-1　采用富勒烯材料的有机太阳能电池传统结构与反型结构示意图
LUMO. 最低未占分子轨道；HOMO. 最高已占分子轨道；BHJ. 体异质结；
ETL. 电子传输层；HTL. 空穴传输层

6.1　富勒烯受体

研制在体异质结中高效的富勒烯受体是获得高性能器件过程中一个极具挑战性的任务。理想的功能型富勒烯需要能在常规的有机溶剂（如氯仿、甲苯、氯苯以及二氯代苯）中有很好的溶解性。此外，它的能带需要调整到使能级差 $\Delta E_{LUMO(D)\text{-}LUMO(A)}$ 最大以获得高 V_{oc}，同时还要维持一定的 LUMO 偏移量（$\Delta E_{LUMO(D)\text{-}LUMO(A)}$）以促使激子分离。其他特性如高载流子迁移率、合适的表面能以及膜的形成质量等都需要考虑。本节中主要介绍几种不同的富勒烯受体和它们相应的光伏器件性能。

6.1.1　$PC_{61}BM$ 和 $PC_{71}BM$

富勒烯 C_{60} 具有很好的对称结构并表现出良好的电子迁移率。众所周知，一个 C_{60} 分子可以接受四个电子。因此，C_{60} 及其衍生物可以被用作电子受体材料。1992 年，Sariciftci 等第一次采用 C_{60} 作为电子受体并发现其在光诱导下出现给体和受体间的超快电子转移。虽然 C_{60} 可以溶解于氯苯(CB)和二氧苯(DCB)，但其在绝大部分常用有机溶剂中的溶解性不佳。为了改善其溶解性，同时避免给体和受体间严重的相分离，[6,6]-苯基-C_{61}-丁酸甲酯（$PC_{61}BM$）被引入有机太阳能电池中。在过去的十几年中，$PC_{61}BM$ 及其相应的 C_{70} 衍生物 $PC_{71}BM$ 是有机太阳能电池受体材料的主要选择。$PC_{61}BM$ 是深棕色的晶体粉末，其在一些常用有机溶剂(如氯仿、甲苯、二氯苯)中表现出良好的溶解性。$PC_{61}BM$-氯苯共晶的结晶分析显示富勒烯中心之间具有低于 10.13 Å 的很短的距离(图 6-2)，这有助于密集相之间的电荷传输。同样值得注意的是 PCBM 的表面能为 30.07 mN/m。它与 P3HT (16.8 mN/m)和常见的有机材料的表面能不同，这有助于实现相分离。用有机薄膜晶体管结构可以测得 $PC_{61}BM$ 的迁移率为 0.10 $cm^2/(V \cdot s)$。

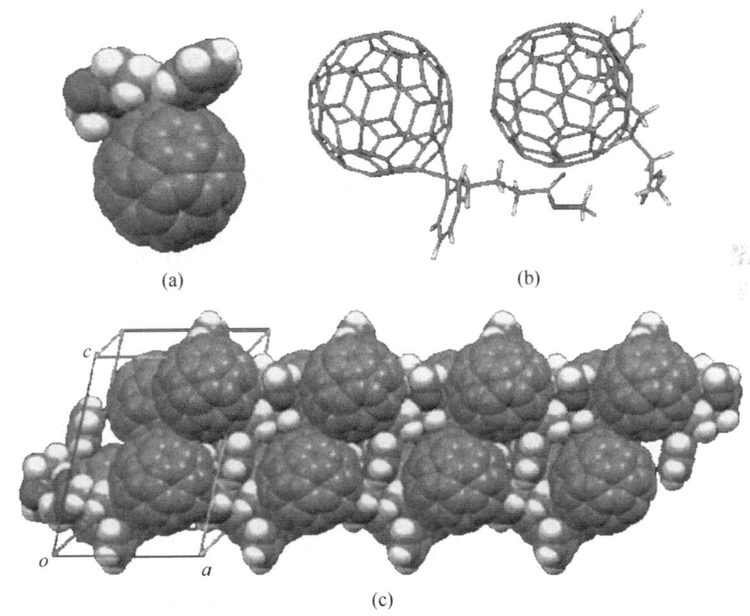

图 6-2　$PC_{61}BM$ 的分子结构示意图

(a) 单个 $PC_{61}BM$ 分子；(b) 两个 $PC_{61}BM$ 分子；(c) 多个 $PC_{61}BM$ 分子(从氯苯中)结晶(此处省略氯苯分子)

与 $PC_{61}BM$ 相比，$PC_{71}BM$ 在可见光区表现出更强的光吸收，因而也在近期获得了更多关注。然而，C_{70} 复杂的提纯过程导致其成本比 C_{60} 高出许多，这限制了它的应用。$PC_{61}BM$ 和 $PC_{71}BM$ 的结构和合成路线如图 6-3 所示。富勒烯与重氮化合物在无水邻二氯苯中 75 ℃下反应得到[5,6]-开环富勒烯同分异构体。通过回流冷却邻二氯苯或者用钠灯照射可以将[5,6]-开环的同分异构体转化为[6,6]-闭环的同分异构体,从而得到亚甲基富勒烯。由于酯基的极性,可以用硅胶层析的方法将 PCBM 与其多加合衍生物分离开来。

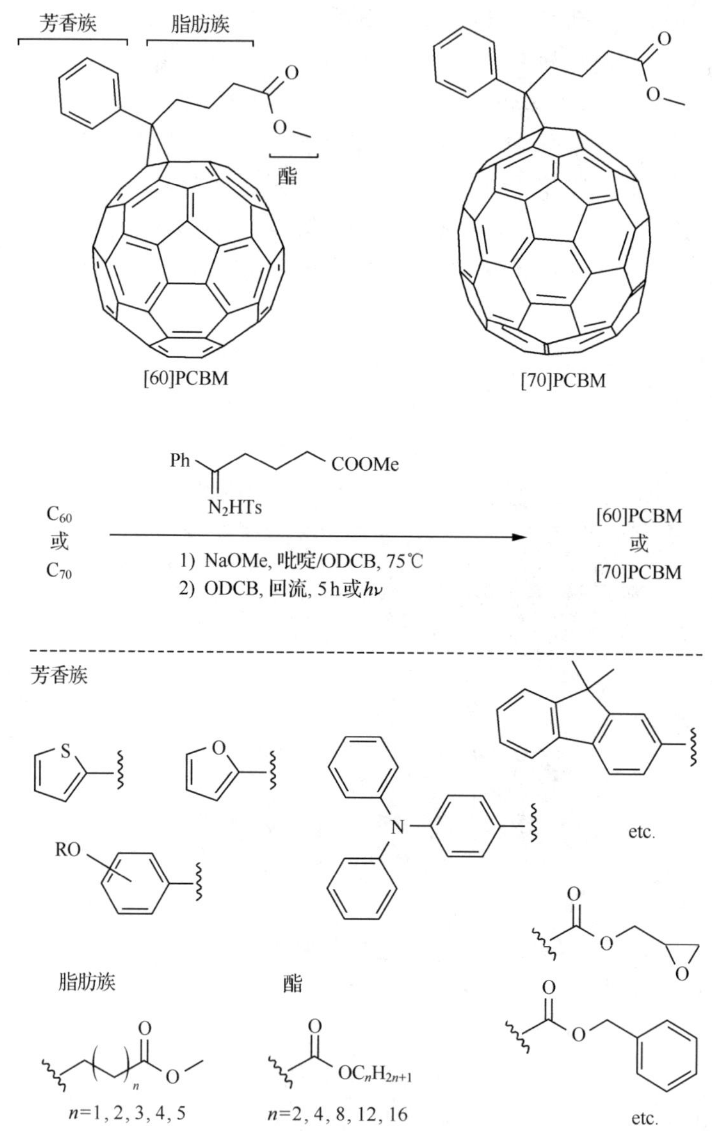

图 6-3 $PC_{60}BM$ 的合成路线图

$PC_{61}BM$ 和 $PC_{71}BM$ 的吸收光谱如图 6-4 所示。从图中可以看出,两种材料在

200～400 nm 的紫外区都表现出强烈的吸收，但 $PC_{71}BM$ 在可见光区表现出比 $PC_{61}BM$ 更强的吸收。因此，用 $PC_{71}BM$ 做受体材料的有机太阳能电池具有更好的光吸收，从而比采用 $PC_{61}BM$ 的相应器件表现出更大的短路电流密度 J_{sc} 和更好的光电转换效率(PCE)。

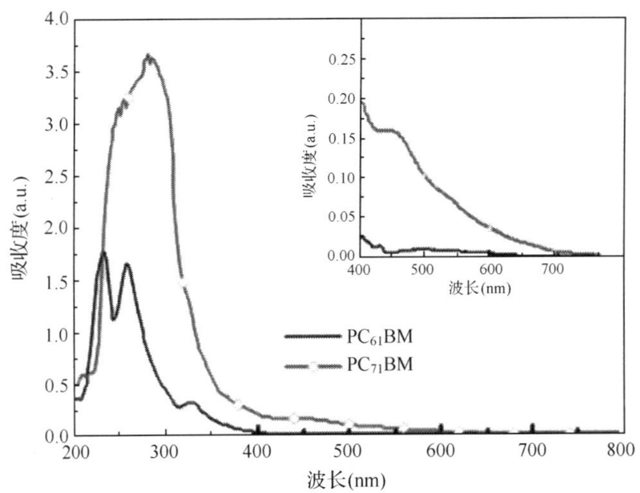

图 6-4 $PC_{61}BM$ 和 $PC_{71}BM$ 的吸收光谱

PCBM 的最低未占轨道(LUMO)的能级在文献中的报道值为－4.3～－3.7 eV。其变化主要源于不同的测试技术，液态或固体的不同形式，以及采用不同的标准和公式来估算该值。为了避免报道的新富勒烯材料采用不同能级标准所带来的差别，可以将报道的新富勒烯受体的 LUMO 和 HOMO 的能级值与相同条件下测试的 PCBM 参考值相关联(将 PCBM 的能级设为公认的 LUMO 为－4.30 eV，HOMO 为－6.00 eV)，富勒烯的 LUMO 能级可以调节的范围超过 0.8 eV。

6.1.2 类 PCBM 的富勒烯衍生物

为了进一步提高 PCBM 的光伏性质，许多类似于 PCBM 结构的 C_{60} 衍生物被设计和合成。相对于 PCBM，这些类似于 PCBM 的 C_{60} 衍生物的结构，改变主要发生在 PCBM 的苯环、丁基链的长短、酯基的不同和末端甲基的改变。下面就这些改变对富勒烯受体性能的不同影响分别进行介绍。

1. 富勒烯受体的溶解度

富勒烯上脂肪链的功能化是提高富勒烯基材料溶解性的有效手段。例如，改变丁基的中间链和酯基的末端并不影响 PCBM 的电化学和光学特性，但却能提高其溶解性。通过将甲基替换为丁基、辛基、十二烷基和十六烷基，可以获得更高溶解性的 PCBM。

Troshin 等系统研究了受体溶解度对器件性能的影响。他们指出制备活性层最好的给体和受体组合应在溶剂中具有类似的高溶解度。通过系统研究 27 种不同的亚甲基富勒烯衍生物，他们发现富勒烯衍生物的溶解性直接影响到它们与 P3HT 组成的体异质结的微观形貌。器件的能量转化效率相应地从 0.02%（在氯苯中的溶解度为 5 mg/mL）变化到 4.1%（在氯苯中的溶解度为 80 mg/mL）。在氯苯中 PCBM 衍生物的最佳溶解度范围是 30～80 mg/mL，与之对应的是 P3HT 的最大溶解度，为 50～70 mg/mL。

2. 富勒烯受体的能级

除了材料的溶解性，富勒烯衍生物的能级对有机太阳能电池的性能同样具有重要影响。有机太阳能电池的开路电压 V_{oc} 就是由富勒烯受体的 LUMO 能级和聚合物给体的 HOMO 能级之间的能级差所决定的。因此，富勒烯衍生物的LUMO能级是其是否能与聚合物给体相匹配的关键因素。电子给体或受体的 LUMO 能级可以用循环伏安法来测定。C_{60} 和 PCBM 的 LUMO 能级分别为 −4.2 eV 和 −4.0 eV。两者 LUMO 能级的不同表明，通过对 C_{60} 添加取代基可以提高其 LUMO 能级。而更高的电子受体 LUMO 能级将有助于获得更高的 V_{oc}，因此富勒烯的双加合物以及多加合物都被用于有机太阳能电池中。例如，双取代 PCBM（bis-PCBM）的 LUMO 能级比 PCBM 高出 0.1～0.15 eV，当双取代 PCBM 作为电子受体用于 P3HT 基的有机太阳能电池中时将得到 0.72 V 的开路电压，比基于 P3HT/PCBM 的器件高出 0.12 V。多加合物同样可以应用于有机太阳能电池中并获得更高的开路电压，不同富勒烯（多加合）衍生物的结构如图 6-5 所示。但是，由于 PCBM 的取代基不利于电子传输并且会降低富勒烯的对称性，双加合或多加合物的电子传输特性不如 PCBM 好。因此，$PC_{61}BM$ 和 $PC_{71}BM$ 仍然是有机太阳能电池中电子受体材料的最佳选择。

3. 富勒烯受体的热性能

当一个基于 P3HT 的体异质结层受到连续的热退火处理时，类似于 PCBM 的晶体小分子倾向于向更大的团簇或晶体扩散并聚集，从而导致聚合物太阳能电池器件性能恶化及寿命缩短。为了解决此问题，非晶的富勒烯被用于提高异质结的热稳定性。值得注意的是，亚甲基 PCBM 包含了不同的无定型异构结构，因此 P3HT/亚甲基 PCBM 体异质结层在器件用 150 ℃加热 250 min 后仍能保持器件的均匀而不会降低 PCE 和 J_{sc}。相比之下，基于 P3HT：PCBM 的体异质结层则表现出严重的微米级团聚和光伏性能的下降，如图 6-6 所示。

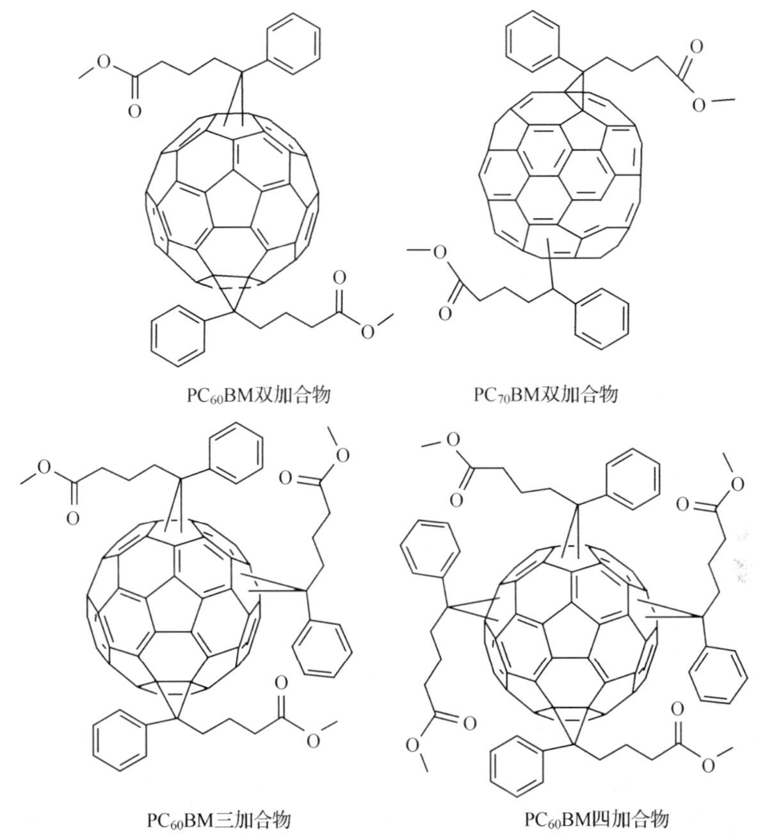

图 6-5　富勒烯(多加合)衍生物的分子结构图

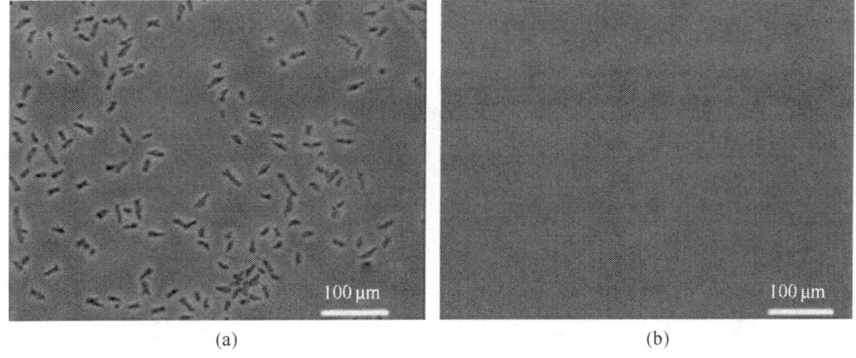

图 6-6　P3HT∶PCBM 的光学显微镜图

(a) 处理前;(b) P3HT∶PCBM 在 150 ℃下退火 1 h

4. 富勒烯受体的光吸收

富勒烯衍生物的光吸收同样是一个需要研究的重要参数。I_h对称的 C_{60}富勒烯由于其结构的高度对称性限制了低能量转换,从而导致可见光吸收相对较弱。通过用更高的类似物替代,D_{5h}对称的 C_{70}与 C_{60}相比有更好的可见光吸收能力,其在 440～530 nm 范围表现出宽光谱吸收峰。因此,基于低带隙聚合物和 $PC_{71}BM$ 的体异质结器件与相应的 C_{60}器件相比,光电转换效率大大提升。然而,基于 C_{70}的材料比基于 C_{60}的材料贵得多。最近,几种改进的含吸光染料的 PCBM 表现出更好的光吸收和器件性能。理想的材料应当具有能级和光吸收可控的特点以促进电荷的产生和传输。Mikroyannidis 等报道了用氰基亚乙烯基 4-硝基苯染料通过与 $PC_{61}BM$ 进行进一步的普拉托反应,得到改进型 PCBM。其在 400～750 nm 的可见光波段表现出更宽和更强的光吸收。其 LUMO 能级与 PCBM 相比提高了 0.15 eV。相应结构为 ITO/PEDOT∶PSS/P3HT∶富勒烯/Al 的器件的光电转换效率达到 5.32%(J_{sc}=10.95 mA/cm^2, V_{oc}=0.76 V, FF=0.64)。

6.1.3 茚-C_{60}和茚-C_{70}双加合物

近年来,茚-富勒烯加合物作为电子受体材料在有机太阳能电池中的应用受到了广泛关注。这种化合物可以通过简单的一步法反应合成。将茚和富勒烯(C_{60}或 C_{70})溶于 DCB 的溶液加热回流几小时,可以获得一些未反应的富勒烯、茚-富勒烯单加合物(ICMA)、茚-富勒烯双加合物(ICBA)和茚-富勒烯多加合物,通过柱层析法可以很容易地将它们分离开来。ICMA 和 ICBA 的 LUMO 能级分别为 −3.86 eV 和 −3.74 eV,都高于 PCBM 的相应值。因此基于 ICMA/P3HT 和 ICBA/P3HT 的器件比基于 P3HT/PCBM 的器件表现出更高的 V_{oc}。ICMA 在 CB 或 DCB 中的溶解性不好,限制了其器件的光伏性能。ICBA 则能轻易溶解于 CB 或 DCB,而且其 LUMO 能级高于 ICMA 和 PCBM。因此 ICBA 成功应用于基于 P3HT 的有机太阳能电池。P3HT/PCBM 体系的 V_{oc}通常为 0.6 V,而在 P3HT/ICBA 体系中,V_{oc}可以达到 0.84 V 且不影响其他指标,包括 FF 和 J_{sc}。V_{oc}的巨大提升主要是源于 ICBA 的高 LUMO 能级。基于 P3HT/$IC_{61}BA$ 和 P3HT/$IC_{71}BA$ 的有机太阳能电池的光电转换效率分别达到了 5.44%和 5.64%,比基于 P3HT/$PC_{61}BM$ 的电池器件高出 40%以上。通过进一步的器件优化,基于 P3HT/$IC_{61}BA$ 的有机太阳能电池能够获得的 V_{oc}为 0.84 V、J_{sc}为 10.61 mA/cm^2、FF 为 72.7%以及光电转换效率为 6.48%。不同茚-富勒烯衍生物的示意图如图 6-7 所示。

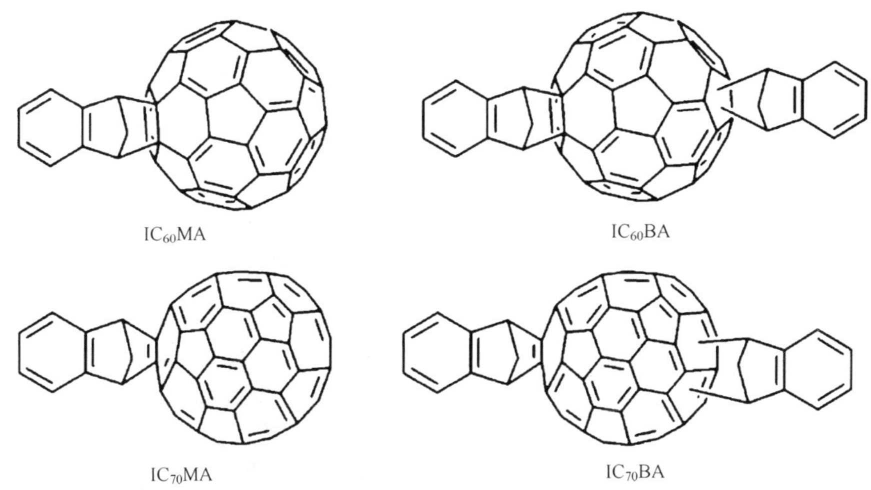

图 6-7　茚-富勒烯衍生物的示意图

6.1.4　功能富勒烯作为电子选择(传输)层

除了优化受体材料，有效控制有机-金属的界面也是获得高性能有机太阳能电池的重要手段。引入基于富勒烯的自组装层(SAMs)就是通过降低接触电阻对有机-无机界面进行修饰的有效手段。一般来说，由于界面能级不匹配，有机-无机界面的电荷复合损失会显著影响倒置结构的器件性能。Hashimoto 等研究了在 P3HT：PCBM 活性层上加入自组装氟化 PCBM 缓冲层来提高正置结构的有机太阳能电池的性能。Jen 等研究了采用包含不同的锚定基团(邻苯二酚、羧酸和膦酸)、连接位置以及功能化的 C_{60}-SAMs 来提高倒置结构的电池中异质结与 ZnO 或 TiO_x之间的接触性能。SAMs 降低了器件的串联电阻并提高了并联电阻，从而提高了填充因子和光电流密度。用 C_{60}-SAMs 修饰 ZnO 的效果最好，将倒置器件的性能提高了 35%(效率从 2.80%提高到 3.78%)。

6.1.5　功能富勒烯在体异质结中作为形貌稳定剂

有机太阳能电池形貌的不稳定性是其在商业化过程中最主要的障碍之一。然而，寻求对最佳形貌的维持方法确是一项严峻的挑战任务。Fr'echet 等发现通过稍微减小 P3HT 的分子局部有序性来减弱结晶导致的相分离不仅可以保持器件的效率而且可以提高有机太阳能电池形貌的热稳定性。此外，Fr'echet 等还使用包含富勒烯和低聚噻吩侧基的双嵌段共聚物作为增容剂来提高 P3HT 和 PCBM 之间的附着力。Wudl 等也用类似的方法来调整 P3HT 和 PCBM 间的形貌，使器件性能获得了实质性改善。最近，一些简单的方法包括原位聚合、聚乙二醇(PEG)

端基富勒烯、超分子五氟苯酚-富勒烯相互作用和光诱导低聚富勒烯等被用来稳定活性层的形貌同时保持器件的效率。这些方法都为维持有机太阳能电池形貌的稳定提供了有效的途径。

6.1.6 富勒烯太阳能电池小结

有机太阳能电池研究中的主要挑战是找到一种有效的方法来提高电池和组件的效率,从而生产出能够实际应用的低成本、质量轻、寿命长的柔性器件。为了达到这些目标,在新的活性层材料的设计和制备方面还有大量的工作要做。和P型共轭聚合物材料的快速发展相比,N型富勒烯材料的发展相对滞后。直到几年前一些合成的分子才开始在与共轭聚合物给体的混合中表现出令人满意的光伏特性。所有这些材料都得到了巨大发展但仍需进一步优化。例如,除了合适的能级高迁移率,体异质结中的富勒烯受体需要有合适的表面能、光吸收、溶解性以及良好的热稳定性。为了有效地将体异质结中的电荷抽取到电极中,在体异质结上加一层薄的电子选择层则可以获得良好的加工性、成膜特性和优异的电子传输特性。此外,通过改变逸出功来形成与金属阴极的能级匹配的能力也十分重要。为了延长器件的寿命,富勒烯材料要在体异质结中以及与电极的界面上保持稳定。有机太阳能电池在实用化的过程中仍会遇到很多挑战,功能型富勒烯的研究必将在其中发挥更重要的作用。

6.2 石墨烯太阳能电池

6.2.1 工作背景

石墨烯这种二维结构拥有足够小的能带间隙和合适的能带排列,这些特征能够通过荧光共振能量转移机理和电荷转移机理,使得石墨烯周围的有机荧光团出现荧光猝灭现象,进而可以有效抑制与其接触的有机材料的荧光现象[1-3]。在石墨烯与半导体纳米粒子,如 TiO_2、ZnO、金属纳米粒子的复合体系中,这些纳米粒子可以吸收光子并将光生光电子传递给石墨烯[4-7]。石墨烯与部分有机光敏材料之间存在的电荷转移效应是石墨烯作为聚合物光伏器件电子受体的理论基础。石墨烯应用于光伏器件的独特优势在于其拥有非常大的比表面积,可以为石墨烯-聚合物提供足够大的接触面积,形成良好的接触,在石墨烯/聚合物薄膜内部,石墨烯起到连接有机大分子的作用。此外,石墨烯上的电子遵守量子电动力学的理论,电子能够容易地越过石墨烯/聚合物之间界面的势垒,从而提高复合薄膜的载流子迁移率,这对于改善器件的整体性能有很大好处。理论研究表明,基于石墨烯受体材料的聚合物太阳能单电池的效率有望达到12%,而叠层电池的效率则可达到24%[8]。

国际上对于石墨烯与聚合物复合的光伏器件已经开始了相应研究。陈永胜课题组首先报道了石墨烯材料作为电子受体在有机光伏领域的应用，他们将苯基异氰酸酯修饰的可溶性石墨烯作为电子受体，以聚(3-辛基噻吩)作为电子给体制备了聚合物光伏电池，经过优化后器件的光电转换效率可达 1.4%。以 P3HT 为给体，器件获得了 1.1%的光电转换效率。Durstock 课题组研究聚合物/氧化石墨烯的其他性质，他们认为氧化石墨烯在聚合物光伏器件中起到了电子受体的作用[9]。Dai 课题组通过酯化反应将带—CH_2OH 末端的 P3HT 接枝到 GO 表面制得 G-P3HT，接枝增强了 P3HT 与石墨烯材料的电子相互作用。他们制备了双层结构的电池，研究结果表明相比于 P3HT/C_{60}，G-P3HT/C_{60} 双层器件的开路电压和短路电流密度大大提高[10]。以上工作采用的都是以氧化石墨烯或经过化学还原的氧化石墨烯作为光伏复合材料中的电子受体。然而由于氧化石墨烯是通过化学氧化方法制备，因此表面带有大量基团，且片层表面具有大量缺陷，这破坏了石墨烯的各种物理特性，也造成了材料导电性的下降。对于还原氧化石墨烯，由于还原处理后的氧化石墨烯难以做到还原效果非常理想，而只是处于向石墨转变的过渡态，因此其电导率与石墨烯相比仍有很大差别。本章的工作重点是研究基于化学气相沉积(CVD)方法制备的高质量单层石墨烯在光敏聚合物材料内的性质，通过最简单的器件结构 ITO/PEDOT：PSS/P3HT：石墨烯/LiF/Al，研究高质量石墨烯与光敏聚合物(P3HT)的相互作用及其对器件光伏性能的影响。

6.2.2　电子受体——CVD 石墨烯：P3HT 体异质结的光伏特性

1. CVD 石墨烯：P3HT 转移-杂化复合一体化技术

CVD 法是获取高质量石墨烯的有效方法，基于 CVD 法制得的石墨烯相对于化学氧化还原制备的石墨烯具有更优越的物理化学性质。然而对于石墨烯：聚合物杂化复合材料的研究通常却是从化学氧化还原制备的石墨烯开始。一方面是因为无论对于 CVD 石墨烯还是氧化石墨烯，其二维平面的表面能与大部分溶剂相差很大，因而无法做到在溶液中的均匀分散。然而氧化石墨烯边缘存在大量的羧基、羟基等亲水性化学基团，这促使氧化石墨烯可以均匀稳定地分散在水中，同时其他有机分子可以通过与氧化石墨烯表面的大量基团反应，接到氧化石墨烯表面。因此氧化石墨烯及其衍生物可以较容易地分散在有机溶剂中，进而分散在有机材料内。另一方面，由于 CVD 石墨烯生长在金属基底表面，如何将这些石墨烯无污染地转移是另一个重要问题。这两个原因直接导致了大量的石墨烯：有机材料杂化复合材料首先采用的是氧化石墨烯及其衍生物。为了研究 CVD 石墨烯与光敏聚合物在共混体系中的电子输运和能量转移过程，本工作创新性地提出一种适用于制备 CVD 石墨烯/聚合物杂化复合体系的 CVD 石墨烯转移-杂化复合一体化技术，并成功实现了 CVD 石墨烯与 P3HT 的有效复合。制备 CVD 石墨烯：P3HT 杂化复合薄膜的转移-杂化复合一体化技术的实施示意图如图 6-8 所示。

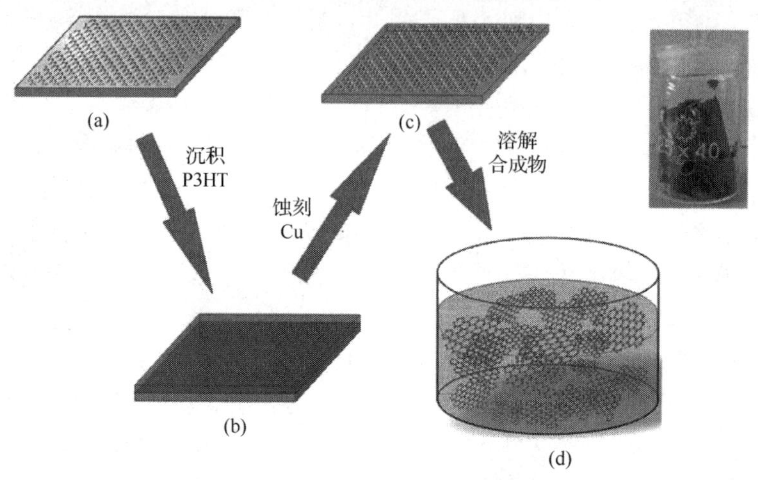

图 6-8　CVD 石墨烯：P3HT 杂化复合薄膜的转移-杂化复合一体化技术实施示意图

此技术的实施步骤简要介绍如下：

(1) 如图 6-8(a)所示，采用 CVD 方法在铜箔表面沉积单层石墨烯(single layer graphene，SLG)，铜箔的尺寸为 2 cm×5 cm，其中 CVD 石墨烯的具体制备过程详见第 2 章。

(2) 如图 6-8(b)所示，将 P3HT 溶解在氯苯中，配成浓度为 10 mg/mL 的溶液。通过旋涂方法(转速为 1000 r/min)在生长有石墨烯的铜箔表面制备一层 P3HT 薄膜，并在 60 ℃加热 10 min，以便完全去除有机溶剂。将该样品放入等离子清洗机中进行氧离子清洗 10 min，以去除铜箔背面的石墨烯，从而形成铜箔/石墨烯/P3HT 叠层复合结构。

(3) 配制铜刻蚀液($m_{硫酸铜}$ ∶ $m_{盐酸}$ ∶ $m_{水}$ =10 g ∶ 50 mL ∶ 50 mL)，将第(2)步所制备的铜箔/石墨烯/P3HT 放置在刻蚀液表面，其中铜箔面朝下。约 30 min 后铜箔被完全去除，只剩下漂浮在液态表面的石墨烯/P3HT 叠层复合薄膜。将石墨烯/P3HT 叠层复合薄膜转移至去离子水中漂洗三次，在 60 ℃的烘箱中放置 12 h，获得干净的石墨烯/P3HT 叠层复合薄膜，如图 6-8(c)所示。插图为转移至玻璃容器中的石墨烯/P3HT 叠层复合薄膜实物图。

(4) 如图 6-8(d)所示，将上述制备的石墨烯/P3HT 叠层复合薄膜重新溶解在氯苯溶液中，超声处理 2 h，并添加适量的 P3HT，使得所配制的溶液中石墨烯：P3HT 的整体浓度为 10 mg/mL。

由于单层石墨烯质量小，无法通过电子天平准确秤得所添加的石墨烯的质量，然而通过控制所用铜箔的面积，我们可以准确地知道所添加石墨烯的面积，因此在

CVD 石墨烯：P3HT 杂化混合液中，我们选用 cm^2/mg 为单位，用以表征 CVD 石墨烯相对于 P3HT 的含量。在石墨烯：P3HT 杂化混合溶液的配制过程中，添加适量的纯 P3HT 粉末，使得所配制的溶液中石墨烯：P3HT 的整体浓度为 10 mg/mL（此处忽略石墨烯的质量），并控制石墨烯相对于 P3HT 的含量分别为 0.5 cm^2/mg、1.5 cm^2/mg、3.0 cm^2/mg 及 4.5 cm^2/mg。

在石墨烯的 CVD 制备过程中，采用本实验所设定的工艺参数，石墨烯晶核在铜箔表面同时形成，因此所制备的连续石墨烯薄膜实为多晶结构。如图 6-9(a)所示，当 CVD 反应时间为 3 min 时可以明显地看到独立的石墨烯晶畴，当反应时间增加至 10 min 时，石墨烯晶畴连成一片形成多晶石墨烯连续薄膜。正是由于多晶薄膜中存在大量晶界，这些晶界会显著地降低石墨烯薄膜的机械强度。因此石墨烯薄膜在 P3HT 支撑层重新溶解后破碎，并在后续超声处理过程中粉碎成尺寸小于 200 nm 的纳米片，如图 6-9(b)所示。该石墨烯纳米片在 P3HT 溶液中可以稳定存在，并未发现明显的团聚和沉淀现象。可以认为，经超声破碎后，石墨烯纳米片边缘的碳原子存在着不饱和键，因而具有较大的活性。边缘碳原子可能与 P3HT 分子形成某些较弱的化学键，从而促使石墨烯纳米片可以有效分散。另一方面，P3HT 分子具有共轭结构，可以通过 π-π 作用非共价功能化石墨烯纳米片[11-13]，从而增强其分散性，并和石墨烯形成有效的复合。

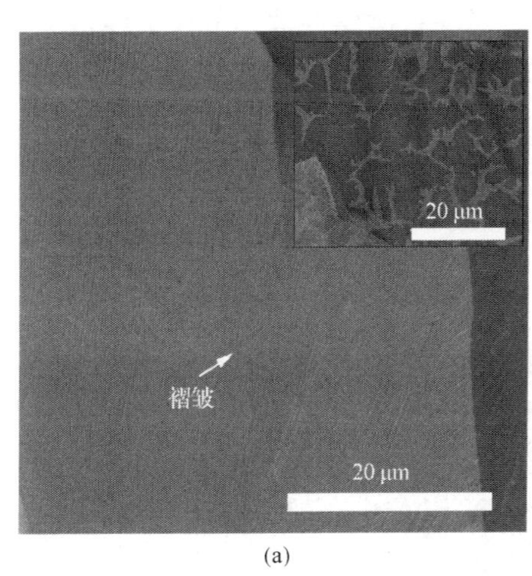

(a)

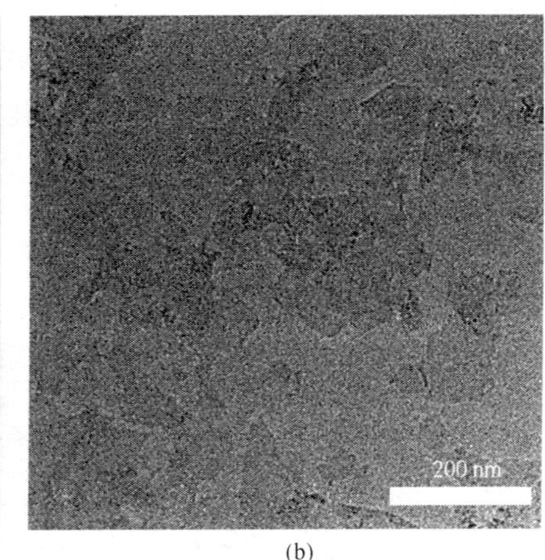

(b)

图 6-9　连续石墨烯层 SEM 图及石墨烯纳米片的 TEM 图

(a) 生长时间为 10min 的连续石墨烯层 SEM 图(插图为生长时间 3min 的分立石墨烯晶畴 SEM 图)；(b) 超声分散的石墨烯纳米片的 TEM 图

2. 光伏器件的制备

我们制备了具有 ITO/PEDOT：PSS/石墨烯：P3HT 杂化复合薄膜/LiF/Al

结构的光伏器件(图 6-10),用于研究石墨烯：P3HT 杂化复合薄膜的光伏特性。该器件的制备过程如下：

(1) ITO 玻璃的清洗。把刻蚀过的 ITO 玻璃依次放入丙酮、乙醇和去离子水中各超声清洗 30 min,然后放入烘箱中烘干待用。

(2) 涂覆空穴传输层。在洁净的 ITO 上旋涂一层 50 nm 厚的聚(3,4-乙烯二氧噻吩)-聚苯乙烯磺酸(PEDOT：PSS),控制匀胶机的转速,使旋转过程中的低速转速为 300 r/min,时间为 10 s,高速转速为 4500 r/min,时间为 30 s。最后以 130 ℃的温度热处理 20 min 去除 PEDOT：PSS 薄膜中的水分。

(3) 制备有机层。在 PEDOT：PSS 薄膜上旋涂前面所制备的 CVD 石墨烯：P3HT 的混合液(控制匀胶机转速,使低速转速为 300 r/min,时间为 10 s,高速转速为 1200 r/min,时间为 30 s),制备成的石墨烯：P3HT 杂化复合薄膜膜厚约为 200 nm。

(4) 通过真空蒸镀的方式制备 LiF 修饰层和 Al 电极。把样品放入真空腔体内,当腔体真空度低至 1.0×10^{-3} Pa 时,先蒸镀 LiF(沉积速率为 0.1 nm/s,膜厚为 0.5 nm),然后蒸镀 Al,控制 Al 的蒸镀速率为 1 nm/s,所得 Al 电极的厚度为 150 nm。

采用日本岛津公司生产的 UV3600 分光光度计研究复合薄膜的光吸收特性,利用日立公司生产的 F-4600 荧光光谱仪研究复合薄膜的荧光特性。器件的 *I-V* 特性由 Keithiey 4200SCS 半导体测试系统记录,测试光源由意大利 Abet 公司生产的 SUN2000 太阳光模拟器提供,其光强为 AM1.5G(100 mW/cm^2)。

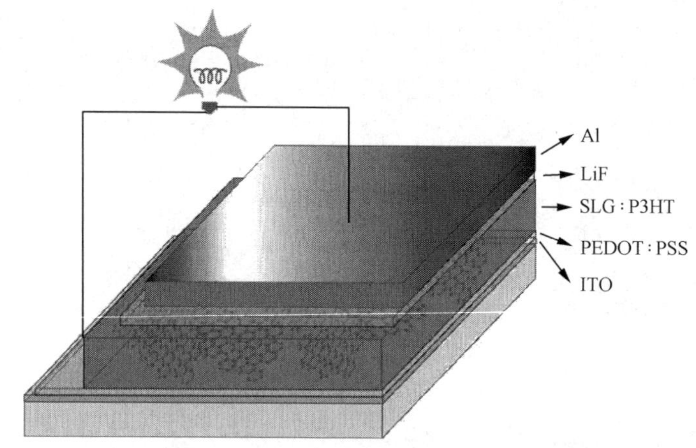

图 6-10　ITO/PEDOT：PSS/石墨烯：P3HT/LiF/Al 器件结构示意图

3. 光伏特性

首先通过石墨烯：P3HT 杂化复合薄膜的吸收光谱来研究石墨烯对于复合薄

膜光吸收特性的影响。图 6-11 为石墨烯：P3HT 复合薄膜和 P3HT 薄膜的归一化吸收图谱。从图中可以看出，在 350～800 nm 的波长范围内，两种薄膜表现出相同的吸收峰位置，该吸收峰为 P3HT 的吸收峰。这表明处于基态时石墨烯和 P3HT 并没有产生明显的电荷转移[14,15]。可以注意到，掺杂石墨烯后复合薄膜的吸收峰展宽，而且在低波长的吸收有一定的增强。这与碳纳米管类似，可能是层叠的石墨烯对入射光有一定的反射与散射作用，能够实现入射光在薄膜中的多次反射，提高激活层对光的吸收[16]。此现象有利于提高对于太阳能的利用效率，从而提高光伏器件的能量转换效率。

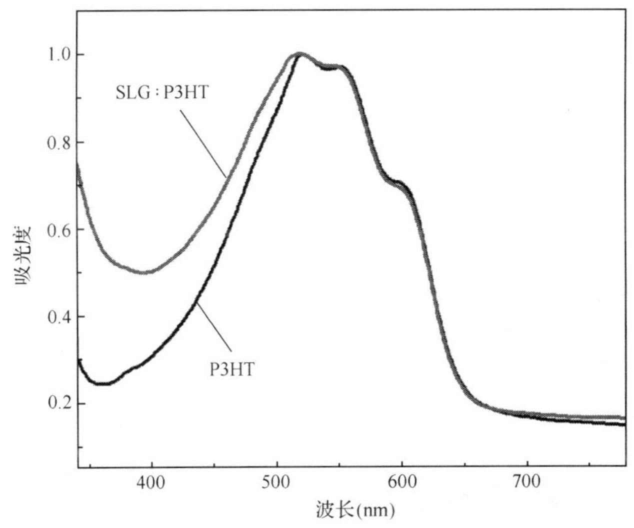

图 6-11　P3HT 及石墨烯：P3HT 复合薄膜的归一化吸收光谱

为了探索 P3HT 在激发态下与石墨烯的相互作用，我们研究了石墨烯：P3HT 杂化复合薄膜以及纯 P3HT 薄膜的光致发光图，如图 6-12(a)所示。掺杂石墨烯后，石墨烯：P3HT 复合薄膜的光致发光强度相对于纯 P3HT 有很大减弱，而复合薄膜相对于 P3HT 的发光峰并没有明显的改变。尽管基态 P3HT 和石墨烯之间没有发生相互作用，但是石墨烯对于 P3HT 的荧光具有很强的猝灭作用。此结果说明在共混体系中光生激子没有完全发生复合发光，而是较大一部分以非辐射形式复合或者被分离成自由电子与空穴。为了证明石墨烯对于 P3HT 的荧光猝灭现象，我们进一步测试了石墨烯：P3HT 复合薄膜以及纯 P3HT 薄膜的时间分辨荧光光谱。从图 6-12(b)可以看出，对于复合了石墨烯的 P3HT 薄膜，其荧光寿命明显变短(由 20.8 ns 降低至 2.9 ns)。以上结果表明，光生激子在石墨烯：P3HT 共混体系中在石墨烯的促进下被快速分离成自由电子与空穴。

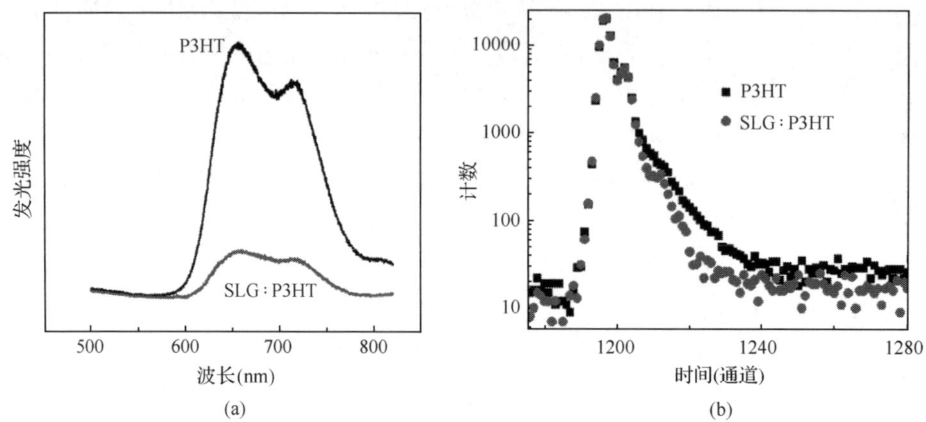

图 6-12　石墨烯：P3HT 复合薄膜以及纯 P3HT 薄膜荧光特性光谱

(a) 稳态荧光光谱；(b) 时间分辨荧光光谱

图 6-13 给出了 P3HT 器件和石墨烯：P3HT 器件在有无光照时的电流密度-电压特性曲线。从图中可以看出，掺杂石墨烯可显著提升器件的光伏性能。在没有光照的情况下，掺杂石墨烯的器件具有较大的暗电流，这说明石墨烯的加入可以提高复合薄膜的导电性，这对于提高器件的开路电压和载流子迁移率会有一定的促进作用。在光照下，P3HT 器件可以表现出开路电压为 0.26 V，短路电流密度为 0.06 mA/cm^2 的光伏特性。P3HT 器件的结构属于“MIM”三明治结构，器件的开路电压由 Al 电极和 ITO 电极的逸出功决定。而对于掺杂有电子受体的器件，一般具有纳米材料-聚合物体异质结的结构，器件的开路电压不仅取决于电池两个

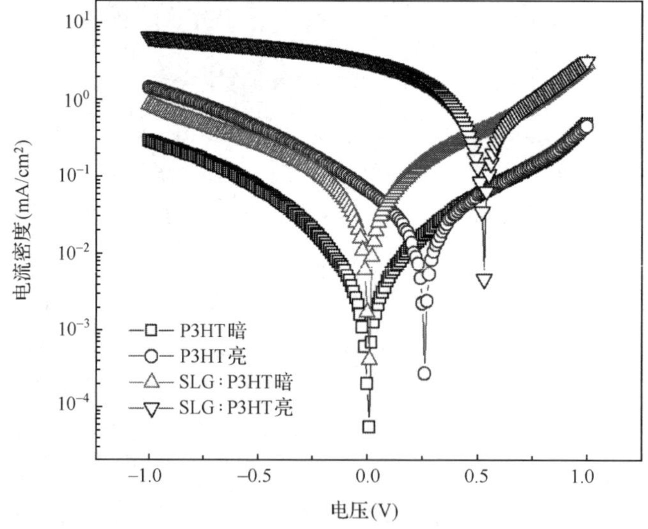

图 6-13　P3HT 及石墨烯：P3HT 光伏器件的电流密度-电压特性曲线

电极的逸出功之差，更主要的是取决于聚合物的 HOMO 和 LUMO 能级以及电子受体材料的能级结构。对于掺杂有石墨烯的器件，开路电压可以提升至 0.54 V，短路电流密度可以提升至 4.28 mA/cm^2。这表明对于该复合薄膜，石墨烯可以作为有效的电子受体，实现电子-空穴对的分离和电子的输运。

结合吸收光谱、稳态荧光光谱、时间分辨荧光光谱、器件电流密度-电压特性曲线和材料的能级结构图进行分析可知，对于石墨烯∶P3HT 复合材料的光伏效应，石墨烯主要起三个作用：第一，从光学的角度考虑，在 P3HT 材料内掺杂大量石墨烯后，光在聚合物薄膜内形成多次反射，提高了吸收效率，增强了聚合物对光的吸收和利用。第二，从电学的角度考虑，石墨烯在 P3HT 中起到作为电子受体材料的作用。由复合薄膜的吸收曲线可知，在基态 P3HT 和石墨烯之间没有发生相互作用，然而从复合薄膜的光致发光可知，掺杂石墨烯后复合薄膜的光致发光强度有了较大程度的减弱，而发光峰的位置并没有改变，这说明石墨烯对于 P3HT 的荧光具有很强的猝灭作用。根据石墨烯∶P3HT 器件的光伏效应可知，光生激子在杂化复合体系中主要不是进行复合发光，而是被分离成自由电子与空穴，并分别在各自的互穿网格内传输。根据聚合物太阳能电池的理论，当可见光入射到未掺杂石墨烯的 P3HT 内部时，P3HT 吸收光子，然后在聚合物分子内形成大量激子。但是因为聚合物材料内部的库仑力很强，激子被库仑力束缚，而器件内形成的内建电势较弱，不足以使激子完全分离。即使对于已经分离的电子、空穴，在传输的过程中也会相遇进而发生电子-空穴对的耦合，发生辐射或无辐射跃迁，使得在聚合物中产生的激子对光电流的贡献率很低。由图 6-14 可知，在光照下，P3HT 吸收太阳光并产生光生激子，光生激子扩散到施主(D)/受主(A)异质结处，此时 P3HT 作为施主，石墨烯作为受主。由于 P3HT 和石墨烯材料具有不同的能带结构，光生激子在石墨烯和 P3HT 界面处快速分离，形成自由电子和空穴。第三，石墨烯起到电子传输的作用，即为电子传输提供传导路径。对于掺杂纳米颗粒(如 C_{60}、ZnO 量子点、CdSe 量子点等)的聚合物光伏器件，分离后的电子是在纳米颗粒相

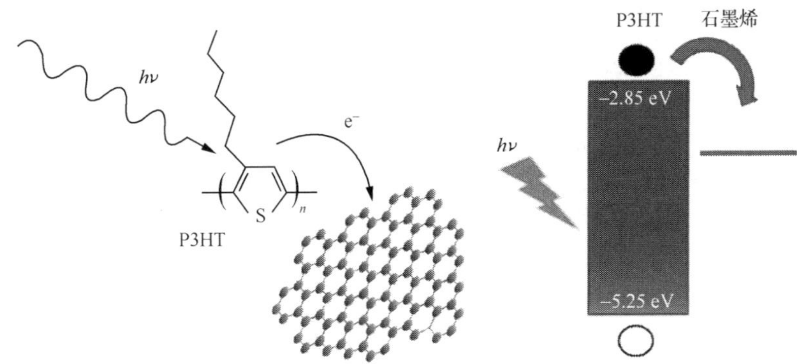

图 6-14　光照下电子在 P3HT 和石墨烯之间的转移过程

之间“跳跃”传输,而后输运到电极。这种传输方式大大降低了电子的传导能力和器件的效率。石墨烯具有巨大的比表面积、独特的电子传导方式和非常高的载流子迁移率,可以改善分离后的电子在电子受体间的输运。这使得电子的传导由纳米颗粒之间的“跳跃”式传输变为贯穿石墨烯的量子隧穿式传输,为电子在薄膜中的传输提供更直接的传导路径。

在基于纳米材料/有机基体复合材料的器件中,纳米材料的含量对器件的工作特性有显著的影响,过低浓度和过高浓度都对器件有很大影响。所以在下一步的工作中重点研究不同石墨烯含量对于器件光伏性能的影响。图 6-15 是含有不同石墨烯浓度的光伏器件的电流密度-电压特性曲线,其中石墨烯的浓度分别为 0.5 cm^2/mg、1.5 cm^2/mg、3.0 cm^2/mg 及 4.5 cm^2/mg,表 6-1 列出了器件的详细性能参数。石墨烯在聚合物光伏器件中既可以起到电子受体的作用,促进激子分裂,又可以起到改善电子传输的作用,为电子传输提供高效传导路径。但是石墨烯的尺寸较大(其尺寸大于或接近活性层的厚度),且在薄膜内部呈现无序分布,有可能造成阴、阳电极的直接接触。因而石墨烯的浓度对器件的光伏性能优劣有决定性作用。可以看出当石墨烯浓度为 3.0 cm^2/mg 时,器件的光电转换效率最高。在石墨烯浓度较低时,无法在 P3HT 材料内形成充分的体异质结结构,无法充分有效利用光生激子产生光生电流。当石墨烯浓度过高时(4.5 cm^2/mg),器件的光电转换效率明显降低,这是因为大量的石墨烯会在复合薄膜中连接重叠,有可能在局部形成过量的石墨烯而造成 Al 电极与 ITO 电极的电学接通,导致电子和空穴在石墨烯上发生复合。当石墨烯浓度为 4.5 cm^2/mg,器件中的填充因子明显下降,这

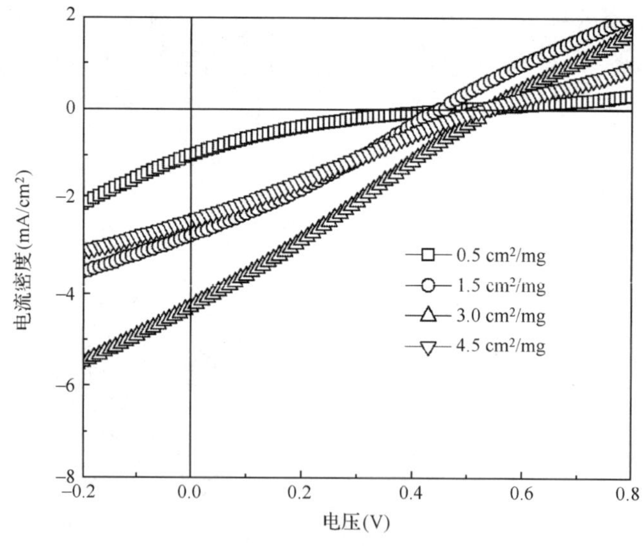

图 6-15　具有不同石墨烯浓度的光伏器件的电流密度-电压特性曲线

即是由大量的石墨烯在器件中团聚所致，使得器件的光电转换效率大大降低。

表 6-1　不同石墨烯浓度、不同热处理温度时光伏器件的工作特性参数

SLG 浓度(cm^2/mg)	加热温度(℃)	J_{sc}(mA/cm^2)	V_{oc}(V)	FF	η(%)
0	—	0.07	0.26	0.23	0.004
0.5	—	1.00	0.5	0.15	0.076
1.5	—	2.74	0.45	0.29	0.354
3.0	—	4.28	0.54	0.26	0.610
3.0	100	5.45	0.54	0.27	0.791
3.0	120	5.81	0.60	0.40	1.39
3.0	140	4.72	0.54	0.26	0.671
4.5	—	2.42	0.53	0.26	0.330

尽管经过石墨烯浓度优化后可以在一定程度上提升石墨烯：P3HT 器件的光伏性能，然而其最高光电转换效率仅为 0.61%。如此低的光电转换效率可能是由电子-空穴输运不平衡造成的。尽管共轭聚合物材料具有相对较高的空穴迁移率，但相对于石墨烯在电子传输方面的高迁移率，共轭聚合物还是存在着不小的差距。所以在石墨烯：P3HT 复合薄膜中电子的迁移率大大高于空穴的迁移率，这种电子-空穴的输运不平衡导致其复合概率增加，进而降低光电转换效率。为了在一定程度上增强空穴在 P3HT 相的迁移率，可以对器件进行热退火处理。在该实验中选择石墨烯的浓度为 3.0 cm^2/mg，热退火温度分别为 100 ℃、120 ℃、140 ℃，热处理时间为 10 min。在不同热退火温度下获得的器件电流密度-电压特性曲线如图 6-16 所示，详细的光伏特性参数见表 6-1。在 120 ℃下热处理可获得最佳的光

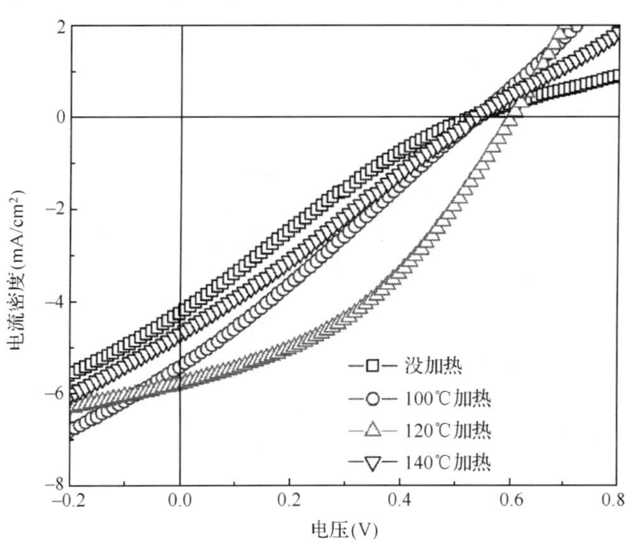

图 6-16　不同热退火温度下器件的电流密度-电压特性曲线

伏特性,其光电转换效率上升至 1.39%,开路电压 V_{oc}、短路电流密度 J_{sc}、填充因子 FF 分别为 0.6 V、5.81 mA/cm^2 和 0.40。在热退火过程中尽管难以出现纳米颗粒 C_{60} 和 P3HT 复合薄膜中出现的相分离现象,但是 P3HT 相会出现一定程度上的软化和重结晶,从而提高 P3HT 相的结晶度,增强空穴在 P3HT 相的迁移率。另一方面,在热退火过程中,靠近 LiF/Al 界面的 P3HT 含量会下降,从而有利于减少电子-空穴在阴极界面的复合,提高光生电流密度[17]。可以注意到,当热处理温度进一步上升后,器件的光伏特性反而下降,这可能是由有机材料受到破坏造成的。

6.2.3　电子收集与输运——直立石墨烯/ZnO 膜层的光伏特性增强

以上研究表明,采用 CVD 方法制备的单层高质量石墨烯在 P3HT 基体中可以作为电子受体,产生光伏效应。但基于 CVD 石墨烯∶P3HT 体异质结的光伏器件的光电转换效率并不高,且仅与采用氧化石墨烯为受体的光伏器件的效率处于同一个数量级。到目前为止,尽管基于石墨烯受体的体异质结光伏器件的光电转换效率有待进一步提高,但当有效利用石墨烯优异的物理化学特性和高比表面积等特点时,有望使聚合物光伏器件的工作性能获得突破性进展。因此如何将石墨烯高效地应用于聚合物光伏器件具有重要的科学意义与应用价值。

在本部分工作中,我们提出将直立石墨烯薄膜作为 P3HT∶PCBM 基光伏器件的阴极缓冲层。直立石墨烯的引入具有三个作用:①直立排列的石墨烯可以增大阴极电极的表面积,从而可以进一步增大阴极与有机活性层的接触面积,有利于阴极对电子的吸收;②通过我们的研究发现,石墨烯可以作为电子受体,因此在该器件中直立石墨烯可以同时作为电子受体从而作为类似 PCBM 这类电子受体材料的补充,促进光生激子的分离;③直立石墨烯的引入可以促进 PCBM 在靠近阴极界面的聚集,从而更有利于电子的收集。

1. 直立石墨烯/ZnO 复合膜层的制备与表征

为了获得直立排列的石墨烯薄膜,我们提出以氧化锌(ZnO)薄膜作为黏附层,通过控制旋涂工艺获得直立石墨烯/ZnO 复合膜层。选择 ZnO 薄膜作为直立石墨烯的黏附层有以下几点原因:①ZnO 有合适的导带和价带能级结构,可以实现对电子的高效收集和对空穴的有效阻挡,已经广泛应用于聚合物光伏器件的阴极缓冲层[18,19];②ZnO 的禁带宽度为 3.7 eV,其薄膜在可见光区域的光吸收较弱,可以减小对入射光的吸收;③高质量 ZnO 薄膜的制备工艺简单,可以通过溶胶-凝胶法获得[20,21]。直立石墨烯/ZnO 复合膜层的制备过程如下:

(1) 将 60 mg 化学还原的氧化石墨烯加入 100 mL 异丙醇溶液中,超声分散 5 h,得到均匀的石墨烯分散液。

(2) 将 0.06 mol 的二水合乙酸锌加入上述石墨烯分散液中，用恒温磁力搅拌器搅拌并保持温度为 70℃，搅拌 10 min 后放入 0.06 mol 的乙醇胺，在 70℃温度下搅拌 1 h。

(3) 将该溶液在室温下放置 48 h，形成石墨烯/ZnO 前驱液。

(4) 以 3000 r/min 的转速将所制备的石墨烯/ZnO 前驱胶液旋涂于洁净石英玻璃表面，在 200℃保温 10 min。最后在 Ar 气氛围下 400℃热处理 1 h，从而得到石墨烯/ZnO 薄膜。

作为对比，我们制备了纯 ZnO 薄膜，其制备工艺与石墨烯/ZnO 复合膜层基本相同，所不同的是前驱体中不用添加石墨烯粉末。

图 6-17 为石墨烯/ZnO 复合膜层和 ZnO 薄膜的 SEM 照片。对于石墨烯/ZnO 复合膜层，其表面粗糙度很大，可以明显看到突出基底表面、垂直于基底的石墨烯片。而对于 ZnO 薄膜，通过溶胶-凝胶方法可以获得表面平整的膜层。

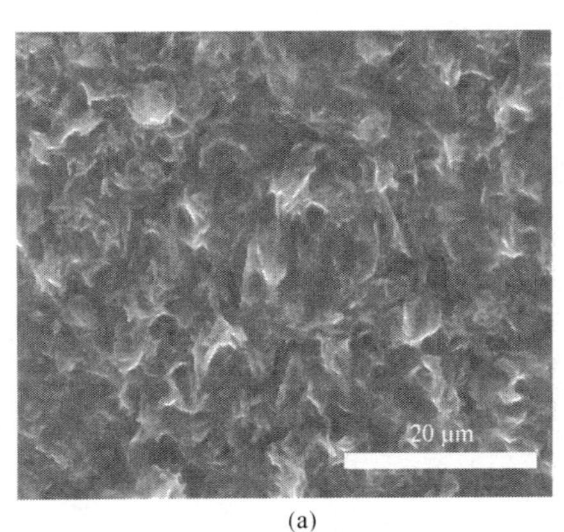

(a)

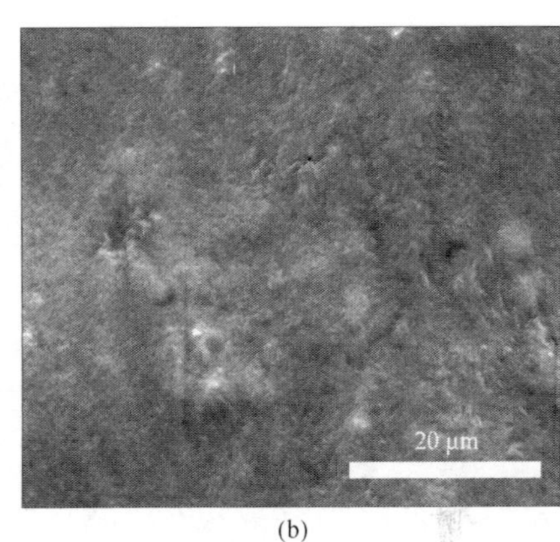

(b)

图 6-17　直立石墨烯/ZnO 复合膜层与 ZnO 薄膜的 SEM 照片
(a) 直立石墨烯/ZnO 复合膜层；(b) ZnO 薄膜

图 6-18 为两种薄膜的 X 射线衍射图谱，两种材料均表现出明显的(100)、(002)、(101)、(102)及(110)面衍射峰，衍射峰峰形尖而窄，没有观测到其他杂质衍射峰，说明产物的纯度很高，这表明通过溶胶-凝胶方法可以获得结晶质量较好的纤锌矿 ZnO 薄膜。对于石墨烯/ZnO 复合膜层，在 25°出现一个较宽的衍射峰，这对应多层氧化还原石墨烯的衍射峰。

图 6-19 为石墨烯/ZnO 复合膜层与 ZnO 薄膜在 300～800 nm 波长范围内的光透射谱和光吸收谱。两种薄膜在可见光区域均有较高的透光率。石墨烯/ZnO 复合膜层具有和 ZnO 薄膜完全一致的吸收峰分布，且吸收强度仅比 ZnO 薄膜稍大(小于 1%)，这是由石墨烯的宽波段均匀吸收造成的。石墨烯/ZnO 复合膜层的高透光率和低吸光度可以保证在器件设计时该膜面作为光的入射面，从而可以实现反型结构聚合物光伏器件的设计和制备。

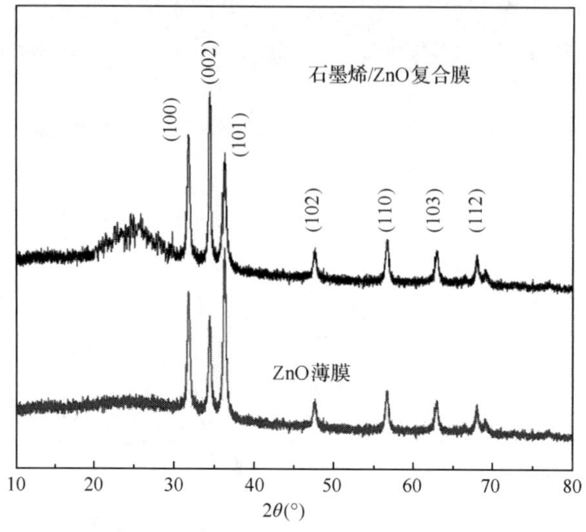

图 6-18 石墨烯/ZnO 复合膜层、ZnO 薄膜的 X 射线衍射图谱

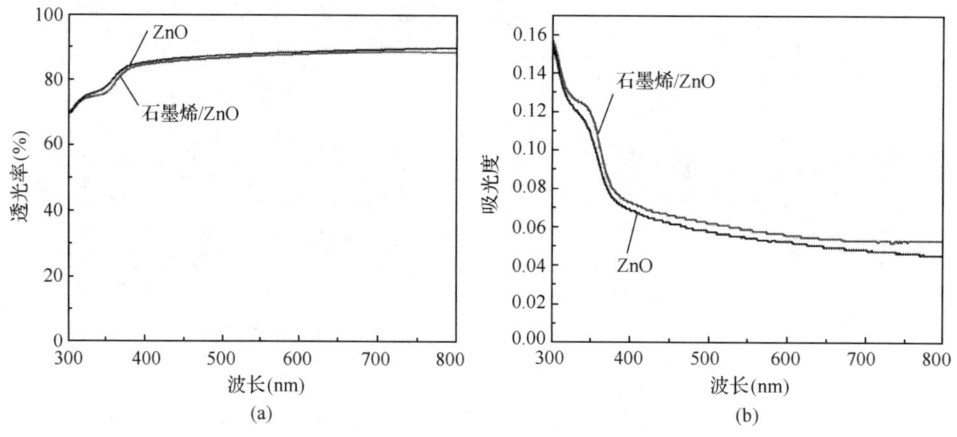

图 6-19 石墨烯/ZnO 复合膜层与 ZnO 薄膜的可见光透过率与吸收率曲线

(a) 可见光透过率曲线;(b) 可见光吸收率曲线

2. 直立石墨烯/ZnO 阴极缓冲层的光伏特性增强

直立石墨烯/ZnO 复合膜层在光电特性、形态特征及制备工艺方面的独特优势使其可以作为阴极缓冲层(即 ITO 电极的修饰层),用于反型结构的聚合物光伏器件。反型结构聚合物光伏器件是相对传统结构的聚合物光伏器件而言的。在反型结构中,ITO 作为器件的阴极,同时也是入光面,而高逸出功的金属电极作为器件的阳极。采用反型结构器件的好处在于,一方面可以避免使用低逸出功电极,而

使用高逸出功金属如金、银作为阳极，从而提高器件的稳定性和寿命[22,23]；另一方面，阴阳极的倒置能更有效地结合体异质结的相分离过程，有利于电子与空穴的收集[24]。

在本工作中，反型太阳能电池的阴极为 ITO，阴极缓冲层为直立石墨烯/ZnO 复合膜层，活性层为 PCBM：P3HT 复合膜层，阳极缓冲层为 PEDOT：PSS，阴极为银纳米线薄层。该器件的制备过程如下：

(1) 通过标准光刻工艺制备条状 ITO 电极（5 mm×20 mm），经丙酮、乙醇、去离子水分别超声清洗 30 min 后，烘干待用。

(2) 根据上文中的直立石墨烯/ZnO 复合膜层的制备工艺在 ITO 电极表面沉积该复合膜层。

(3) 将 P3HT：PCBM 混合溶液以 1000 r/min 的转速旋涂在石墨烯/ZnO 缓冲层表面，所沉积的 P3HT：PCBM 膜厚约为 200 nm。其中，在该混合溶液中 P3HT、PCBM 的浓度均为 10 mg/mL，所采用的溶剂为氯苯。

(4) 将所制备的样品放于 120 ℃的加热台上，采用喷涂技术结合金属掩膜板，在 P3HT：PCBM 膜层表面制备 50 nm 厚的条状 PEDOT：PSS 薄膜（5 mm×20 mm，与 ITO 垂直交叉）。

(5) 采用喷涂技术结合金属掩膜板在所制备的 PEDOT：PSS 薄膜表面沉积相同图形的银纳米线膜层，该膜层的厚度约为 100 nm。其中所使用的银纳米线水溶液购买自南京先丰纳米材料科技有限公司，产品编号为 Agnws-200。

作为对比，我们采用相同的工艺参数制备了基于 ZnO 薄膜阴极缓冲层的反型聚合物光伏器件。图 6-20 为基于直立石墨烯/ZnO 阴极缓冲层的反型聚合物光伏器件的结构示意图和截面 SEM 图。

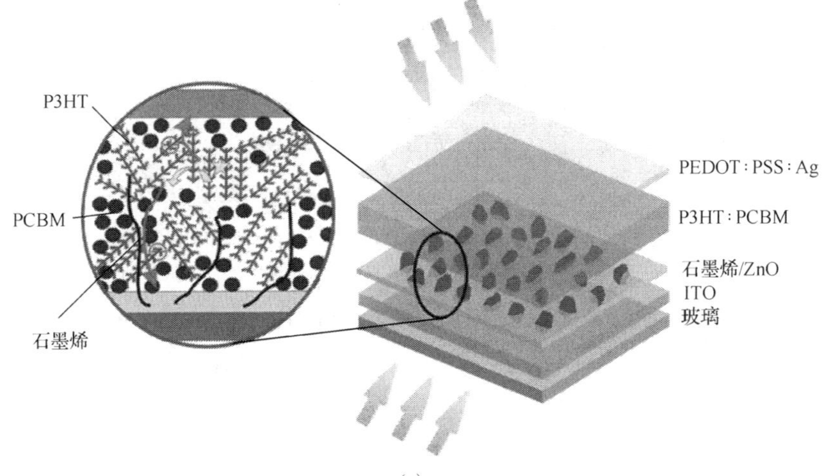

(a)

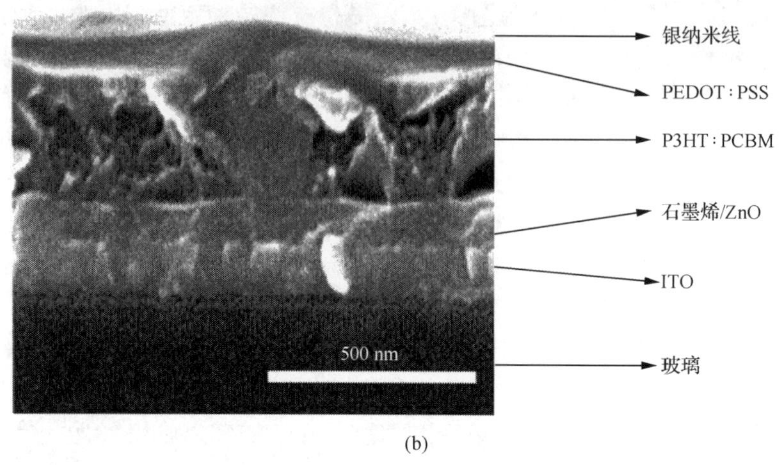

(b)

图 6-20　反型聚合物光伏器件图

(a) 结构示意图；(b) 截面 SEM 图

图 6-21(a)和图 6-21(b)分别给出了采用直立石墨烯/ZnO 复合膜层和 ZnO 薄膜作为阴极缓冲层的光伏器件的光照电流密度-电压特性曲线。在进行热退火处理前，对于采用直立石墨烯/ZnO 复合膜层的器件，其光电转换效率为 1.31%，其开路电压 V_{oc}、短路电流 J_{sc}、填充因子 FF 分别为 0.57 V、7.22 mA/cm^2 及 0.32。而对于仅采用 ZnO 薄膜作为阴极缓冲层的器件，其光电转换效率仅为 0.71%。在进行热退火处理之前，直立石墨烯的引入可以在多方面提升器件的光伏性能，而后续的热退火处理对两种器件的影响差别显得更为明显。在不同温度的热退火过程中，热处理时间都为 5 min，处理温度对于器件的短路电流、开路电压、填充因子及光电转换效率的影响如图 6-21(c)～(f)所示。从图中可以看出热退火处理对于反型聚合物光伏器件的性能提升的作用是明显的。对于采用直立石墨烯/ZnO 复合膜层的器件，在 120～150℃，器件的各项参数随温度的上升而提高。在150℃处理 5 min 后得到最优的工作性能，其光电转换效率、开路电压、短路电流、填充因子分别达到 3.07%、0.57 V、10.67 mA/cm^2 及 0.50。然而对于采用 ZnO 薄膜作为阴极缓冲层的器件，其最佳的热处理温度却是 130℃，其转换效率也仅为 1.81%。

很显然，直立石墨烯/ZnO 阴极缓冲层可以有效地提升器件的光伏性能，并且改变器件的最佳热退火处理条件。为了进一步分析该原因，我们首先研究两种器件在不同温度热处理后的光吸收特性，如图 6-22 所示。这两种器件的吸收曲线都有两个显著的吸收峰，其中 335 nm 位置对应的是 PCBM 的吸收峰，500 nm 位置对应的是 P3HT 的吸收峰[25]。采用直立石墨烯/ZnO 薄膜的器件具有更大的吸收强度，尤其是在 335 nm 处。这可能与该粗糙膜面增加光的散射有关，该现象与采用 ZnO 纳米棒阵列为缓冲层的器件的光吸收特性类似。吸收强度随热处理温度

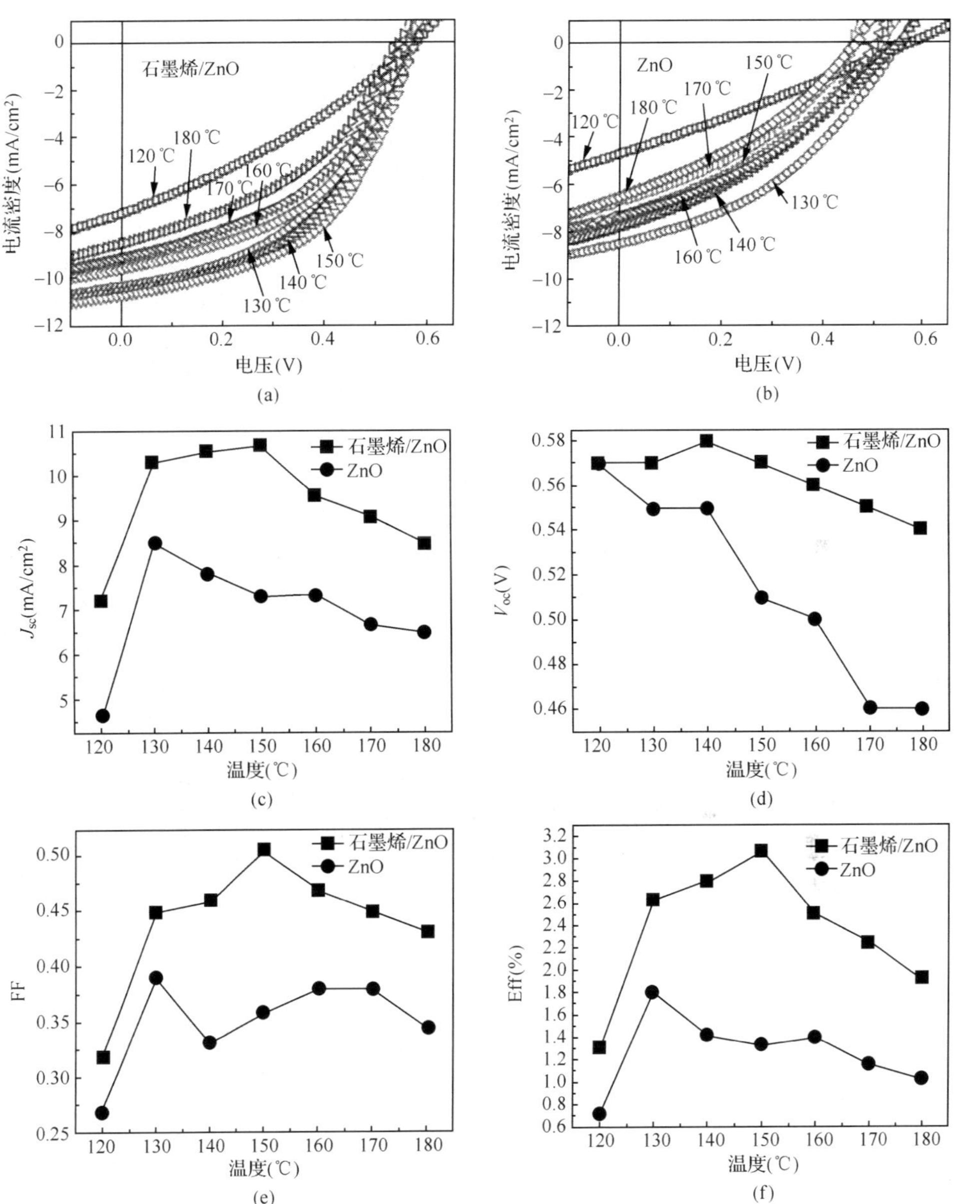

图 6-21 直立石墨烯/ZnO 与 ZnO 薄膜分别为阴极缓冲层的器件的光伏特性图

(a)采用直立石墨烯/ZnO 为阴极缓冲层的器件在不同热退火温度下的电流密度-电压特性曲线；(b)采用 ZnO 薄膜为阴极缓冲层的器件在不同热退火温度下的电流密度-电压特性曲线；(c)、(d)、(e)、(f)分别为该两器件的短路电流、开路电压、填充因子及光电转换效率随热退火温度的变化趋势曲线的变化现象反映了器件活性层内部的结构变化趋势。在 P3HT∶PCBM 复合薄膜内由于存在着分散的 PCBM 团簇，进行热处理后 P3HT 分子会聚集在一起，即发生相分离，进而造成 P3HT 吸收峰的红移[26]。然而，在我们的实验中，从 120～180℃的热处理过程中均未发现 P3HT 吸收峰的红移，因此可以判断 P3HT 和 PCBM 的相分离过程发生在 120℃以下，即在进行 PEDOT∶PSS 和银纳米线的喷涂过程中[27]，后续的热处理过程主要是增加 P3HT 的结晶度，进而增强复合薄膜的光吸收强度与载流子迁移率。从图 6-22(a)中可以发现，对于采用石墨烯/ZnO 缓冲层的器件，其最大的光吸收强度发生在热处理温度为 150℃时，这与该器件的光伏特性随热处理温度的变化情况一致。从图 6-22(b)中可以发现，对于采用 ZnO 缓冲层的器件，其最大的光吸收强度也是发生在热处理温度为 150℃时，然而这与该器件的光伏特性随温度的变化情况不一致。随着热处理的进行，已经发生相分离的 P3HT 重结晶化程度增加，形成 P3HT 与 PCBM 分离的交叉网格结构，同时 PCBM 的聚集程度也进一步加强。从吸收曲线可以看出，在 150℃时光吸收最为强烈，这表明此时 P3HT 的结晶程度最好，PCBM 的团聚也最好。然而高的 P3HT 结晶度和高的 PCBM 团聚程度却不利于基于传统结构的光伏器件的性能提升，这一点可以从基于 ZnO 缓冲层的器件的工作特性看出。可能的原因是，随着热处理温度的升高，P3HT 结晶的区域增多，且晶粒尺寸增大。相对而言，PCBM 团簇被 P3HT 晶粒隔开而形成独立分散的区域。因此，尽管高结晶度的 P3HT 晶粒有利于空穴的输运，但是被隔离开的 PCBM 团簇无法实现有效的电子输运，即从 PCBM 团簇到金属电极的有效转移，从而造成光伏性能的下降。因此对于仅采用 ZnO 作为缓冲层的器件，在 130℃下的热处理过程可以实现合适的相分离和重结晶过程，P3HT 重结晶和 PCBM 团簇间的搭配达到最优程度，从而保

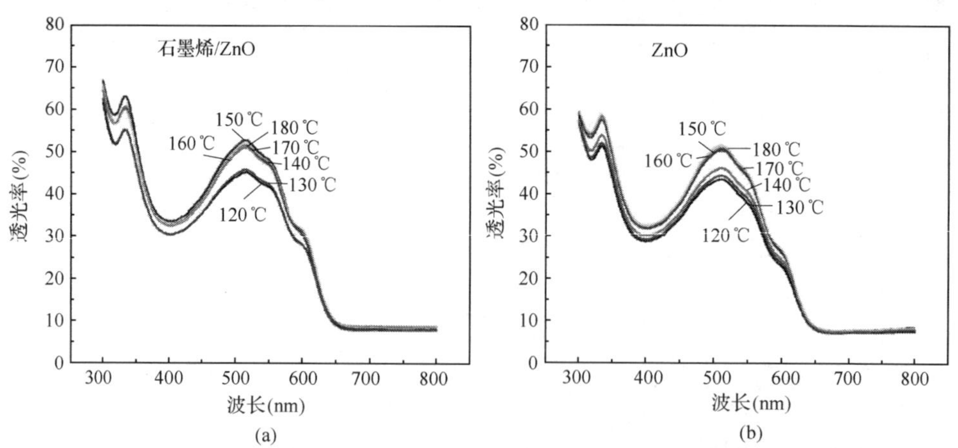

图 6-22 采用不同阴极缓冲层的器件在不同热处理温度下的吸收特性曲线

(a) 直立石墨烯/ZnO 复合膜层作为阴极缓冲层；(b) ZnO 薄膜作为阴极缓冲层

证电子-空穴的输运平衡。对于采用直立石墨烯/ZnO 缓冲层的器件，直立排列的石墨烯片插入 P3HT∶PCBM 活性层中，因此可以将分散的 PCBM 团簇通过石墨烯连接至电极，进一步有效地将 PCBM 俘获的电子转移至阴极，从而实现活性层内电子的高迁移率和实现电子-空穴迁移的平衡。因此在 150 ℃下热处理的器件具有更优的工作特性。同时，由于电子在石墨烯上实现高效地输运，这可以避免在传统 P3HT∶PCBM 复合膜层中电子输运“跳跃”过程中发生的电子-空穴重新复合。可以注意到，石墨烯在 P3HT 基体中也可以作为电子受体，其和 P3HT 之间形成大量的面接触，可以在界面实现光生激子的分离，有利于进一步提升器件的工作效率。

图 6-23 为采用直立石墨烯/ZnO 复合膜层和 ZnO 薄膜作为阴极缓冲层的 P3HT∶PCBM 膜层在不同热处理温度下的 X 射线光电子能谱图(XPS)。P3HT 分子含有 S 元素却不含有 O 元素，PCBM 分子含有 O 元素却不含 S 元素[28]，因此通过分析 P3HT∶PCBM 膜层在不同热处理温度下表面成分的变化，可以推测薄膜内部的结构变化。从图中可以看出，在 150 ℃加热 5 min 后，O 1s 峰的强度下降而 S 2p 峰的强度上升。这表明在混合薄膜的上表面，随着热处理的进行，PCBM 在混合薄膜上层的含量减少，而 P3HT 在混合薄膜上层的含量增加。因此热处理后，P3HT∶PCBM 薄膜出现垂直方向的相分离，且上层为富 P3HT 相，下层为富 PCBM 相。很明显，反型结构器件的设计和应用可以更充分地利用这种垂直方向的相分离过程。进一步地，从图中可以看出，对于采用直立石墨烯/ZnO 作为缓冲层的样品，其 O 1s 峰的强度更弱，而 S 2p 峰的强度更强。因此可以推测，直立石墨烯的引入可以促进 PCBM 在靠近阴极方向的聚集，从而更有利于电子的收集。

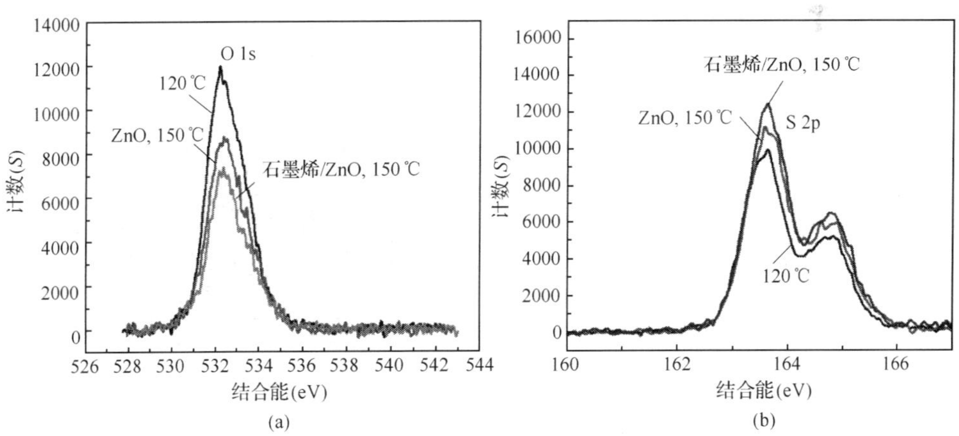

图 6-23 采用直立石墨烯/ZnO 复合膜层和 ZnO 薄膜作为阴极缓冲层的 P3HT∶PCBM 膜层在不同热处理温度下的 XPS 图谱

(a) O 1s 峰；(b) S 2p 峰

3. 基于直立石墨烯/ZnO 阴极缓冲层的并联型二结太阳能电池

在本工作提出的反型结构光伏器件中，除了采用直立石墨烯/ZnO 复合膜层作为阴极缓冲层，其另一个特殊之处在于采用银纳米线薄膜作为阳极。银纳米线薄膜具有高的可见光透光率，同时导电性好，可以将两片银纳米线薄膜简单贴合在一起，从而实现优异的电学接触。因此基于该反型结构器件的优势，我们设计并制备了并联型二结聚合物太阳能电池，其制备过程如下：

(1) 按照上文提出的技术方案制备两个反型结构的光伏器件，唯一的不同之处在于所采用的银纳米线膜层的厚度仅为 50 nm。

(2) 将所制备的两个器件的银纳米线膜层一面贴合在一起，保证留出银纳米线膜层引出电极的位置。用夹子夹紧两器件，并在 150 ℃加热 5 min。

对该并联型二结器件进行测试时，上、下 ITO 电极用导线连在一起作为阴极，中间引出的银纳米线薄膜作为阳极。其光照下的电流密度-电压特性曲线如图 6-24 所示，该器件的结构如图 6-24 中内嵌图所示。进行测试时，光线从上侧照射，由于上器件对光线产生部分吸收，因此底器件的短路电流密度较小，但开路电压基本与上器件一致。该并联二结器件的光电转换效率达到 4.17%，短路电流密度为 15.06 mA/cm^2，开路电压为 0.57 V，填充因子为 48.5%。

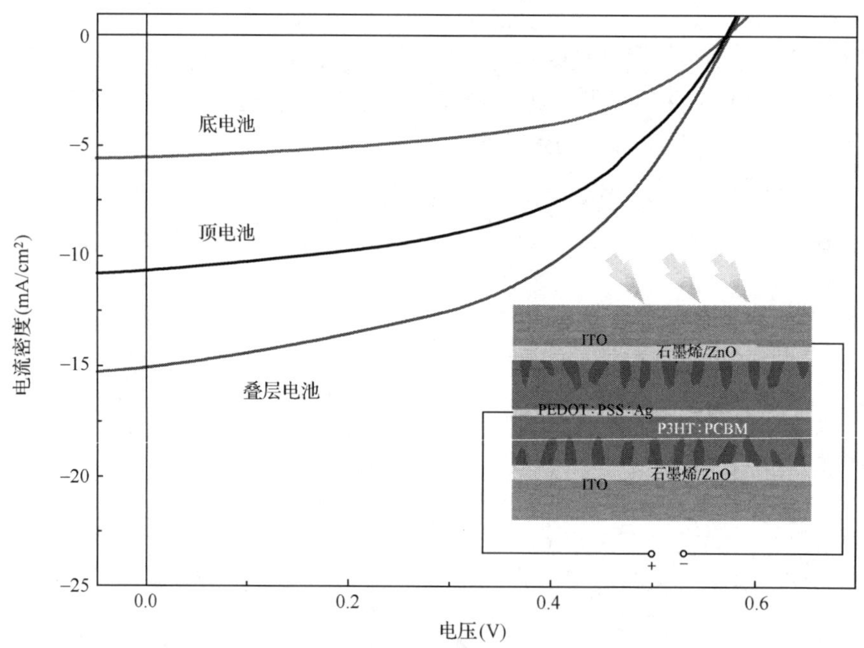

图 6-24　基于直立石墨烯/ZnO 阴极缓冲层的并联型二结有机光伏器件的电流密度-电压特性曲线

参考文献

[1] Kim J, Cote L J, Kim F, et al. Visualizing graphene based sheets by fluorescence quenching microscopy. Journal of the American Chemical Society, 2009, 132(1): 260-267.

[2] Kim J, Kim F, Huang J. Seeing graphene-based sheets. Materials Today, 2010, 13(3): 28-38.

[3] Tan A T L, Kim J, Huang J K, et al. Seeing 2D sheets on arbitrary substrates by fluorescence quenching microscopy. Small, 2013, 9(19): 3253-3258.

[4] Williams G, Serger B, Kamat P V. TiO_2-graphene nanocomposites UV-assisted photocatalytic reduction of graphene oxide. ACS Nano, 2008, 2:1487-1491.

[5] Williams G, Kamat P V. Graphene-semiconductor nanocomposites: excited-state interactions between ZnO nanoparticles and graphene oxide. Langmuir, 2009, 25(24): 13869-13873.

[6] Manga K K, Zhou Y, Yan Y, et al. Multilayer hybrid films consisting of alternating graphene and titania nanosheets with ultrafast electron transfer and photoconversion properties. Advanced Functional Materials, 2009, 19(22): 3638-3643.

[7] Pham T A, Choi B C, Lim K T, et al. A simple approach for immobilization of gold nanoparticles on graphene oxide sheets by covalent bonding. Applied Surface Science, 2011, 257(8): 3350-3357.

[8] Yong V, Tour J M. Theoretical efficiency of nanostructured graphene-based photovoltaics. Small, 2010, 6(2): 313-318.

[9] Hill C M, Zhu Y, Pan S. Fluorescence and electroluminescence quenching evidence of interfacial charge transfer in poly (3-hexylthiophene): graphene oxide bulk heterojunction photovoltaic devices. ACS Nano, 2011, 5(2): 942-951.

[10] Yu D, Yang Y, Durstock M, et al. Soluble P3HT-grafted graphene for efficient bilayer-heterojunction photovoltaic devices. ACS Nano, 2010, 4(10): 5633-5640.

[11] Feng W, Li Y, Feng Y, et al. Enhanced photoresponse from the ordered microstructure of naphthalocyanine-carbon nanotube composite film. Nanotechnology, 2006, 17(13): 3274-3279.

[12] Basiuk E V, Basiuk V A, Santiago P, et al. Noncovalent functionalization of carbon nanotubes with porphyrins: meso-tetraphenylporphine and its transition metal complexes. Journal of Nanoscience and Nanotechnology, 2007, 7(4-5): 1530-1538.

[13] Mhuircheartaigh E M N, Blau W J, Prato M, et al. Spectroscopic changes induced by sonication of porphyrin-carbon nanotube composites in chlorinated solvents. Carbon, 2007, 45(13): 2665-2671.

[14] Berson S, de Bettignies R, Bailly S, et al. Elaboration of P3HT/CNT/PCBM composites for organic photovoltaic cells. Advanced Functional Materials, 2007, 17(16): 3363-3370.

[15] Kymakis E, Amaratunga G A J. Single-wall carbon nanotube/conjugated polymer photovoltaic devices. Applied Physics Letters, 2002, 80(1): 112-114.

[16] Wu M C, Lin Y Y, Chen S, et al. Enhancing light absorption and carrier transport of P3HT by doping multi-wall carbon nanotubes. Chemical Physics Letters, 2009, 468(1): 64-68.

[17] Li G, Shrotriya V, Yao Y, et al. Investigation of annealing effects and film thickness dependence of polymer solar cells based on poly (3-hexylthiophene). Journal of Applied Physics, 2005, 98(4): 043704-043706.

[18] White M S, Olson D C, Shaheen S E, et al. Inverted bulk-heterojunction organic photovoltaic device using a solution-derived ZnO underlayer. Applied Physics Letters, 2006, 89(14): 143517-143519.

[19] Takanezawa K, Tajima K, Hashimoto K. Efficiency enhancement of polymer photovoltaic devices hybridized with ZnO nanorod arrays by the introduction of a vanadium oxide buffer layer. Applied Physics Letters, 2008, 93(6): 063308-063310.

[20] Tan Z, Zhang W, Zhang Z, et al. High-performance inverted polymer solar cells with solution-processed titanium chelate as electron-collecting layer on ITO electrode. Advanced Materials, 2012, 24(11): 1476-1481.

[21] Sekine N, Chou C H, Kwan W L, et al. ZnO nano-ridge structure and its application in inverted polymer solar cell. Organic Electronics, 2009, 10(8): 1473-1477.

[22] Hau S K, Yip H L, Baek N S, et al. Air-stable inverted flexible polymer solar cells using zinc oxide nanoparticles as an electron selective layer. Applied Physics Letters, 2008, 92(25): 253301-253303.

[23] Kyaw A K K, Sun X W, Jiang C Y, et al. An inverted organic solar cell employing a sol-gel derived ZnO electron selective layer and thermal evaporated MoO_3 hole selective layer. Applied Physics Letters, 2008, 93(22): 221107-221109.

[24] Xu Z, Chen L M, Yang G, et al. Vertical phase separation in poly (3-hexylthiophene): fullerene derivative blends and its advantage for inverted structure solar cells. Advanced Functional Materials, 2009, 19(8): 1227-1234.

[25] Mihailetchi V D, Xie H X, de Boer B, et al. Charge transport and photocurrent generation in poly (3-hexylthiophene): methanofullerene bulk-heterojunction solar cells. Advanced Functional Materials, 2006, 16(5): 699-708.

[26] Camaioni N, Ridolfi G, Casalbore-Miceli G, et al. The effect of a mild thermal treatment on the performance of poly (3-alkylthiophene)/fullerene solar cells. Advanced Materials, 2002, 14 (23): 1735-1738.

[27] Yang X, Loos J, Veenstra S C, et al. Nanoscale morphology of high-performance polymer solar cells. Nano Letters, 2005, 5(4): 579-583.

[28] Rice A H, Giridharagopal R, Zheng S X, et al. Controlling vertical morphology within the active layer of organic photovoltaics using poly (3-hexylthiophene) nanowires and phenyl-C_{61}-butyric acid methyl ester. ACS Nano, 2011, 5(4): 3132-3140.

第 7 章　碳纳米功能材料在存储器件中的应用

7.1　富勒烯在电双稳器件中的应用

自从以 C_{60} 为代表的富勒烯发现以来[1]，富勒烯迅速成为研究的热点。C_{60} 是一种碳原子簇，且是一种烯。在室温下通常为紫红色固态分子晶体，由 60 个碳原子组成，是具有 30 个碳碳双键的空心对称分子，外形似足球，由 20 个六元环和 12 个五元环连接成 32 面体。科学家把 C_{60} 称为足球稀，也称为富勒烯(Fullerene)。C_{60} 的碳原子满足 sp^2 杂化的要求，每个碳原子用剩下的一个 p 轨道互相重叠形成一个含 60 个 π 电子的闭壳层电子结构，p 轨道在环的上、下形成 π 键，剩余的 p 轨道在 C_{60} 分子的外围和内腔形成 π 键。因此在近似球形的笼内和笼外都围绕着 π 电子云。

空心的富勒烯碳笼的体积可以达到纳米数量级。C_{60} 表现出 N 型半导体的性质，具有相当高的电子迁移率。将 C_{60} 与高分子材料直接掺杂可得到新型材料。由于 C_{60} 与高分子的相容性不好，掺杂体系容易发生相分离，从而影响 C_{60} 高分子衍生物材料的性能。由于 C_{60} 中的碳原子形成了介于 sp^2 和 sp^3 杂化之间的 $sp^{2.28}$ 的杂化方式，C_{60} 分子中的非平面的共轭 π 键使其环电流较小，电子只有较低的离域程度，降低了分子的芳香性，呈现出不饱和双键的性质，从而表现出缺电子烯烃的特性，有较强的吸电子能力，易与自由基等发生反应[2,3]。采用化学反应将富勒烯引入高分子链中，可以提高 C_{60} 与高分子的相容性和 C_{60} 的溶解性。

由于 C_{60} 分子具有亲电子特性，是很好的吸电子基团，其与富电子的聚合物之间能形成很好的电子给受体系，这使 C_{60} 高分子衍生物表现出优异的光电性能。将其与不同的聚合物进行结合可以得到不同性能的电双稳态器件。

7.1.1　富勒烯与聚甲基丙烯酸甲酯复合

聚甲基丙烯酸甲酯(polymethylmethacrylate，PMMA)俗称有机玻璃，是优异的固态透明塑料材料。PMMA 在三氯甲烷、氯苯、四氢呋喃等常见有机溶剂中都有很好的溶解性，具有良好的介电性能并有很好的成膜特性。将 C_{60} 和聚甲基丙烯酸甲酯复合后，通过简单的旋涂工艺可制备出 C_{60} ∶PMMA 复合体系的功能器件。

Yoo 等[4]采用 C_{60} 和 PMMA 混合形成了有机双稳器件纳米复合材料。旋涂法制备在玻璃/ITO 基底上进行，采用玻璃/ITO/C_{60} ∶PMMA/Al 结构，见图 7-1，

通过 C_{60} 嵌入在 PMMA 中制成的器件表现出的电双稳态包含低电导状态、过渡状态和高电导状态。

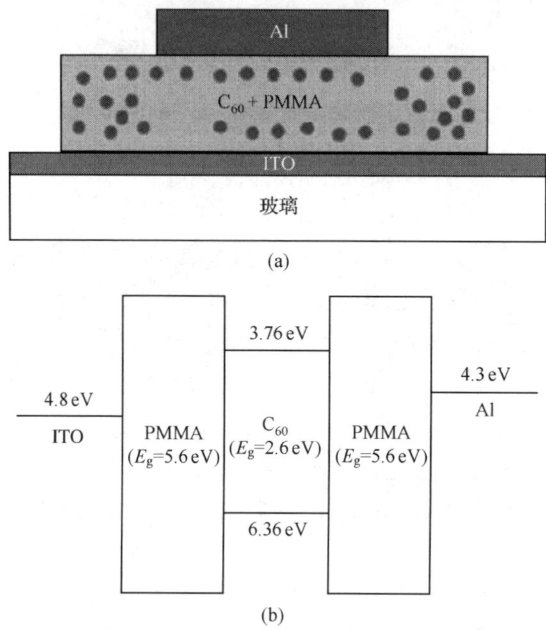

图 7-1　基于 C_{60} ∶PMMA 的存储器件结构图[4]

E_g. 禁带宽度

该有机双稳器件的内部电场的空间电荷引起束缚电子密度的变化。包埋在 PMMA 层中的 C_{60} 纳米颗粒的载流子输运被认为是单极运输电子，有机层中的电子在最低未占分子轨道中运动并产生陷阱捕获。陷阱电荷被用作空间电荷，从而减小了有机双稳器件中的电流。器件的开关电流比是 10^3。低电导状态归因于扩散电流由于热产生的电子和漏电流(如隧道电流)，由辅助陷阱隧穿过有机双稳器件的有源层而引起。

谢剑星等[5]研究了基于 C_{60} ∶PMMA 有机/无机复合体系的电双稳态器件。采用的器件结构为 ITO/PMMA∶C_{60}/Ag，*I-V* 特性曲线的测试表明在室温下器件具有电双稳特性。利用经过编程的电压脉冲激励器件可实现稳定的“读—擦—读—写”的连续操作。在未达到阈值电压的偏压作用下，器件的高电导状态以及低电导状态均非常稳定。p-Si/PMMA∶C_{60}/Ag 器件的 *C-V* 测试曲线(图 7-2)表明器件存在一个平带电压的偏移，此现象是由于存在 C_{60} 分子而使绝缘层中存在电荷存储效应造成的，而没有 C_{60} 分子器件的 *C-V* 特性曲线则没有出现这种磁滞现象。分析表明，电子在 Ag 电极的负偏压下隧穿注入 PMMA 薄膜，随后被 C_{60} 分子陷获。在器件内产生内建电场而引起平带电压的偏移现象。在 *I-V* 特性曲线中表现为电导从高导状态向低导状态转变，当反向电压来临时，陷获的电子被释放回 PMMA 薄膜，内建电场消除，器件电导返回原来的状态。这说明 C_{60} 分子在器件的工作过程中起到对载流子的捕获、存储以及释放的作用。

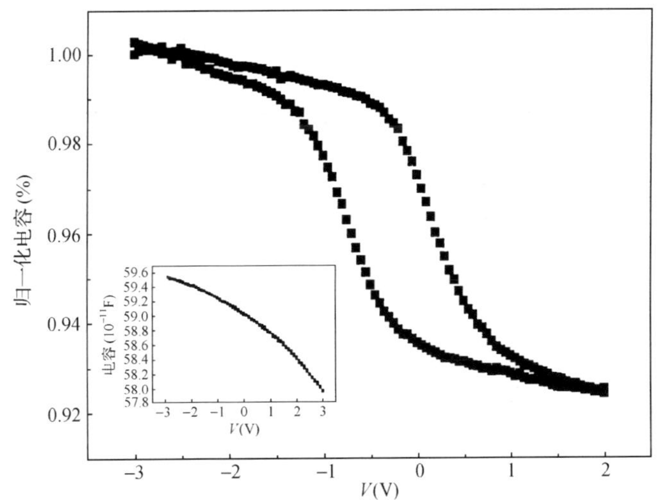

图 7-2　基于 C_{60}：PMMA 有机/无机复合体系的电双稳态器件的 C-V 曲线[5]
插图为没有 C_{60} 分子情况下的 C-V 曲线

张峰杰等[6]采用氯苯/三氯甲烷混合溶剂配制聚甲基丙烯酸甲酯(PMMA)：富勒烯(C_{60})溶液，同样采用旋涂法制备 PMMA：C_{60} 薄膜，混合物薄膜的表面平整度和 C_{60} 分子的分散均匀性在 ITO 基底上明显优于玻璃基底。由于玻璃的成分中含有硅酸盐或其他极性分子，极性分子对 C_{60} 分子有较强的吸附作用，因此在薄膜的制备和溶剂蒸发过程中就会引起 C_{60} 分子的团聚[7]。他们最终制备了 ITO/PMMA：C_{60}/Al 结构的表面平整致密的混合物薄膜作为功能层的有机双稳态器件，C_{60} 的含量大于 5% 的器件才有电双稳态特性。研究表明氯苯/三氯甲烷溶剂的体积比与薄膜的粗糙度有关，当体积比为 1：1 时，薄膜粗糙度较低，制备的器件的阈值电压为 5.4 V，高/低电阻态的电阻比值达到 32.1。器件表面的功能层薄膜的表面粗糙度和器件的阈值电压有关，器件的阈值电压随着表面粗糙度降低而减小。粗糙度越小，在 PMMA 中的 C_{60} 分子的分布就越均匀，由此相邻 C_{60} 分子间的平均间距就越小，电荷在 C_{60} 分子间的跃迁需要克服的势垒就越低，表现为阈值电压就越低。

在器件的 I-V 曲线(图 7-3)中，与不含 C_{60} 的器件相比，含有 C_{60} 的器件在小于 1 V 的电压下出现电流随着电压的增大而减小的负微分电阻区域。这是由于分散在 PMMA 层中的 C_{60} 分子形成了电荷陷阱，电荷陷阱密度随着 C_{60} 含量的增加而增加。C_{60} 分子会捕获从电极注入有机层的电荷，低压时这些捕获的电荷在有机层中形成了空间限制电场并与电极注入电荷的方向相反，从而降低了电流，形成了负微分效应[8,9]。电流拟合表明器件在“OFF”态时的电流符合空间限制电流模式(SCLC)，因此在低压区域会出现负微分电阻效应。

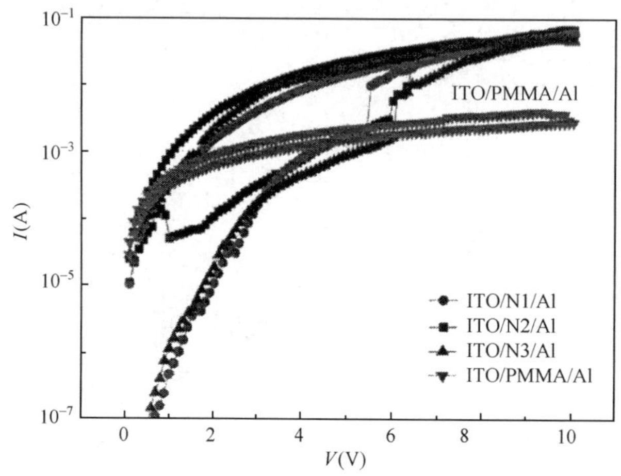

图 7-3 ITO/PMMA：C_{60}/Al 的电流-电压特性曲线[6]

N1、N2、N3 分别指 PMMA：C_{60}溶在氯苯：二氯甲烷的体积比为 2：5、1：1、5：2 的溶剂中

器件处于双稳态工作的低电导状态也就是“OFF”态是由于扫描刚开始时 C_{60} 分子捕获注入的电子部分会发射到 Al 电极上，从而造成电荷陷阱只有一部分被占据。随着电压的增加并超过阈值电压，电子完全占据 C_{60} 分子形成的电荷陷阱，而使器件呈“ON”态。扫描电压消失后电极中形成的 Al_2O_3 会阻止 C_{60} 捕获电荷的释放，而使器件稳定在“ON”态。外加反向的超过阈值的电压会使器件重新从“OFF”态转变为“ON”态[10-12]。

Cho 等[13]采用了 Al/PMMA：C_{60}/Al 结构的有机器件(图 7-4)，其具有电双稳态特性，C_{60} 具有存储电荷的能力，充当电子受体。随着嵌入在 PMMA 层中的

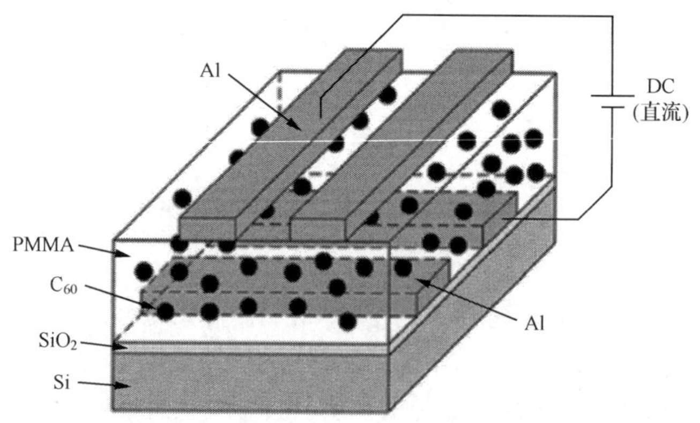

图 7-4 采用 Al/PMMA：C_{60}/Al 结构的有机双稳器件[13]

C_{60}分子浓度的增加，器件的双稳态 *I-V* 曲线的变化增大。*I-V* 曲线中最大的开关比大于 3 个数量级。器件的维持时间超过 2.5×10^4 s，具有良好的稳定性；可进行 50000 次写读擦的循环。器件的双稳性能是由载流子传输机制引起的。

7.1.2　富勒烯和 PVK 复合

Ling 等[14]采用 ITO/PVK：C_{60}/Al 结构，阮晓琳[15]采用钆金属化的富勒烯及 ITO/Gd@C_{82}：PVK/Al 结构，均获得了双稳态的特性。基于富勒烯：PVK 复合体系的器件电流-电压曲线图见图 7-5。

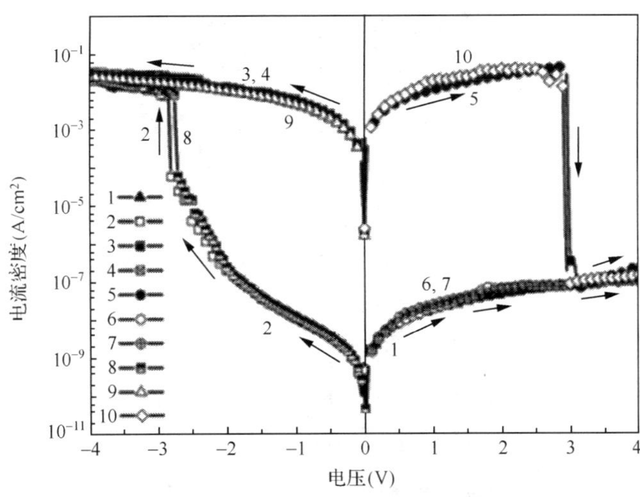

图 7-5　基于富勒烯：PVK 复合体系的器件电流-电压曲线图

富勒烯作为电子受体，PVK 作为电子给体，富勒烯和 PVK 构成良好电子给受体体系，并形成一个大 π 共轭体系，使 π 电子活动性增大，更容易激发。外加正反电场达到阈值时器件可实现从高阻态到低阻态的变化。存储机理是低压下富勒烯具有较低的 HOMO 能级，给受体体系中的空穴传输受到阻碍，器件处于高阻态(HRS)，即"OFF"态。外加电场增加越过能垒，咔唑基团带电的 HOMO 轨道和富勒烯带电的 LUMO 轨道通过电荷的相互作用形成载流子传输通道，使器件呈低阻态(LRS)，即"ON"态。由于富勒烯较强的吸电子能力和较高的 LUMO 能级，给受体体系具有很强的偶极矩并形成一个内部电场，使器件保持在高电导状态，反向电压超过阈值电压时，内部电场消失，器件回到低电导状态。

7.1.3　由富勒烯构成的多层电双稳态器件

Li 等[16]采用了两层 30 nm 厚的 C_{60}之间夹着聚酰亚胺包埋氧化锌纳米晶体的多层器件结构(玻璃/ITO/ C_{60}/ZnO：PI/ C_{60}/Al)(图 7-6)，其在 300 K 下呈现出稳定的电流双稳态。多层器件可以提高电荷注入能力，增大存储器开关电流比，降低误读率。C_{60}层作为电子传输层降低了器件中载流子的注入势垒，提高了电子注入效率和器件的存储容量，开关电流比比未采用C_{60}夹层的器件提高了两个数量级，达到4个数量级。

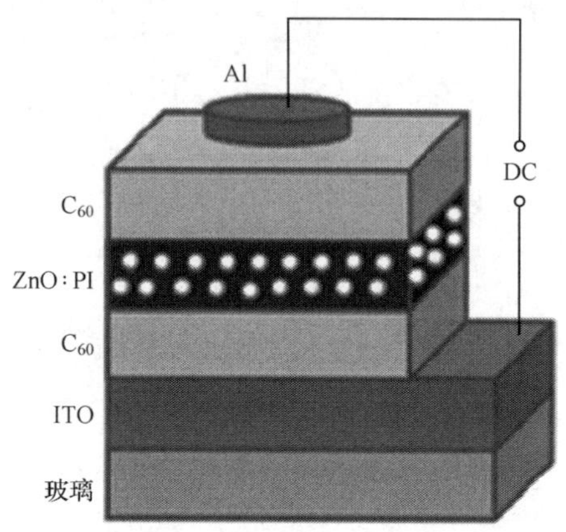

图 7-6　基于富勒烯的多层电双稳器件示意图

7.1.4　由富勒烯和聚合物构成的有机忆阻器

Dao[17]采用了富勒烯有机半导体和聚合物制造的可弯曲256位交叉复合阵列有机忆阻器(图7-7)。在4 V到−4 V的脉冲电压下，转换时间为1 μs。工作机理

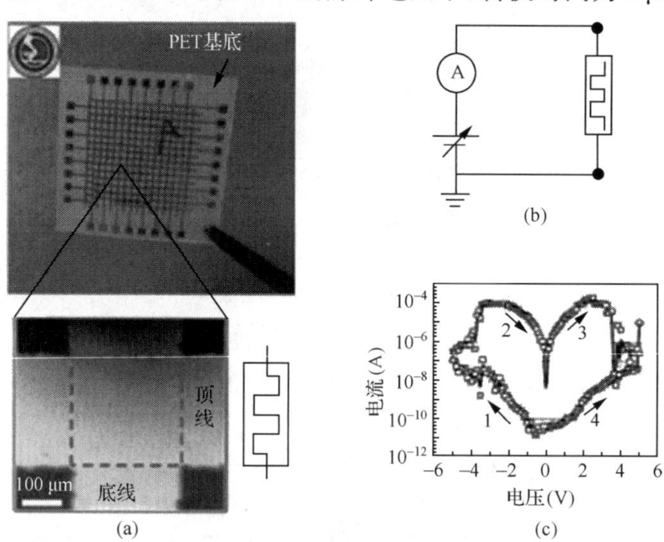

图 7-7　采用富勒烯有机半导体和聚合物制造的可弯曲256位交叉复合阵列有机忆阻器[17]
(a) 可弯曲的16×16阵列电路单元结构数码相片；(b) 测试等效电路；(c) 塑料基板上典型的忆阻器电流对数与电压特性曲线

是基于富勒烯能存储电荷。忆阻器在 0.5 V 的电压下有 5 个数量级的大开关电流比，表现出良好的器件稳定性。基于富勒烯的忆阻器可用于可弯曲的电子信息存储。

7.1.5　C_{60}-TCNQ 薄膜电双稳态

Gao 等[18]用 ICB(离化原子团束)沉积法做成的 C_{60}-TCNQ 薄膜具有电双稳态，可以作为高密度储存的分子器件。由图 7-8 可以看出，电压从 0～1.8 V 变化时电流几乎为 0，此薄膜表现为绝缘态(“0”)，当电压高于 1.8 V 时，电流突然增大，表现为导体(“1”)，导电时的电阻为 500 Ω。

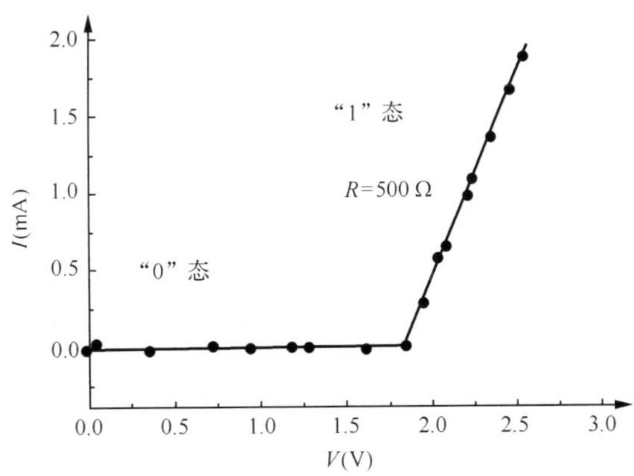

图 7-8　C_{60}-TCNQ 电双稳薄膜的电流-电压特性曲线[18]

7.2　碳纳米管在存储器件中的应用

聚合物/有机存储器具有结构简单，可伸缩性、柔性好，以及低的制造成本等优点，这使得它们成为无机半导体器件的潜在替代器件。碳纳米管具有独特的电子输运特性和机械性能，其传输特性和逸出功与共轭聚合物轨道匹配时会产生特殊的性能，因此聚合物材料与碳纳米管的复合材料广泛用于存储器件中。碳纳米管具有半导体特性但溶解性差，通过进行表面化学修饰可以提高碳纳米管材料在聚合物中的分散性。将功能化的碳纳米管和不同的聚合物进行共混，在电极上旋涂成膜可以制作成电双稳器件。碳纳米管的良好分散性可以提高器件的稳定性。对器件外加一定的电场，可以通过陷阱填充空间电荷限制电流作用和场致电荷转移作用来实现器件的高、低电导状态之间的转换[19]。

7.2.1　碳纳米管和 PVK 复合

Liu 等[20]通过改变聚乙烯基咔唑(PVK)中的碳纳米管(CNT)的含量做成了

不同的复合薄膜。采用 ITO/PVK-CNT/Al 的三明治结构获得受控的存储性能。薄膜中碳纳米管含量不同时，其有不同的电学特性(图 7-9)：①绝缘性能。由于纯

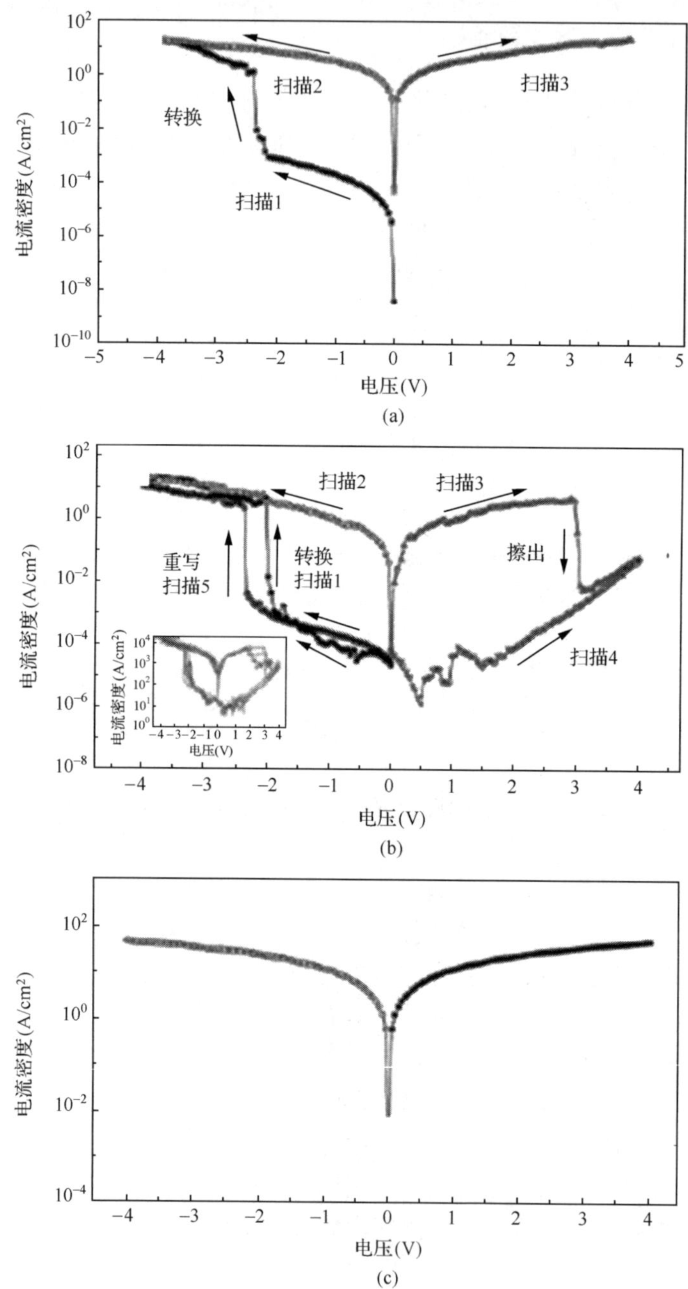

图 7-9　ITO/PVK-CNT/Al 存储器件的电学特性[20]

(a) ITO/PVK-1% CNT/Al；(b) ITO/PVK-2% CNT/Al；(c) ITO/PVK-3% CNT/Al

PVK 具有绝缘性能，因此无碳纳米管的 PVK 材料只有很低的电导率且没有双稳态现象。②双稳态电导开关效应[写一次读多次(WORM)的记忆效应和可重写存储器效应]。当碳纳米管的含量达到 0.5%～1%时出现电双稳态现象，出现写一次读多次(WORM)的存储现象，当电压在－1 V 时，开关电流比为 10^4。当碳纳米管的含量达到 2%时，同样出现电双稳态现象，并呈现出可重写的存储特性。③导体的行为。当碳纳米管的含量达到 3%时，器件呈现导体性能，双稳态现象消失。

具有双稳态电导的器件随着碳纳米管含量的增加，相应的转换电压降低，WORM 的开关比增大，开关电流比超过 10^3。复合薄膜的电导转换效应是由碳纳米管捕获具有给电子和空穴传输特性的 PVK 基材中的电子引起的。

采用 Cu 电极替代 Al 电极即采用 ITO/PVK-CNT/Cu 的器件结构。器件的开启场强比采用 Al 电极的高，这是由于 Cu 的金属逸出功为 4.7 V 而铝的金属逸出功为 4.3 V，从而导致电子注入 PVK 基材中需要越过较高的能量势垒。Cu 的逸出功和最低未占据 PVK 的分子轨道(LUMO)之间的能量差是 2.7 eV。然而，电荷载体注入金属/PVK 界面的势垒高度仍然比碳纳米管与 PVK 的界面产生的陷阱深度(3.1 eV，碳管的逸出功是 5.1 eV，PVK 的 LUMO 能级是 2.0 eV)低。

7.2.2　碳纳米管和 PVA 复合

水溶性绝缘聚合物聚乙烯醇(PVA)具有容易加工、良好的成膜性等特性，同时由于碳纳米管在 PVA 中具有良好的分散性，因此 PVA-CNT 复合层被用作存储器件的薄膜材料。

Kishore 等[21]采用镀镍不锈钢通过化学气相沉积法合成碳纳米管(CNT)。将碳纳米管包埋在 PVA 中充当有机绝缘体，采用 Si/PVA/CNT/PVA/Al 的器件结构(图 7-10)。含 3%CNT 的器件在室温下采用脉冲电压为±6 V，脉冲宽度为 5 ms 的栅极脉冲电压进行扫描，电容-电压(C-V)测量得到 1.9 V 的滞后存储器窗口。该存储效应是由电子从顶电极通过 PVA 材料注入碳纳米管存储单元中引起

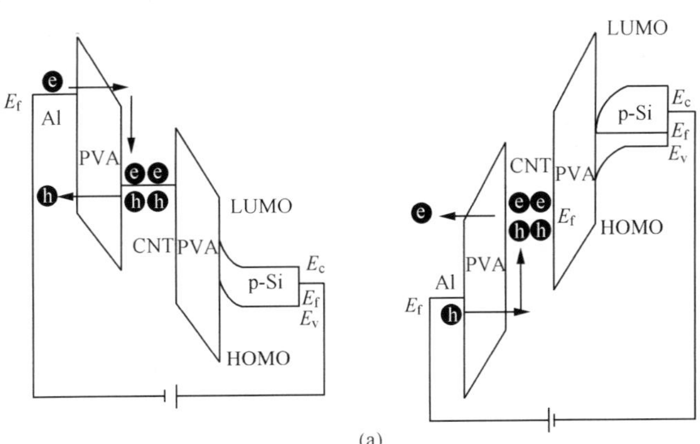

(a)

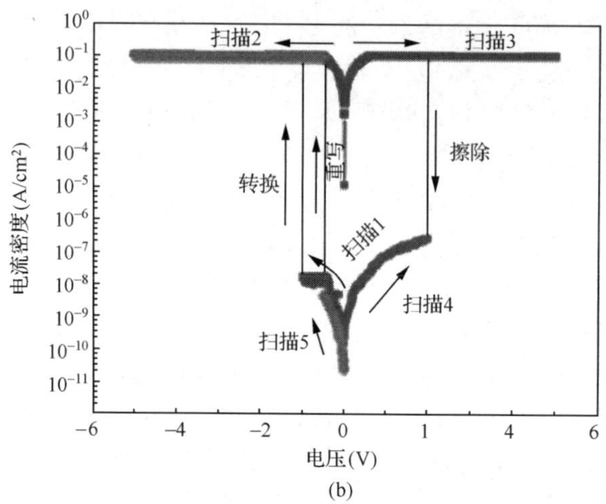

(b)

图 7-10　碳管和 PVA 复合的存储器的能级结构图及电流-电压特性曲线

(a) Si/PVA/CNT/PVA/Al 器件的能级结构图；(b) 含有 3%CNT 的 Si/PVA/CNT/PVA/Al 器件的电流-电压特性曲线

E_c. 导带底；E_f. 费米能级；E_v. 价带顶

的。碳纳米管网格中沿着轴向方向的 π 共轭产生大量的陷阱电子。器件表现出非易失性存储性能，具有 −1 V 的低的开启场强和 10^7 高的开关电流比。

Kishore[22]采用电泳沉积技术在不锈钢基材上制备 Fe 和 Ni 金属催化剂，并利用化学气相沉积法生长碳纳米管(CNT)。用铁催化剂制备的碳纳米管具有良好的石墨化性质，可将其用于金属-绝缘体-金属(MIM)型存储器器件的制备。采用 Si/Al/PVA-CNT/Al 的器件结构，通过改变在 PVA 薄膜中 CNT 的含量同样可获得绝缘体的特征、写一次读多次和可擦写三种器件特性(图 7-11)。PVA 中掺杂 3%CNT 的器件获得 −1 V 的开启场强和 10^7 高的开关电流比。

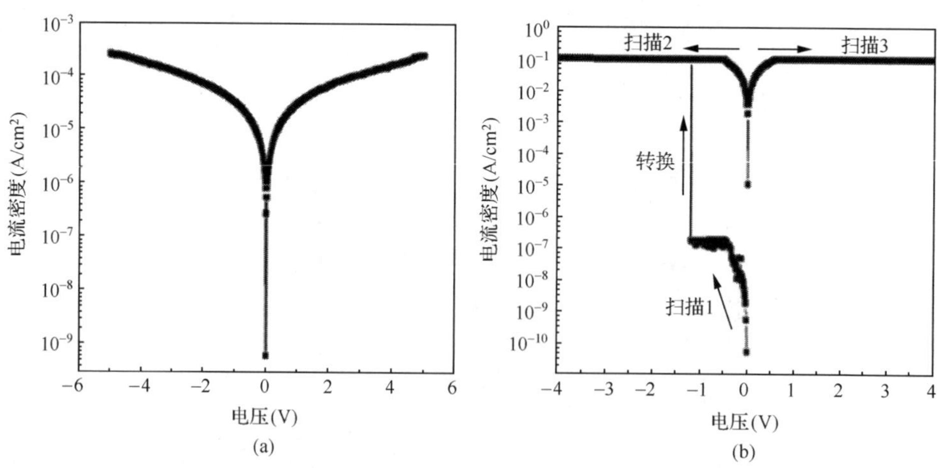

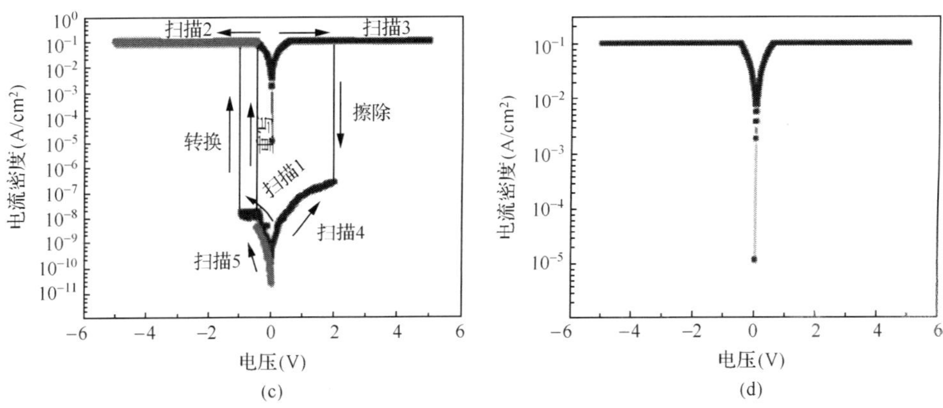

图 7-11　含有不同 CNT 浓度的 Si/Al/PVA-CNT/Al 器件的电流-电压特性曲线[22]

(a) 含 0.1%CNT；(b) 含 1%CNT；(c)含 3%CNT；(d) 含 5%CNT

7.2.3　碳纳米管和 PS 复合

Hwang 等[23]提出将不同能级的电荷陷阱材料用于溶液法制备多级存储器件的设计方案。具有可控逸出功的 B 和 N 掺杂的碳纳米管(CNT)可进行溶液加工并制作成柔性的多级切换电阻式存储器(图 7-12)。B 和 N 的掺杂调节了分散在聚苯乙烯(PS)材料中碳纳米管的电荷陷阱水平。掺杂的碳纳米管器件相对于未掺杂的器件极大地提高了非易失性存储性能。开关电流比大于 10^2，循环扫描次数大于 100 次，维持时间大于 10^5 s。同时采用 B 和 N 掺杂的碳纳米管具有不同的电荷陷阱能级，这使器件具有独立和稳定的中间状态的多层次电阻开关特性。

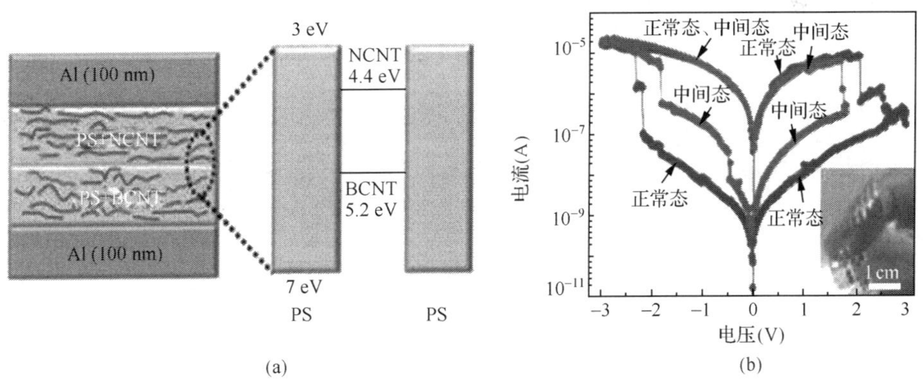

图 7-12　采用具有可控逸出功的 B 和 N 掺杂的 CNT 进行溶液加工而制作成的柔性多级切换电阻式存储器[23]

(a) 器件结构及材料的能带示意图；(b) 器件的多态电流-电压曲线

7.2.4　碳纳米管和 PVP 复合

Mamo 等[24]采用两个铝电极之间夹着碳纳米管和聚乙烯苯酚(PVP)复合材料的夹心结构制成具有写一次读多次特性的存储器件。研究了未掺杂的多壁碳纳米管、N 掺杂的多壁碳碳纳米管和 B 掺杂的多壁碳纳米管在器件中的性能特性(图 7-13)。研究发现,开关态的转换阈值和碳纳米管类型无关。但开关电流比取决于碳纳米管的种类和浓度两个因素,碳纳米管的质量分数最大为 0.50%,通过降低复合材料中碳纳米管的质量分数,器件的开关电流比变化最大可达到 10^6。

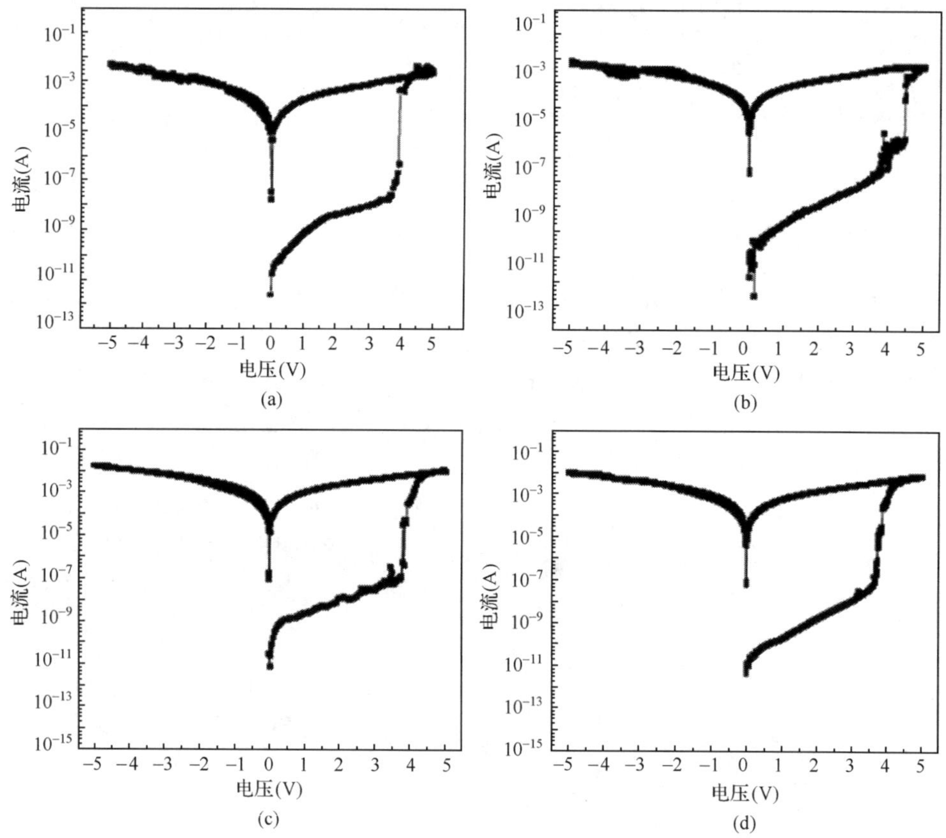

图 7-13　基于 CNT 和聚乙烯苯酚复合材料的存储器件电流-电压特性曲线[24]
(a) 0.05%N 掺杂 CNT;(b) 0.1%N 掺杂 CNT;(c) 0.05%B 掺杂 CNT;(d)0.1%B 掺杂 CNT

7.2.5　碳纳米管和 PEDOT∶PSS 复合

Ávila-Niño 等[25]采用功能化碳纳米管和掺杂聚 3,4-亚乙二氧基噻吩的聚苯乙烯磺酸盐(PEDOT∶PSS)复合材料作为存储器的功能层材料。采用喷雾热分解法制备的 f-CNTs(功能化的碳纳米管)具有—OH、—COOH、C—H、C—OH 等功能基团,可以在 PEDOT∶PSS 中充分分散。f-CNTs 以一定浓度嵌在 PEDOT∶PSS 层中。功能层夹在两个铝电极之间做成的器件表现出写一次读多次(WORM)的电双稳态存储器特性(图 7-14)。电双稳特性可以解释为由于存在 f-CNTs/PEDOT∶PSS 层的电荷捕获。

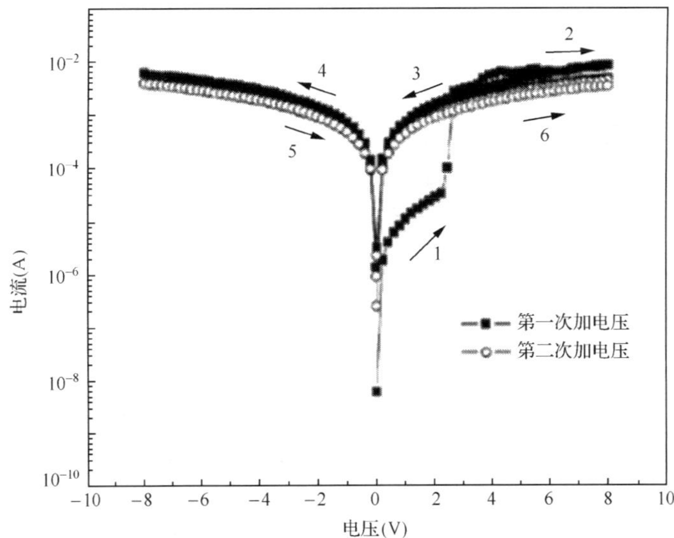

图 7-14　基于 CNT 和 PEDOT∶PSS 复合材料的存储器件的电流-电压特性曲线[25]

Ávila-Niño 等[26]将少量功能化的多壁碳纳米管包埋在 PEDOT∶PSS 中,并采用 ITO 做底电极,Al 做顶电极做成存储器件。器件显示出双稳态,见图 7-15,

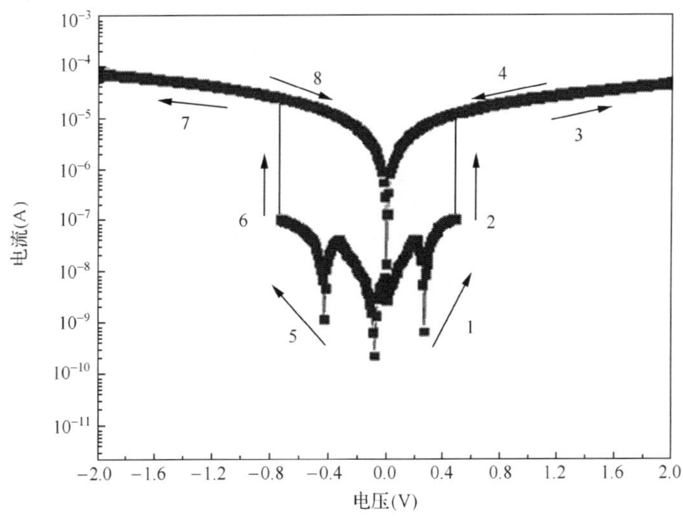

图 7-15　基于 f MWCNTs 和 PEDOT∶PSS 的存储器件的电流-电压特性曲线[27]

并有低的开态电导和高的关态电导。在几个小时的“写—读—擦—读”的循环下能保持稳定。通过改变功能化碳纳米管的含量可以调整器件关态到开态的转换阈值电压。研究表明器件中碳纳米管的存在是非常必要的，用以产生一个非均匀的电场使氧化铝与 PEDOT：PSS 界面处的氧化铝层电介质能够产生击穿现象。

7.2.6 碳纳米管和 P3HT 复合

Pradhan 等[27]采用功能化的碳纳米管和共轭聚合物混合，得到 ITO/P3HT：CNT/Al 的器件结构，获得电双稳现象。通过先酸化处理碳纳米管再对其进行醇化反应得到具有表面官能团的碳纳米管。碳纳米管在聚合物材料中作为陷阱中心，能够控制聚合物中的电荷传输。

7.3 量子点与聚合物复合

7.3.1 碳纳米点与 PVA 复合

Meng 等[28]采用水热法合成了碳纳米点（carbon nano-dots，CNDs），并将其嵌入聚乙烯醇基体中作为非易失性存储器电荷载流子俘获中心。ITO/CNDs-PVA/Ag 的器件结构显示了高电双稳态特性，见图 7-16。它具有 10^5 高的开关电流比、低的转换电压，器件的开启场强为 1 V，擦除电压为 −3 V，器件的开关状态分别可以维持超过 3400 s，在 0.2 V 的读脉冲偏压下可进行超过 10^4 次的稳定循环读取。器件的存储性能可以归因于电场的作用下聚乙烯醇绝缘材料中的碳纳米点的电荷俘获和脱阱行为。

7.3.2 石墨烯量子点和 PVK 复合

石墨烯量子点（graphene quantum dots，GQDs）具有量子限制效应和边界效应、高的比表面积、良好的水溶性，同时由于 π-π 共轭作用，可使表面连接其他基团，因此可用于和聚合物复合制备存储器。

Kou 等[29]将碳纳米管通过化学裁剪法获得了具有蓝色荧光的石墨烯量子点。石墨烯量子点与半导体聚合物按一定比例混溶，旋涂形成石墨烯量子点掺杂的聚合物复合薄膜，然后采用 PET/ITO/PVK：GQDs/Al 结构获得柔性存储器。在底电极 ITO 和顶电极 Al 之间施加来回扫描电压，可观察到器件高阻态与低阻态之间的规律跳变。器件的“写”电压为 −0.8 V，“擦除”电压为 1.7 V。由于聚乙烯咔唑（PVK）聚合物具有的半导体性质有利于载流子的传输，因此器件的驱动电压较低。器件的开关电流比接近 10^3，循环次数可达几百次，是重复性和稳定性均较好的柔性存储器件。

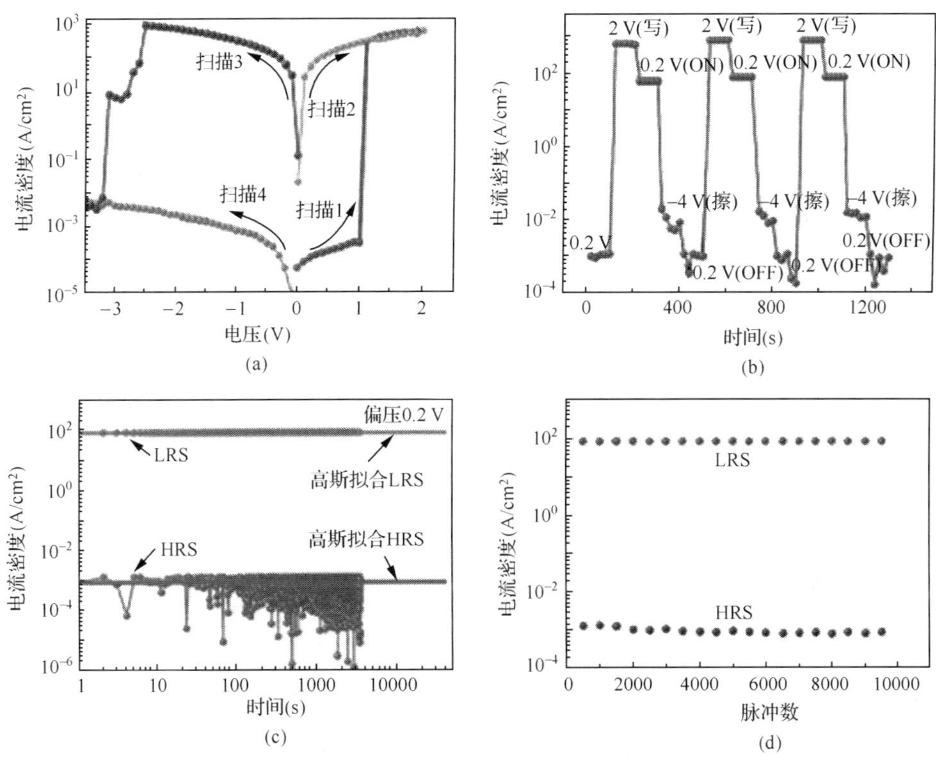

图 7-16　基于碳纳米点/聚乙烯醇的存储器件的电学特性[28]

(a) 存储器件的电流密度-电压特性曲线；(b) 存储器件的写读擦循环的电流电压响应曲线；(c) 在 0.2V 偏压下的开关态电压维持能力；(d) 0.2V 读电压下器件的写开关循环状态下的电流情况

器件的电阻跳变是由于复合薄膜中 GQDs 形成的俘获中心能够对电荷进行俘获与释放。施加“写”电压到存储器件时，GQDs 俘获从 Al 电极注入而达到混合层的电子，此时器件电流不能导通，表现为高阻态(HRS)；当施加的电压超过阈值后，俘获中心被充满，电荷不再被限制，器件跳变并保持在低阻态(LRS)；当施加“擦除”电压时，GQDs 俘获中心释放电子，器件返回高阻态。

7.4　石墨烯在存储器件中的应用

7.4.1　单片石墨烯的电学跳变

从材料角度本身考虑，直接将石墨烯应用到电存储器件是一个最简单，同时也是最理想的方案。因此，我们从单片石墨烯出发，研究石墨烯片的电学跳变过程。首先，需要构造一个可直接检测单片石墨烯电学特性的器件[30]。采用的器件结构如图 7-17 所示。采用的基板为镀有氧化铟锡(ITO)透明导电膜的玻璃，通过光刻方法可以在该基板上形成间隙为 4 μm 的 ITO 电极对。具有合适尺寸的石墨烯片被悬空放置在 ITO 电极对上，其两端各连接一个 ITO 电极，形成 ITO/石墨烯/ITO 结构。为保证石墨烯与 ITO 的良好接触，石墨烯上方采用镀有二氧化硅薄膜的硅片进行固定。

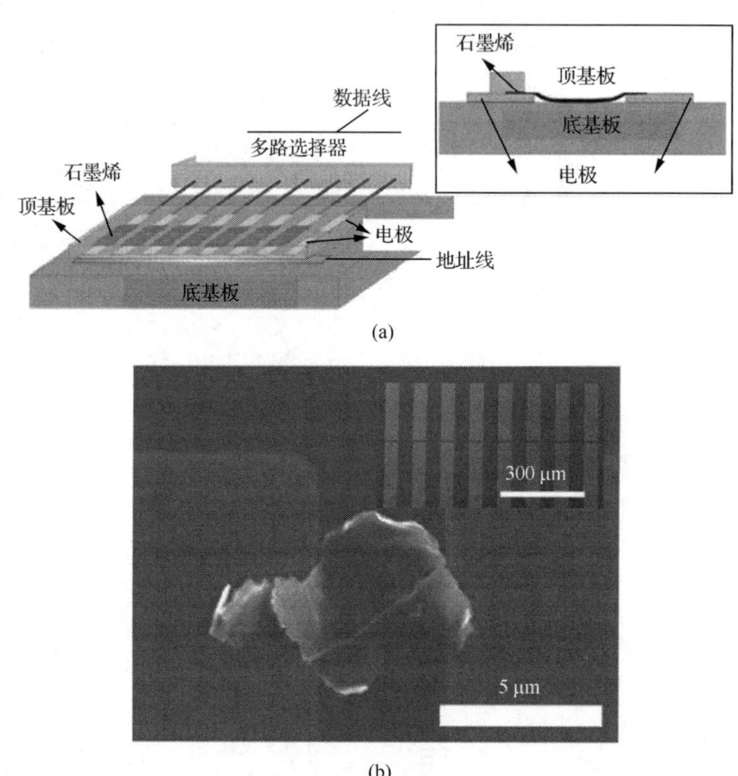

图 7-17　单片石墨烯器件结构示意图及 SEM 图

(a) 结构示意图；(b) SEM 图

电压被施加在 ITO 电极对的两端，结果发现，接受测试的 8 个电极对都出现了顺时针方向的电致回线现象。从电流-电压曲线上可以观察到两个不同的电学状态，“开”态(“ON”态)和“关”态(“OFF”态)，它们分别对应着器件的高电导和低电导状态。在第一次 0～6 V 的电压扫描中，器件的电流可以达到 10^{-3} A，对应着器件的“开”态。在外加电压达到 6 V 时，器件的电流由 10^{-3} A 陡降至 10^{-12} A，意味着器件由“开”态切变到“关”态，这实际上对应着存储器中的“写”操作。在接下来的 7～0 V、0～−7 V 和 −7～7 V 的电压扫描过程中，器件一直保持在低电流状态，这说明器件是一个“一次写入多次读取”类型的存储器。如果以 4 V 作为器件的读取电压，则器件的开关电流比可以达到 10^6，较大的开关比可以保证器件在工作过程中不出现数据误读的情况。

在存储器的实际应用中，数据保持能力是一个重要性能指标。一般来说，可以将器件的读取电压恒定施加在器件的某一个状态，并观察其衰减过程，以考察其保持电学状态的能力。从图 7-18 中可以看出，在 4 V 的读取电压下，该石墨烯器件可以稳定保持在“开”态达 10^4 秒，电流没有表现出明显的衰减。在施加了 7 V 的写入电压后，器件由“开”态转变为“关”态。在随后 4 V 的读取电压下，器件的电流基本稳定保持在 10^{-12} A 左右。器件的开关电流比也稳定保持在 10^6，说明该石墨烯存储器件具有优良的数据保持能力。

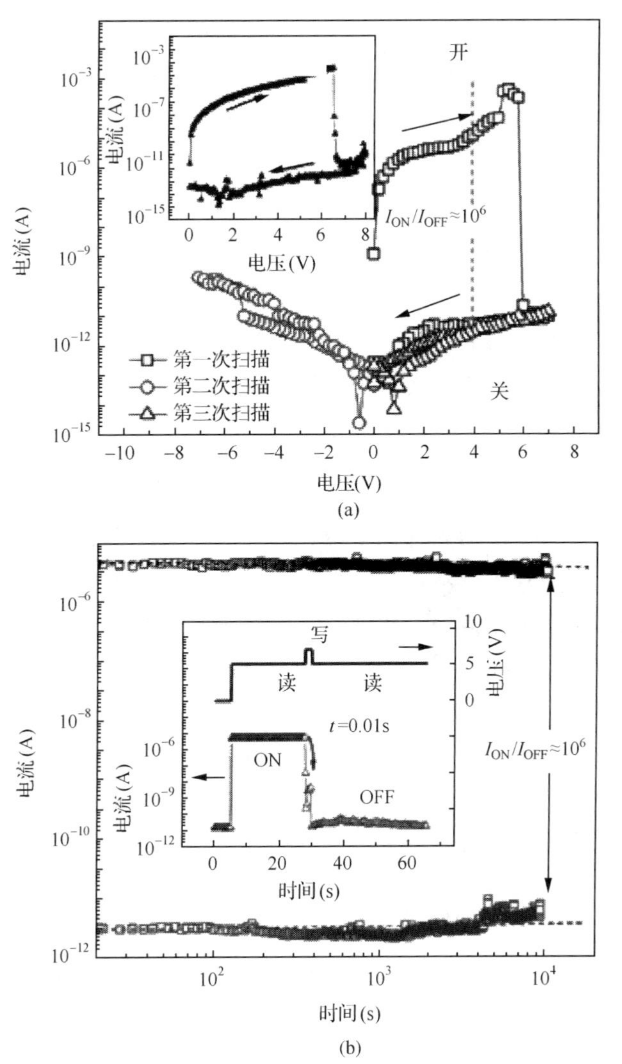

图 7-18　单片石墨烯存储器件的电流-电压特性曲线及数据保持能力测试曲线

(a) 电流-电压特性曲线；(b) 数据保持能力测试曲线

石墨烯是一种半金属材料，其导电性能已经为大家所熟知，然而此器件中的石墨烯在某个阈值电压下表现出了电流的大幅跳变，这是一个令人感兴趣的现象。一个可能的解释是石墨烯片在外加电压的作用下出现断裂，从而导致电流的陡降。然而，利用电子显微手段原位观察石墨烯片，没有发现裂纹。另一个可能的解释是载流子被石墨烯片中的缺陷所捕获，并在石墨烯中产生内建电场，从而导致石墨烯导电状态的变化。如果出现这种情况，通常载流子会在反向电压的作用下被释放掉，从而使石墨烯回到原来的高导电状态。但是在实际实验中没有观察到这种现象，因此这种解释也不能成立。此外，为了保证石墨烯与 ITO 的良好接触，石墨烯上方采用镀有二氧化硅薄膜的硅片进行固定，这样能排除器件工作过程中石墨烯与 ITO 电极断接的可能性。那么，是什么原因导致石墨烯的电学状态跳变呢？

为了掌握石墨烯导电能力下降的原因，该器件被放置在氮气气氛中，以隔绝空气的影响。在这种情况下，没有观察到电学跳变现象。然而，当器件被放置在氧气气氛中时，石墨烯的导电状态产生了明显变化。因此，可以认为石墨烯片的电学状态跳变是由于在外加电场作用下，其局部位置发生了氧化过程。在石墨烯/ITO 电极界面处，由于局部氧化导致载流子注入势垒增大，因此器件从高导电状态转变为低导电状态。采用热电子发射模型对器件的电流-电压曲线进行分析：

$$\ln J \propto \ln(AT^2) - \frac{q\phi}{kT} + q\left(\frac{q^3 V}{4\pi\varepsilon}\right)^{1/2} \tag{7-1}$$

式中，V、A、T、ε、ϕ 和 q 分别为外加电压、理查森常数、绝对温度、介电常数、势垒高度和电子电荷。采用式(7-1)对器件的电流-电压曲线进行拟合，发现器件在高导电和低导电状态下的势垒高度差值为 0.43 eV(图 7-19)。导致这个差值的原因就是石墨烯/ITO 电极界面处的局部氧化。

那么石墨烯片还能否回到原来的高导电状态呢？研究发现，将处于“关”态的 ITO/石墨烯/ITO 器件加热到 200 ℃，并持续 10 min，石墨烯就会恢复到原来的“开”态[图 7-19(b)]。这是由于在外加热能的作用下，石墨烯与 ITO 界面处的氧基团发生迁移，从而导致界面势垒的降低和石墨烯片导电能力的增大。

7.4.2 石墨烯：聚酰亚胺纳米复合体系

采用单纯的石墨烯虽然可以实现器件的电学状态跳变，从而实现存储功能。然而，这种转变基本是不可逆的，除非对其进行热处理，显然，这在实际应用中是难以实现的。一个更为可行的方案是采用石墨烯和聚合物的纳米复合体系，以石墨烯作为电荷存储的媒介，而聚合物作为石墨烯的母体材料，实现可以进行电学状态转变的存储器件。这个方案的优点是石墨烯作为单原子层纳米材料，具有优异的

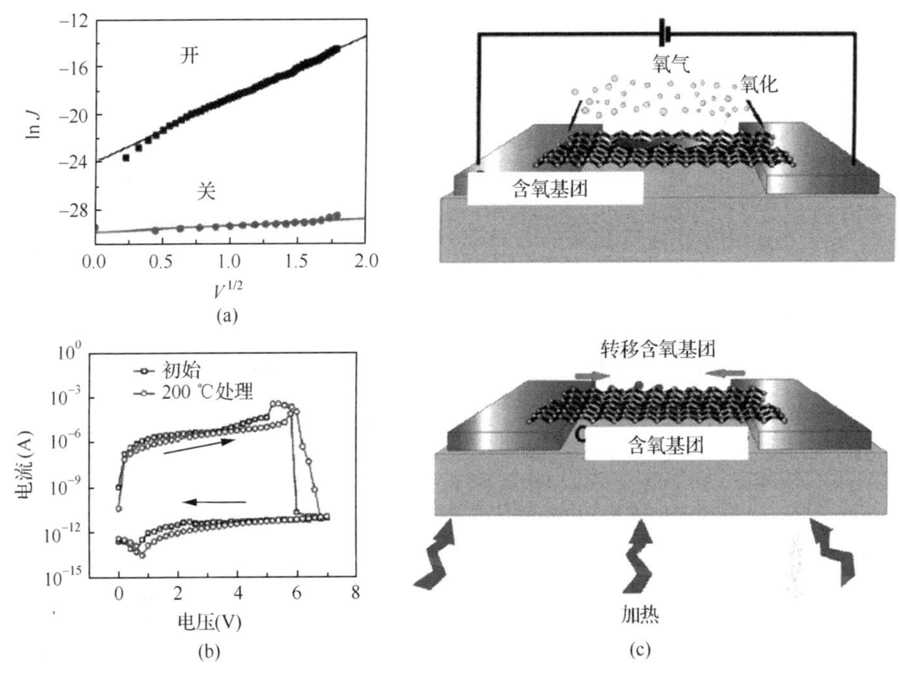

图 7-19　ITO/石墨烯/ITO 器件的传存特性图

(a) 器件在“开”态与“关”态时的电流拟合曲线；(b) 器件在加热前后的电流-电压特性曲线比较；(c) 器件的工作机理示意图

捕获和存储电荷的性能。但是，石墨烯材料通常难以在聚合物材料中稳定存在，其总是会出现聚集析出的现象。一个解决办法是采用化学手段对石墨烯进行表面改性，如陈彧等就报道了一种采用可溶性聚合物修饰氧化石墨烯的方法，并制备出了单层结构有机双稳态存储器件。此方法的不足之处在于难以制备多层结构器件，因为在采用旋转旋涂等溶液法工艺制备器件的过程中，预先形成的底层聚合物会受到上层溶剂的作用而破坏，导致器件性能的不可重复，甚至失效。

基于以上考虑，有必要寻求一种具有高度化学稳定性，同时在涂布过程中又能够良好分散于有机溶剂的聚合物材料。聚酰亚胺是一种具有优异热学、化学稳定性，同时又具有良好电学性能的聚合物材料，在电子工业应用中常用于替代无机玻璃和金属氧化物材料。最重要的是，聚酰亚胺的前驱体可以溶解于有机溶剂，通过适当工艺进行聚合后就不溶于有机溶剂，因此可以方便地制备多层结构器件。综上可知，可以采用聚酰亚胺的前驱体对石墨烯进行表面修饰，然后通过旋转旋涂、加热工艺实现多层结构的有机存储器件的制备[31]。

如图 7-20 所示，采用聚酰胺酸(PAA)作为聚酰亚胺(PI)的前驱体，其与适量的氧化石墨烯共溶于二甲基甲酰胺(DMF)溶剂中。首先磁力搅拌 2 h，形成聚酰胺酸溶液。然后将 1 mg 的氧化石墨烯粉末加入 10 mL 的聚酰胺酸溶液中，超声处理 1 h，形成均匀分散的氧化石墨烯：聚酰胺酸混合溶液。所用的氧化石墨烯、聚酰胺酸的化学结构如图 7-20 所示。氧化石墨烯边缘的羰基可以和聚酰胺酸中的羧基发生反应，这相当于聚酰胺酸分子嫁接在氧化石墨烯表面，从而增强氧化石墨烯在 DMF 中的分散性。如图 7-20 所示，当只有氧化石墨烯分散在 DMF 中时，经过 48 h 后氧化石墨烯析出并沉积在溶液底层；相反地，加入聚酰胺酸后，氧化石墨烯可以在 DMF 中长时间稳定分散。

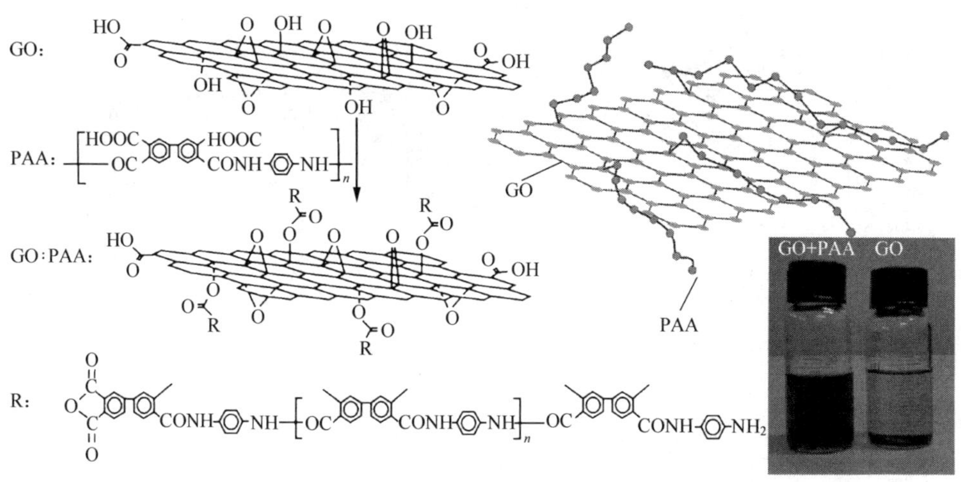

图 7-20　GO、PAA 以及 GO：PAA 复合体系的结构示意图

将氧化石墨烯：聚酰胺酸混合液旋涂在基底表面，然后在氩气保护气氛下于 350 ℃加热 2 h，实现聚酰胺酸的亚胺化，同时通过热处理还原氧化石墨烯，最终形成石墨烯：PI 杂化复合薄膜。图 7-21(a)为石墨烯：PI 杂化复合薄膜的截面 SEM 照片，可以看出在旋涂过程中石墨烯片均匀地平行堆叠在一起。图 7-21(b)为石墨烯：PI 杂化复合薄膜和 PI 薄膜的傅里叶变换红外光谱。可以通过薄膜在 1773 cm^{-1}和 1512 cm^{-1}的吸光度比值研究薄膜的亚胺化程度。可以看出，氧化石墨烯的加入并没有明显地影响到聚酰胺酸的亚胺化过程。

基于 ITO/PI/石墨烯：PI/PI/Ag 多电子陷阱结构的多值阻变存储器件的制备过程如下：

(1) 将 ITO 玻璃依次在丙酮、乙醇、去离子水中超声清洗 30 min，烘干。在其表面旋涂一层厚度为 10 nm 的聚酰胺酸(PAA)薄膜，并于 135 ℃加热 30 min。

(2) 在 ITO/PAA 表面旋涂一层厚度为 30 nm 的氧化石墨烯：聚酰胺酸杂化复合薄膜，并于 135 ℃加热 30 min。

(3) 在该复合薄膜表面旋涂一层 20 nm 厚的聚酰胺酸薄膜，并于 135 ℃加热 30 min。

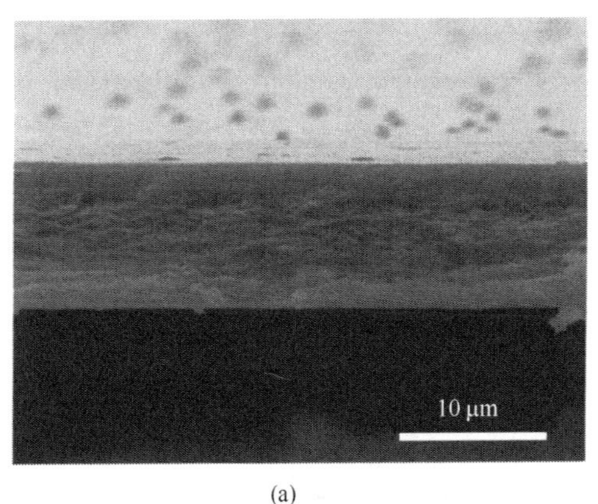

(a)

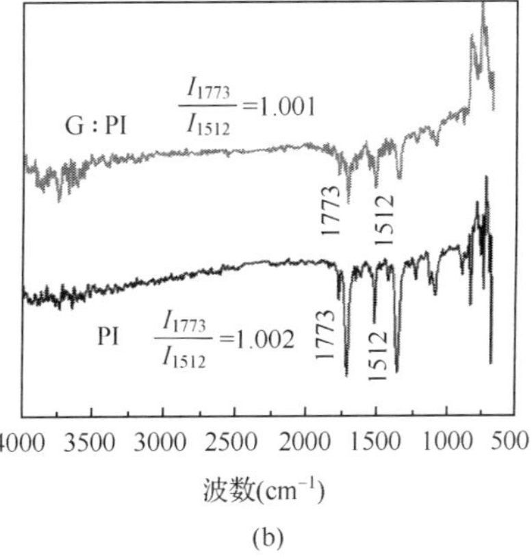

(b)

图 7-21　石墨烯：聚酰亚胺杂化复合薄膜 SEM 照片及傅里叶变换红外光谱

(a) 石墨烯：聚酰亚胺杂化复合薄膜的截面 SEM 照片；(b) 石墨烯：聚酰亚胺杂化复合薄膜及聚酰亚胺薄膜的傅里叶变换红外光谱

(4) 将所制备的样品放在氩气保护气氛下，于 350 ℃加热 2 h，实现聚酰胺酸的亚胺化处理，形成聚酰亚胺，同时通过热处理还原氧化石墨烯。

(5) 采用热蒸发镀膜方法结合金属掩膜板，在所制备的叠层复合薄膜表面制备图形化的 Ag 圆盘电极，其直径为 0.5 mm。

在该器件中，在石墨烯：PI 杂化复合薄膜的上下各制备一层 PI 是为了防止 ITO 电极与 Ag 电极通过部分石墨烯直接接触，这将在下文做详细说明。该器件的结构示意图如图 7-22 所示。

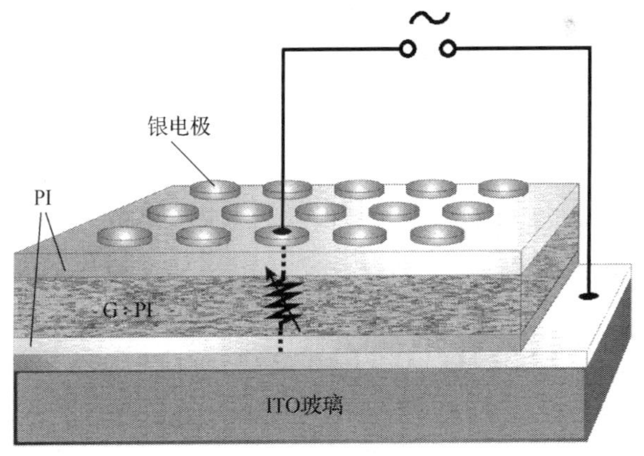

图 7-22　ITO/PI/石墨烯：PI/PI/Ag 多值阻变存储器件的结构示意图

通过给器件施加合适的偏压，可以观察器件的存储特性，图 7-23 给出了基于石墨烯：PI 杂化复合薄膜的存储器件的电学特性曲线。外加电压的步长为 0.05 V，其扫描次序为 0～－5 V，－5～5 V，然后 5～0 V。在偏压作用下，器件表现出了明显的逆时针电滞回线，这是电双稳存储器的典型特征。对于无石墨烯掺杂的ITO/PI/Al器件，在相同的外加偏压下并没有表现出明显的回线，这说明器件的存储性能主要与石墨烯有关。为了研究器件的存储性能，通常通过器件耐受性实验予以检测。在本实验中，在“擦除(－5 V)”—“读(1 V)”—“写入(5 V)”—“读(1 V)”的循环电压作用下，器件可以正常地进行多次读写擦除操作，没有表现出衰减的现象。此外，值得注意的是，石墨烯：PI复合电存储器件表现出优秀的器件性能均匀性，在一个9×9存储器件阵列中，有70个器件可以正常工作，并且其电学跳变参数基本相近，这对于有机双稳器件的实际应用来说具有重要的意义。

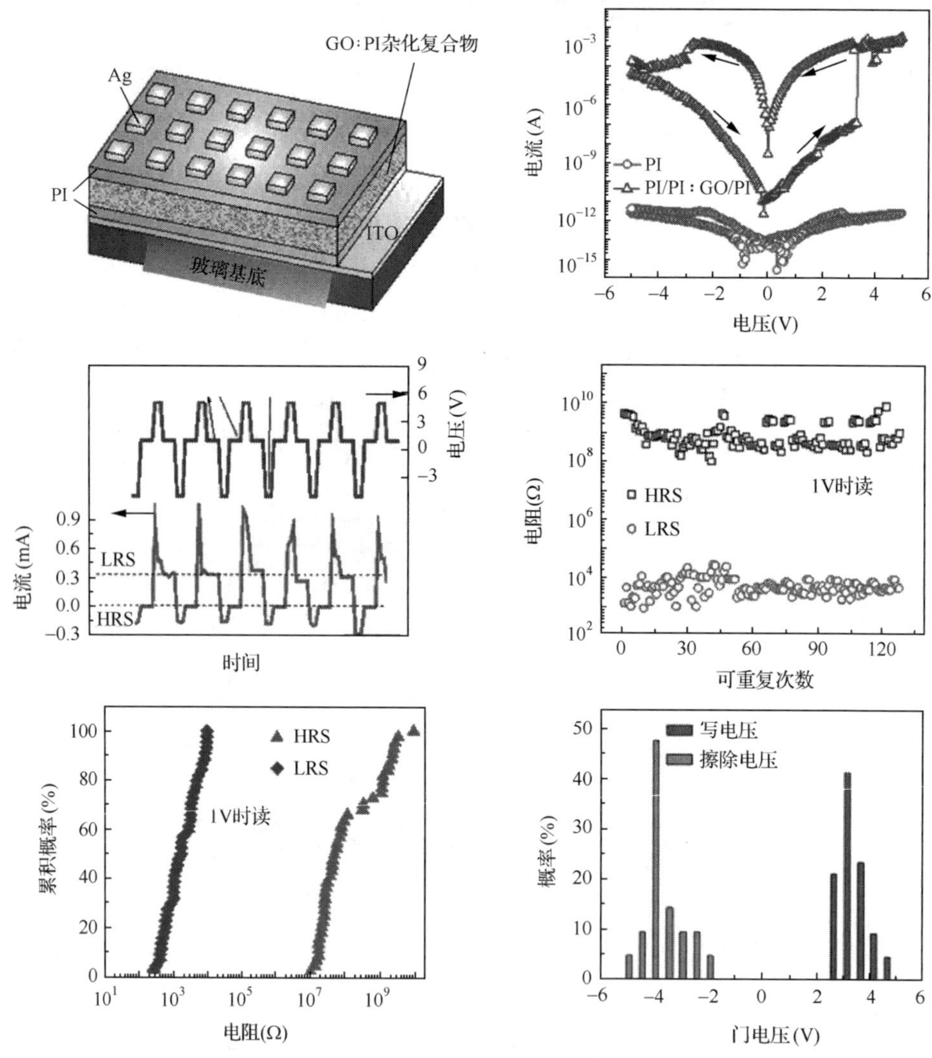

图 7-23　基于石墨烯：PI杂化复合薄膜的存储器件的电学特性曲线

器件在不同的擦除电压下表现出了不同的电学状态。如图 7-24(a)所示，首先在 5 V 电压下对器件进行写入，然后分别在 −3 V、−4 V、−5 V 和 −7 V 对数据进行擦除。可以看出，在未擦除时器件表现出导电状态“1”，而在上述不同擦除电压下分别表现出了导电状态“2”、“3”、“4”和“5”。这种现象可能与不同擦除电压下器件中电荷陷阱的不同填充程度有关。在 5 V 写入电压下，原先器件中的电荷陷阱几乎全被电子填满，而随着擦除电压的增大，越来越多的电子脱离陷阱，使得器件慢慢回到了原来的低导电状态。此外，由图 7-24(b)可以看出，这些不同的导电状态是一种稳定的状态，可以长期在器件中保持，因此可以用于多值数据存储。

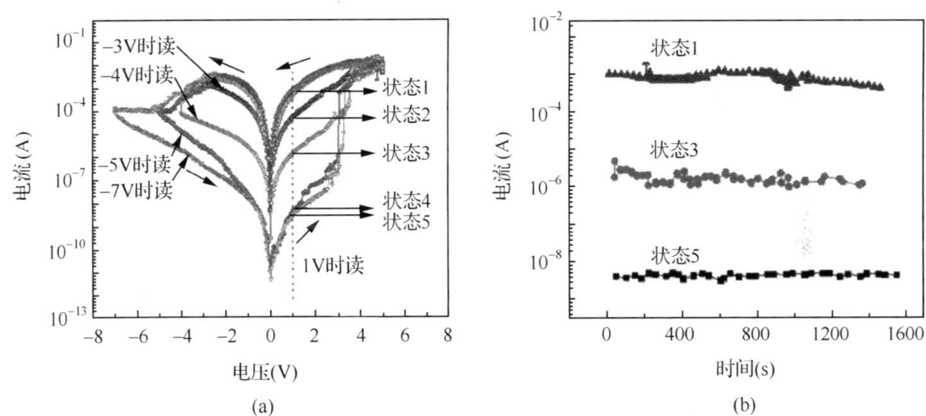

图 7-24　石墨烯/聚酰亚胺纳米复合体系存储器件的电流-电压特性曲线及数据保持能力测试曲线

(a) 器件在不同擦除电压下的电流-电压特性曲线；(b) 器件的数据保持能力测试曲线

7.4.3　三重态存储体系

获得较大存储密度的一个直接方法是减小每个存储单元的尺寸，然而，构造小尺寸器件，尤其是当器件小到纳米尺度之后，将给制造工艺带来极大的挑战。因此，另一个相对更为可行的方法是采用多值存储技术，这意味着每一个存储单元可以存储多个数据，在不改变器件结构和制造工艺的条件下大幅提升存储器的存储密度。已经有研究人员采用各种不同的纳米材料，如 Ni 纳米颗粒来获得具有多值存储功能的器件，然而到目前为止，这些器件的开关电流比还是较小。为了解决此问题，可以采用石墨烯作为电荷存储媒介，实现具有高稳定性、高电流开关比的存储器。

那么能否利用石墨烯来构造多值存储器件呢？要获得具有多值存储特性的体系，关键是能够对体系中的能级陷阱深度进行调整和控制。然而，一般而言石墨烯的逸出功难以改变。所以从能带工程的角度来考虑，可以采用具有不同能级结构的聚合物材料与石墨烯配合，形成具有不同深度的能级陷阱，如可以采用聚甲基丙烯酸甲酯(PMMA)或者聚苯乙烯(PS)等聚合物材料。

这里给出一个实例，采用 PS/SLG(单层石墨烯)/PMMA/SLG/PMMA 多层结构来构建多值存储器件[32]。如图 7-25 所示，采用化学气相沉积方法在铜基底上制备 SLG，这种制备方法已经较成熟，并且可以获得大面积高质量石墨烯薄膜。在石墨烯薄膜之上采用旋转旋涂方法形成一层约 50 nm 厚的 PMMA 薄膜，随后将其浸泡在氯化铁溶液中，由于铜基底溶解于氯化铁溶液，这样就可以将 PMMA/SLG 薄膜剥离下来。采用 ITO 玻璃作为基底，首先采用旋转旋涂方法在 ITO 上生成一层 PS 薄膜，将 PMMA/SLG 薄膜转移到 PS 上，就形成了 ITO/PS/SLG/PMMA 叠层结构。采用相同的步骤，可以在 PMMA 上面形成另外一层 SLG/PMMA 薄膜，这样就获得了 ITO/PS/SLG/PMMA/SLG/PMMA 多层结构。经过一定时间的干燥后，可以采用热蒸发的方法在上面制备银电极，以便进行电学性能测试。

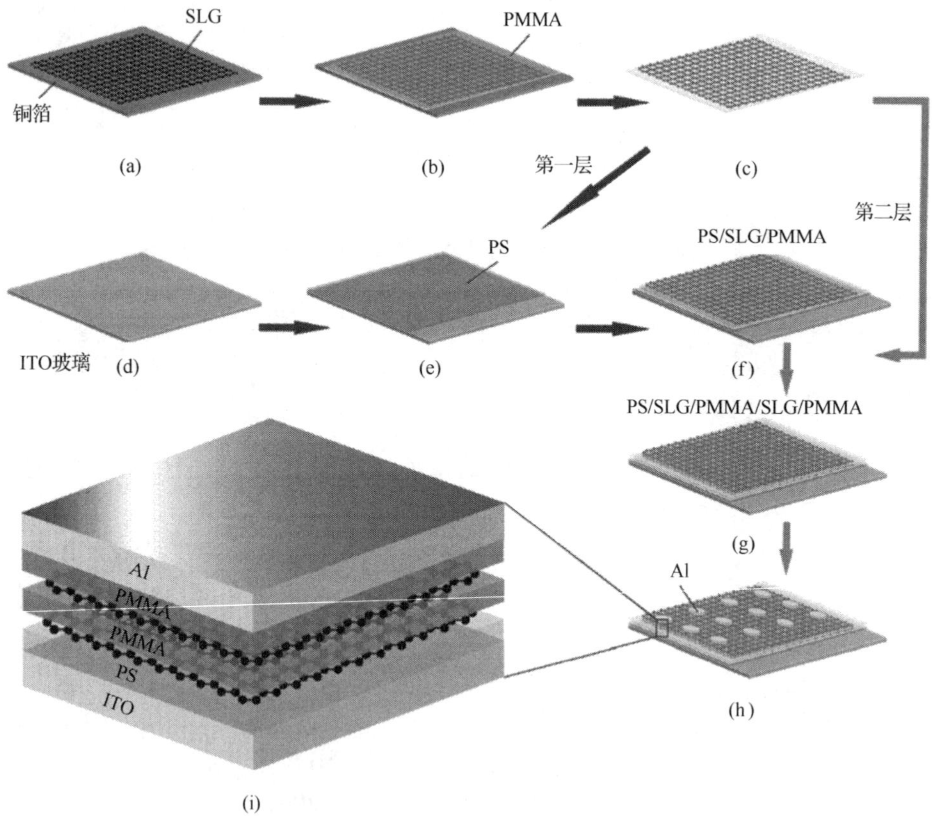

图 7-25 采用 PS/SLG(单层石墨烯)/PMMA/SLG/PMMA 多层结构来构建多值存储器件的制备过程示意图

图 7-26 中显示了采用化学气相沉积法制备的石墨烯薄膜的表面形貌。经过 10 min 的生长，石墨烯已经完全覆盖了铜基底表面。石墨烯表面的微小褶皱是由铜和石墨烯的热膨胀系数不同而导致的。图 7-26(a)中还给出了石墨烯的拉曼光谱，可以看到位于 2644 cm^{-1}处的 2D 峰以及位于 1588cm^{-1}的 G 峰。G 峰和 2D 峰的强度之比约为 0.5，说明石墨烯具有单层结构，同时在拉曼光谱中没有观察到 D 峰，说明石墨烯具有较高的晶体质量。将石墨烯转移到硅片表面并进行原子力显微镜观察，可以发现石墨烯的厚度小于 1 nm，说明石墨烯具有单层结构，这与拉曼光谱的观察结果相一致。

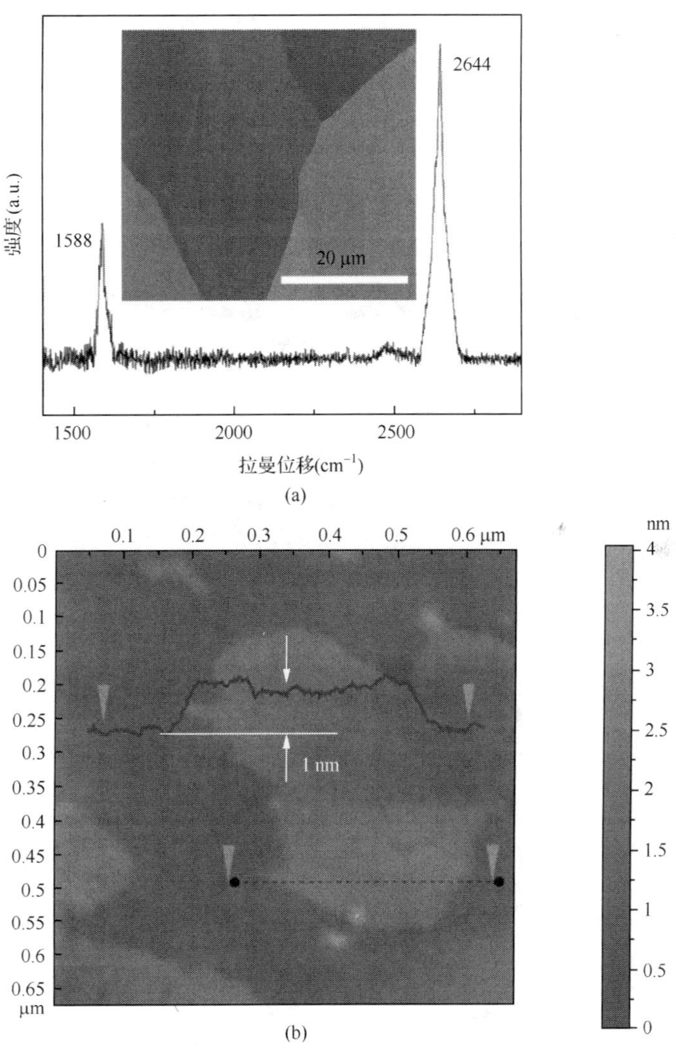

图 7-26　石墨烯薄膜的拉曼光谱及原子力显微图像

(a) 拉曼光谱；(b) 原子力显微图像

图 7-27 给出了器件的电流-电压曲线图。在测试过程中，银电极接地，而电压加载于 ITO 电极上。外加电压从 7 V 扫描到 −5 V，随后又回到 7 V，完成一个电压循环扫描。从图中可以看出，器件给出了一个明显的电学回线，表明器件具有存储特性。当电压从 0 变化到 −5 V 时，电流缓慢增大，并在 −2.0 V 处急剧增大，产生跳变。与其他电存储器件不同的是，随着电压的进一步增大，器件电流在 −4 V 处产生第二个跳变，增大到了更高的电流水平。在从 −5 V 到 0 V 的电压扫描过程中，器件保持在高电流状态。但是随着正向扫描电压的增大，器件的电流在 6 V 左右产生了明显的下降，回到了最初的低电流状态。值得注意的是，如图 7-27 所示，假如器件没有切变到最高电流状态，则其将在 5 V 左右回到最初的低电流状态。由此可以看出，器件具有三种不同的导电状态，高电流状态(1 态)、中等电流状态(2 态)和低电流状态(3 态)。可以采用 2 V 左右的电压来对器件的电学状态进行读取操作。由图中可以看出，1 态和 2 态，以及 2 态和 3 态之间的电流比都超过 10^4，所以可以有效地避免误读。

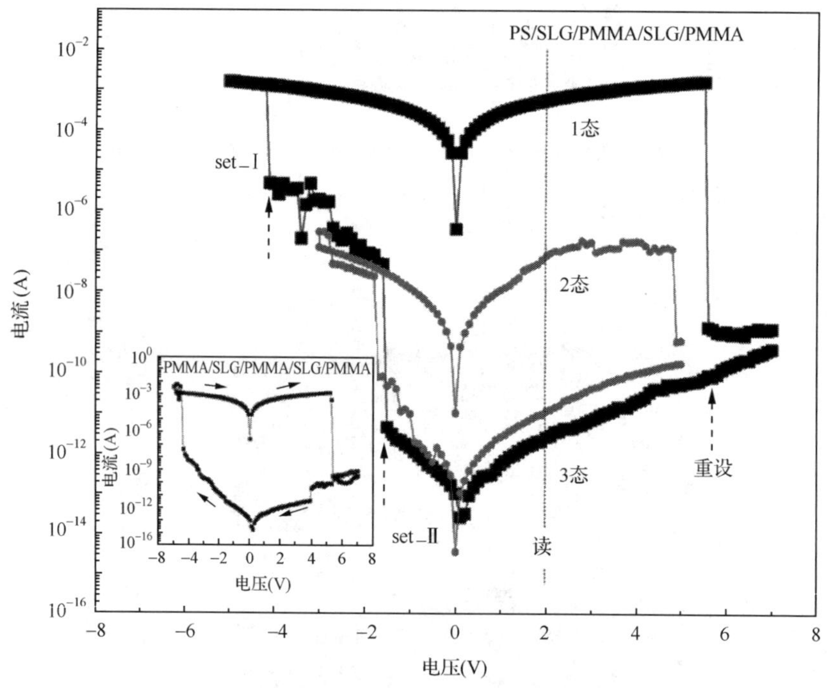

图 7-27　器件的电流-电压曲线图

有意思的是，假如器件中的 PS 层用 PMMA 代替，那么其电流-电压特性不会出现三种电学状态，只会表现出传统的双稳态特性。如图 7-27 内嵌图所示，器件在 −4.5 V 处由低电流状态直接转变成高电流状态，这说明电学三稳态与底层的 PS 有关。这里有必要对其电学传导特性进行分析。如图 7-27 所示，在电压较小

(0～－0.5 V)时，器件的电流-电压曲线满足热电子传导模型，其 ln$I$ 和 $V^{1/2}$ 呈线性关系。在电压范围为－0.5～－1.5 V 时，对电流-电压[ln$I$-ln$V$]曲线进行拟合，发现其斜率为 2，说明在这个区间，器件的传导是满足空间电荷限制模型。进一步增大电压，发现在电压范围为－1.6～－4.1 V 时，器件切变到 2 态，而电流-电压曲线的线性拟合斜率为 5，这说明器件中电荷陷阱是以指数形式分布于有机材料的能带之中，由于更多的载流子注入，这时的器件传导是一种陷阱电荷限制机制。在电压大于－4.2 V 后，器件切变到了 1 态，其电学特性遵循欧姆接触模型，电流-电压曲线的线性拟合斜率为 1。

图 7-28 给出了器件的能级结构示意图。由图中可以看出，由于 PS 和 PMMA 都是绝缘高分子材料，具有宽带隙，因此可以和石墨烯配合，形成天然的能级陷阱。对于 PS/SLG/PMMA/SLG/PMMA 多层结构，可以形成两个势阱。随着外加电压的增大，电子由 ITO 电极通过隧穿效应进入 PS 层，并被限制在石墨烯层中，导致器件由 3 态转变为 2 态。由于 PMMA 和石墨烯之间的势垒较大，电子还无法隧穿进入第二层石墨烯，因此，器件保持在 2 态。进一步增大外加电压，电子可以

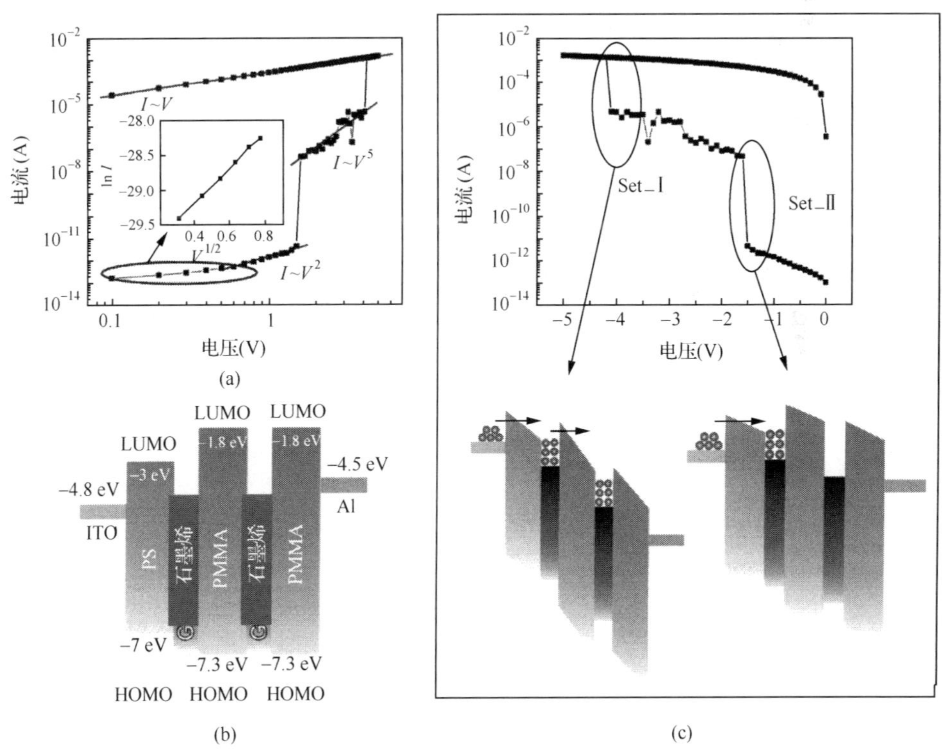

图 7-28　器件的电流-电压曲线拟合与能级结构示意图

(a) 器件的电流-电压特性曲线；(b) 器件在无外加场强时的能级图；(c) 器件在不同写入电压下的电流-电压曲线及对应的能级图

进入第二层石墨烯，形成较大的内建电场，并在器件的聚合物层内部生成微小导电丝，因此，在器件转变到 1 态后表现出欧姆接触特性。值得注意的是，对于 ITO/PMMA/SLG/PMMA/SLG/PMMA/Al 结构来说，由于 PMMA 和 SLG 之间的势垒较高，因此需要较高的外电压来驱动器件，而且上、下两层 SLG 同时注入电子，因此不会观察到三稳态现象。

图 7-29 给出了器件的可靠性测试结果。从图中可以看出，器件从 3 态到2 态，以及从 2 态到 1 态的两个转变阈值电压分别分布在 −1～−2.8 V（set_Ⅱ）和 −3.5～−4.7 V(set_Ⅰ)。因此，为了保证器件的正常工作，可以将器件的 set_Ⅱ 和 set_Ⅰ 设定为 −3 V 和 −5 V，并进行器件的循环工作测试。测试的电压参数为“擦除(7 V)—读(2 V)—写(−5 V)—读(2 V)—擦除(7 V)—读(2 V)—写(−3 V)—读(2 V)”，器件的电流响应可参见图 7-29(b)。由图中可以看出，在 7 V 擦除电压之后，器件被设置为低电流状态(3 态)。

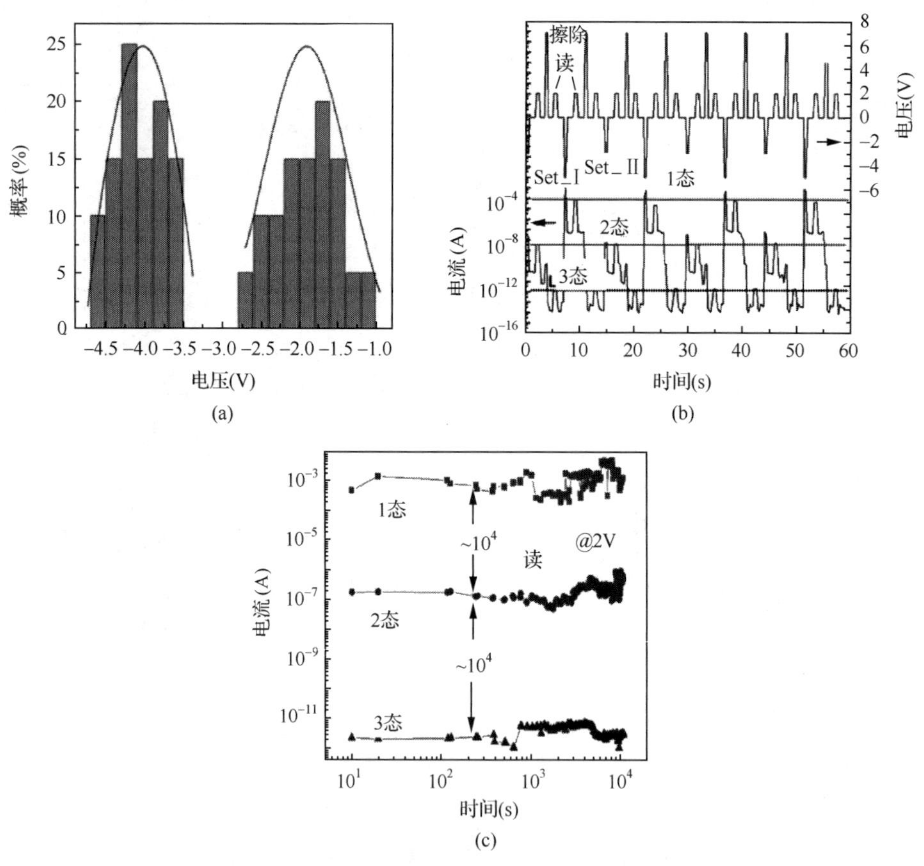

图 7-29 器件的可靠性测试结果

(a) 写入电压Ⅰ(set_Ⅰ)和Ⅱ(set_Ⅱ)的分布图；(b) 器件的“写—读—擦—读”循环测试曲线；(c) 器件的数据保持能力测试曲线

参 考 文 献

[1] Kroto H W, Heath J R, O'Brien S C, et al. C_{60}: buckminsterfullerene. Nature, 1985, 318(6042): 162-163.

[2] 朱妙琴. 富勒烯——C_{60}的结构，性质及应用. 浙江教育学院学报，2006 (6): 52-56.

[3] Kniaz K, Fischer J E, Selig H, et al. Fluorinated fullerenes: synthesis, structure, and properties. Journal of the American Chemical Society, 1993, 115(14): 6060-6064.

[4] Yoo C H, Ko S H, Kim T W. Carrier transport mechanisms of organic bistable devices fabricated utilizing hybrid C_{60}/poly (methyl methacrylate) Nanocomposites. Japanese Journal of Applied Physics, 2012, 51(6): 501-504.

[5] 谢剑星，李福山，张永志，等. C_{60}/PMMA 复合电双稳器件的制备及电学性能研究. 光电子技术，2012, 32(2): 109-112.

[6] 张峰杰，杨兵初，周聪华，等. PMMA: C_{60}存储器件制备及其电双稳特性. 半导体技术，2013, 38(6): 433-437.

[7] Oomen E, Van Dongen A M A. Europium (Ⅲ) in oxide glasses: dependence of the emission spectrum upon glass composition. Journal of Non-crystalline Solids, 1989, 111(2): 205-213.

[8] Jung J H, Kim T W. The effect of the trap density and depth on the current bistability in organic bistable devices. Journal of Applied Physics, 2011, 110(4): 043721.

[9] Bozano L D, Kean B W, Deline V R, et al. Mechanism for bistability in organic memory elements. Applied Physics Letters, 2004, 84(4): 607-609.

[10] Paul S, Kanwal A, Chhowalla M. Memory effect in thin films of insulating polymer and C_{60} nanocomposites. Nanotechnology, 2006, 17(1): 145-151.

[11] Mabrook M F, Jombert A S, Machin S E, et al. Memory effects in MIS structures based on silicon and polymethylmethacrylate with nanoparticle charge-storage elements. Materials Science and Engineering: B, 2009, 159: 14-17.

[12] Oyamada T, Tanaka H, Matsushige K, et al. Switching effect in Cu: TCNQ charge transfer-complex thin films by vacuum codeposition. Applied Physics Letters, 2003, 83(6): 1252-1254.

[13] Cho S H, Lee D I, Jung J H, et al. Electrical bistabilities and memory stabilities of nonvolatile bistable devices fabricated utilizing C_{60} molecules embedded in a polymethyl methacrylate layer. Nanotechnology, 2009, 20(34): 345204.

[14] Ling Q D, Lim S L, Song Y, et al. Nonvolatile polymer memory device based on bistable electrical switching in a thin film of poly (*N*-vinylcarbazole) with covalently bonded C_{60}. Langmuir, 2007, 23(1): 312-319.

[15] 阮晓琳. Gd@ C(82)-PVK 及 C(60)-PVK 的合成，表征及存储性能研究. 北京:北京化工大学硕士学位论文，2012.

[16] Li F S, Kim T W, Dong W, et al. Formation and electrical bistability properties of ZnO nanoparticles embedded in polyimide nanocomposites sandwiched between two C_{60} layers. Applied Physics Letters, 2008, 92(1): 011906.

[17] Dao T T. Bendable organic memristors in a crossbar array: applications to information storage. Advanced Technologies for Communications (ATC), 2014 International Conference on IEEE, 2014: 32-35.

[18] Gao H J, Xue Z Q, Wang K Z, et al. Ionized-cluster-beam deposition and electrical bistability of C_{60}-tetracyanoquinodimethane thin films. Applied physicalletter, 1996, 68(16): 2192-2194.

[19] 刘举庆，陈淑芬，陈琳，等. 有机/聚合物电存储器及其作用机制. 科学通报（中文版），2009，54(22)：3420-3432.

[20] Liu G, Ling Q D, Teo E Y H, et al. Electrical conductance tuning and bistable switching in poly (*N*-vinylcarbazole)-carbon nanotube composite films. ACS Nano, 2009, 3(7): 1929-1937.

[21] Kishore S C, Pandurangan A. Fabrication of solution processed carbon nanotube embedded polyvinyl alcohol composite film for non-volatile memory device. Journal of Nanoscience and Nanotechnology, 2014, 14(3): 2381-2387.

[22] Kishore S C. Facile synthesis of carbon nanotubes and their use in the fabrication of resistive switching memory devices. RSC Advances, 2014, 4(20): 9905-9911.

[23] Hwang S K, Lee J M, Kim S, et al. Flexible multilevel resistive memory with controlled charge trap B- and N-doped carbon nanotubes. Nano Letters, 2012, 12(5): 2217-2221.

[24] Mamo M A, Sustaita A O, Tetana Z N, et al. Nitrogen-doped, boron-doped and undoped multiwalled carbon nanotube/polymer composites in WORM memory devices. Nanotechnology, 2013, 24(12): 125203-125209.

[25] Ávila-Niño J A, Segura-Cárdenas E, Sustaita A O, et al. Nonvolatile write-once-read-many-times memory device with functionalized-nanoshells/PEDOT : PSS nanocomposites. Materials Science and Engineering: B, 2011, 176(5): 462-466.

[26] Ávila-Niño J A, Machado W S, Sustaita A O, et al. Organic low voltage rewritable memory device based on PEDOT : PSS/f-MWCNTs thin film. Organic Electronics, 2012, 13(11): 2582-2588.

[27] Pradhan B, Batabyal S K, Pal A J. Electrical bistability and memory phenomenon in carbon nanotube-conjugated polymer matrixes. The Journal of Physical Chemistry B, 2006, 110(16): 8274-8277.

[28] Meng L, Lan M, Guo L, et al. Nonvolatile memory devices based on carbon nano-dot doped poly (vinyl alcohol) composites with low operation voltage and high ON/OFF ratio. RSC Advances, 2015, 5(34): 26886-26890.

[29] Kou L J, Li F S, Chen W, et al. Synthesis of blue light-emitting graphene quantum dots and their application in flexible nonvolatile memory. Organic Electronics, 2013, 14(6): 1447-1451.

[30] Wu C X, Li F S, Zhang Y Z, et al. Recoverable electrical transition in a single grapheme sheet for application in nonvolatile memories. Applied Physics Letter, 2012, 100: 042105

[31] Wu C X, Li F S, Zhang Y Z, et al. Highly reproducible memory effect of organic multilevel resistive-switch device utilizing grapheme oxide sheets/polyimide hybrid nanocomposite. Applied Physics Letter, 2011, 99: 042108

[32] Wu C X, Li F S, Guo T L, et al. Formation and carrier transport properties of single-layer graphene/poly(methyl methacrylate) nanocomposite for resistive memory application. Vacuum, 2014, 101: 246-249.